經營顧問叢書 ㉞⑥

部門主管的管理技巧

黃憲仁 / 編著

憲業企管顧問有限公司　發行

《部門主管的管理技巧》

序　言

　　人才是企業眾多資源中最重要、最寶貴的資源，得人才，企業才能發展壯大，事業才能興旺發達。

　　各部門主管是企業發展壯大的核心力量，主管個人水準的高低，身素質的好壞、能力的強弱，直接影響到企業的生存和發展。

　　部門主管，有的公司稱為經理、課長、主任，或是部門主管。部門主管既是管理者，又是被管理者，這使他一方面要受上級的領導，做他們決策的執行者；另一方面又是本部門的主管，負責本部門的運作和日常管理。

　　中層主管是企業的特定階層，是企業乃至所有組織的核心力量，是連接「頭腦」和「四肢」，在企業日常運營過程中起著承上啟下的作用，

　　公司可能因為你學歷高、資格老而升為主管，也可能你有技術水準、銷售成績優異而升任主管，更可能因受某人提拔而升任主管。但是，所升任的「主管」角色，與你以往升熟悉的個人角色，有著截然不同的定義。以往晉升你為主管的原因，並不能保證會勝任主管的職

務。

　　作為部屬，你只要為自己所做的負責就行了，作為主管，你的工作就是對團隊、對別人的所作所為加以負責。

　　主管他必須領導團隊、承擔部門的成敗。古往今來，多少位優秀員工，被提拔為部門主管後，由於不諳角色之轉換，工作重心錯誤，導致部門本身也遭受重創。

　　企業的成功取決正確決策，並且要有效的執行，中層的部門主管是作為企業生存發展的執行者，如何有效發揮中層部門主管的這一核心作用，提高他們的執行能力，已經成為關係到企業成敗的關鍵。

　　部門主管既要當上級的執行官，對待上司安排的工作不能有絲毫的鬆懈，又要做本部門的先行官，講究領導藝術，充分激發下屬的積極性、主動性，把自己手下的人帶好。

　　作為企業的一名中層主管，你要帶好部門團隊。在下屬面前，你是領導主管；在上級面前你是下屬。認真思考這兩個角色，並進行自我的完善。這兩個角色任何一個角色的缺失，你都不是一個合格的部門主管。

　　如果說上級是企業的根，給企業這棵大樹提供足夠的養分，基層員工就是樹葉，一方面吸收著養分，一方面起到美化作用，讓這棵大樹成為一道風景。那麼，各部門主管是什麼呢？部門主管就是樹幹，起到傳輸養分和支撐的作用，它的好壞影響到企業的形象和生命。

　　如何將自己打造成一個得力的中層主管，讓自己真正成為企業的橋樑紐帶作用，也讓自己成為企業不可或缺的人才，進而創造輝煌業績與前程。

　　但部門主管的問題往往也是最頭疼的。上級覺得部門主管執行不力，基層覺得部門主管瞎指揮，部門主管覺得自己最累，面對這種「上

擠下壓」的困境，中層該怎麼辦？

憲業企管公司的培訓課照片

　　如何成為一個優秀的中層部門主管，大多數人還在自我摸索卻不得其法，主管不是天生的，是靠後天的「訓練與學習」，才能創造出成功、高績效主管。

　　憲業企管顧問公司，多年為企業界提供經營診斷、輔導、培訓服務，深知「部門主管對企業經營的極大重要性」，多年來，在企管培訓班舉辦過：「如何打造獨撐一面的部門主管」培訓班，口碑佳，感謝企業各界的熱烈支持。作者在撰寫《總經理手冊》一書後，寫作本書《部門主管的管理技巧》，本書就是專為企業的部門主管而撰寫的管理工作手冊，歸納出各種實用性強的技巧和法則，是工作職場、企業競爭、商場社會的必備之書。

《部門主管的管理技巧》

目　錄

第 *1* 章

認清自我，做一個成功的部門主管

🔊 第一節　管理階層的主要功能

一、管理階層及各階層的主要功能

管理功能大致可以分為五大類，它們是計劃(planning)、組織(organizing)、人事(staffing)、領導及激勵(leading and motivating)和控制(controlling)。所有的管理階層都須執行這五種功能，而高層管理或低層管理的區別，在於執行功能時的方法和目的不同，同時各功能的比重也有分別。部門主管可以分為高層管理、中層管理和低層管理(即督導人員)三類。

1.高層管理者

高層主管是企業之中權位最高的幾個人，他們須領導企業朝著新方向進發。他們的時間大部份用於計劃及控制兩方面，組織、人事及領導的功能佔他們的時間比較少。在計劃方面，他們的功能是瞭解當

前的大趨勢，為企業訂立新方向及目標，因此他們需要有很多想像力及很好的預知能力。

在控制功能方面，他們著重財政指標、盈利能力及企業形象等。

2.中層管理者

中層主管能把高層和低層管理聯繫起來。他們主要的作用是指令低層管理人員執行高層管理的政策及目標，而其中一項任務是將部門資源整合，以完成企業目標。

在上述五種管理功能裏，他們主要在計劃、領導和控制方面比較花時間。由於中層管理的功能大部份集中在溝通方面，而現代的科技變化已可以令高低層管理通過電腦等直接得到資料，所以中層管理的存在價值受到考驗和挑戰。中層管理必須為自己重新訂立新的工作範疇。

3.低層管理者

低層主管直接和一般員工接觸，也要和其他低層管理同事工作。他們面對的是每天的實際操作或銷售問題。

在五種主要管理功能當中，低層主管大部份時間用於領導和激勵下屬，以及控制結果。計劃功能在低層管主管的重要性比其他兩級主管階層低。

二、當選者的幻想

在「蜜月」期的新主管就像嬰兒和蹣跚學步的孩童，要先放棄的，首先要放棄的就是「天生我才就是做主管」的一系列不切實際的幻想。

幻想一：堅持原來做法就可以在新工作崗位獲得成功

「他們把我放在這個工作崗位上就是因為看中了我過去的能力和成就」，這話聽起來似乎很有道理。「因此，他們也一定希望我在新

的崗位上保持過去的傳統。」這種想法將是毀滅性的。正確的做法是，找到一位導師，和自己一起分析新角色的要求是什麼，正確評估你的弱項，警惕只使用自己的強項，而不去學習的做法。

幻想二：做上司就意味著擁有了權力

大多數新主管認為自己想做經理的最大動機就是獲得權力和控制力，去管理部屬、去完成工作。「我的地盤我做主」，正因如此，很多新主管在管理中採用近乎專制的手段，到處指手畫腳。不過，很快他們就會發現所謂的「權力」將是很乏力的此時，新主管要學會的不是發號施令，而是需要信賴和依靠部屬，學會的是如何說服，而不是命令。要知道，即使部屬持有不同意見並不意味著挑戰權力，而只是想表達自己的看法。

幻想三：馬上就取得可以炫耀的成果

在獲得新職位的最初幾週裏，幾乎所有的新主管都期待在工作上取得可以炫耀的成果。實際上，如果此時能取得小成功，就意味著情況正在轉變。而最切實際的目標就是樹立個人信譽，尋找一兩個關鍵領域，迅速取得業績，而不是承擔太多的任務，失去工作的重點。

新主管們普遍覺得和員工的關係非常難處理，他們總是誠惶誠恐，感到緊張。不過，最愚蠢的自殺式行為是一上來就干涉資深員工的工作，或者批評他們工作上的不足，指出他們的問題。對待他們的要點是：尊重他們，給他們自由，同時給予他們足夠的關注和重視。

三、新官上任做事要慎重

新任主管未來是否成功是非常重要的，一定要記住這句話：「用慎重為創新做好鋪墊。」

當你剛剛調到新的單位擔任中層主管時，所見到的都是陌生的面

孔，這時絕對不可全憑私見，對他們有先入為主的印象，因為這樣往往會造成錯誤的判斷。

新官上任三把火，但這火還是緩一緩再燒。履新的你即使有看不順眼之處，也不要說「這件事要這麼做才對」或「我以前的地方不是這樣的」，否則會引起同事、下屬的反感。要帶著新鮮的心情來開始此項任務，即使對新單位業務已有十足的信心，也要謙虛地對下屬說：「我還需要進一步提高，希望諸位能多多指教。」

對於新任主管來說，新單位的一切理念、規定、制度、方針、策略……都要從頭仔細學習。對於不熟悉的事務，應當徵求下屬的意見或請他加以說明，此時有幾點要特別注意：

人各有異，知識程度或品格高下亦參差不齊，因而下屬之意見不可照單全收，當斟酌接納，對於疑問或難理解之處，須特別留心。

自然，塑造一個成功的新任主管形象的最好方法是工作成績突出。你的傑出表現及其帶來的聲譽，將使人們知道你是多麼了不起。人們從你昔日成功的記錄，或僅僅透過目睹你工作時的風采，就可認定這一點。當人們看見你在所從事的領域裏的非凡表現時，他們也不會懷疑你的職業水準。

世界上沒有不可克服的難題，只要新任主管抱著實幹的態度，扎實地走好每一步，就能走向成功。如果缺乏實幹精神，只能是「四面楚歌」，創新更是無從談起。

四、管好自己的脾氣

部門會出現問題，有的因為工作馬虎犯下不該犯的錯誤，有的雖經你再三警告仍不斷出錯，如此等等，不一而足，有些錯誤著實讓人無法容忍，管不住自己脾氣的主管者往往以發脾氣的方式表達不滿。

但大多數情況下不起任何作用，錯誤仍然會持續地犯下去，而且大大傷害了上下級之間的關係。

作為部門主管要學會控制好自己的脾氣，在管人藝術上才會收到良好的效果。

(1)能不發火儘量不發火

工作出現問題，往往是因為溝通不到位或者配合不協調造成的，或者是員工在工作中的疏忽大意、沒有認真負責造成的。但是，無論如何，這些事情已經發生了，如果真的不是非發火不可的話，還是應該認真地考慮一下解決方案。如果上司總是這樣容易發火，那麼，在以後的工作中，員工就可能會隱瞞事實或者假裝認為事事順利，結果只會使工作變得更加糟糕。作為管理者，你必須接受這樣一個現實：一些任務的分配可能會失敗，在任務的分配過程中，有些誤解會產生，接受任務的員工也可能忽略細節。另外，一些員工也可能缺乏執行任務所需的資源。所以，你不能祈求一切工作都順利地進行，任務執行的中斷會使你不能按時以滿意的方式提交工作，這些都是你應預料到的。

因此，管理者在遇到上述問題時，應該告訴自己：先別發火，等等看再說。也就是說，在你做出舉動之前一定要冷靜，讓員工相信即使代價最高的錯誤也不會使你們的關係破裂。你平靜的、頭腦清醒的反應告訴他們：錯誤並不可怕，重要的是正視它並找出解決的辦法。你應該願意聽到員工向你傳遞的任何消息，包括好的和壞的，這和俗話說的「沒有消息便是好消息」恰好相反：沒有消息便是壞消息。因為，管理的實施需要你和你的員工保持很好的溝通和交流，而發火是解決不了任何問題的。

此時你應該努力尋找解決的方案。當你已經收集到信息，確信自己已經正確瞭解所發生的事情之後，就不要急於去責怪你的員工。如

果你在這個時候去詳細評論他們的錯誤，可能會使問題激化。在問題發生之後，情況可能會是一團混亂，或者至少在你和員工的心中是一團混亂。這個時候，即使是員工犯了錯，你也不能馬上就做出判斷或憤怒地表達你的失望之情，因為現在是想辦法補救錯誤、解決問題的時候，忙於責怪你的員工只會白白地浪費時間。鼓勵你的員工想辦法，或者和你的員工一起想辦法，「下一步該怎麼辦？」「如何才能儘快找到解決問題的辦法，最大限度地彌補損失？」當解決了這些問題之後，你就能夠比較輕鬆地和你的員工來討論以前犯的那個錯誤。如果你的員工僅僅是偶然犯了一個錯誤，而不是經常性地犯這樣的錯誤，或者，對錯誤的發生沒有多少私人的原因，那麼，在他認識到錯誤之後，你要做的僅僅是讓他保證以後不再犯類似的錯誤，從教訓中總結經驗，這才是最重要的。

(2)發火要對事不對人

正確的批評應該是對事不對人。雖然被批評的是人，但絕不能進行人身攻擊、情緒發洩。因為要解決的是問題，是為了今後把事情辦好。只要錯誤得到改正，問題得到解決，批評就是成功的。

因此，中層主管必須弄清事情的來龍去脈，據此同下級一起分析問題的成敗得失，做到以理服人。由於對事不對人，下級便會積極主動地協助解決問題。否則，不分青紅皂白，撇下問題而教訓人，就容易感情用事，使員工誤以為主管在蓄意整人而產生疙瘩，一時難解。

其實，人和事本是統一的，因為「事在人為」，所以糾正了問題也就等於批評了當事者，而這樣做更容易被人接受。因為這種方式對事情是直接的，但對人卻是間接的，它形成了「上級(批評者)──問題(要解決的事)──下級(被批評者)」這樣一個含有具體仲介物的結構。抽掉仲介，直接對人，當事人就可能吃不消。

當然，澄清了事實也並不等於解決了下級的問題。接下去的工作

應是講事實擺道理，只要是正確的，不會令人不服。既辦了事，又團結了人，真正達到了工作目的，何樂而不為呢？

管人過程中發不發火、怎樣發火決不僅僅是管理者的脾氣問題，它涉及到管人的具體效果。所以必須站在管理的高度，以打和拉的技巧去處理才行。

(3)如果一定要發火，發火後別忘了做好善後安撫工作

有經驗的管理者在這個問題上，既要敢於發火震怒，又要有善後的本領：既能狂風暴雨，又能和風送暖。

發火，不論多麼高明總是會傷人的，只是傷人有輕有重而已。因此，發火傷人後，需要做及時的善後處理。正確的善後，要視不同的對象採用不同的方法，有的人性格大大咧咧，管理者發火他也不會放在心裏，故善後工作只需三言兩語，象徵性地表示一下就能解決問題；有的人心細明理，管理者發火他能理解，也不需花大功夫去善後；而有的人則死要面子，對管理者向他發火會耿耿於懷，甚至刻骨銘心，此時則需要細緻而誠懇地做善後工作，對這種人要好言安撫，並在以後尋機透過表揚等方式予以彌補。

松下公司創始人松下幸之助被稱為「經營之神」，這位「經營之神」經常在工作中責罵部下。但是他的責罵方式是非常巧妙的，其秘訣在於他責罵之後的處理方式。

後藤清一曾在松下公司任職，某一次，因為一個小小的錯誤，他惹惱了松下先生。當他進入松下的辦公室時，只見松下氣急敗壞地拿起一隻火鉗死命往桌子上拍擊，然後對後藤大發雷霆。後藤正欲悻悻離去，松下說道「等等，剛才因為我太生氣，將這火鉗弄彎了，所以麻煩你費點力，幫我弄直好嗎？」

後藤無奈，只好拿起火鉗拼命敲打，而他的心情也隨著這敲打聲逐漸歸於平穩。當他把敲直的火鉗交給松下時，松下看了看說道：

「嗯，比原來的還好，你真不錯！」然後高興地笑了。

　　責罵之後，反以題外話來稱讚對方，這是松下用人的高明之處。然而，更為精彩的還在後頭呢！後藤走後，松下悄悄地給後藤的妻子撥通了電話，對她說：「今天你先生回家，臉色一定很難看，請你好好地照顧他。」本來，後藤在挨了松下一頓臭罵之後，決定辭職不幹，但松下的做法，反使後藤佩服得五體投地，決心繼續幹下去，而且要幹得更好。由此可見，善後工作是多麼的重要。

第二節　主管的角色

　　部門主管是企業的重要環節，他是員工的上級，是上一級主管的部屬，同時也是同級主管的同事。因此部門主管在組織中扮演著另外三種角色：部屬的主管、上級的部屬、其他部門主管的同事。

圖 1-2-1　主管扮演的角色

1. 是上級的部屬

　　作為上級的部屬，要明確自己的「身份」。部門主管是上級的替身，他必須服從並執行上級的決定，必須在自己的職權範圍內執行上級託付的任務。

但現實中許多部門主管卻發生了嚴重的角色錯位，扮演了不該自己扮演的角色。

一些中層主管常把自己看作是「民意代表」，即反映基層員工的呼聲，反映下面的意見，代表部門員工的意願，這是一種錯誤的角色定位。

一是你代表不了部屬的利益。員工的利益有工作合約和有關法律法規加以保護，有工會等組織出面維護，有員工自己捍衛。你是員工的上司，只是因為公司任命了你做部屬的上司，而不是因為你代表了員工的利益。

二是取得部屬的擁戴和支援，需要提高領導力，而不是做「民意代表」。一些中層主管之所以「出頭」做「民意代表」，其目的不外乎是取得部屬的擁戴和支持，但是，你不是部屬們推薦出來的「領袖」，你想通過代表部屬利益的方式取得擁戴和支援是行不通的，當然，正當的必要的部屬利益還是得維護的，你必須通過別的方式取得擁戴和追隨。

三是中層主管應當代表公司維護員工的利益，而不是代表員工維護員工的利益。也不是說，中層主管作為「民意代表」反映出的問題不合理、不客觀，相反，由於代表了「民意」，其合理的成分、合情的地方更多，讓人幾乎無從反對。但要從公司有效管理和可持續發展角度來看待卻是不利的。看看下面這個例子：

某公司為了改變上班懶散、下班時間未到就不見人的作風，實行了嚴格的考勤打卡制度。部屬普遍反映，公司最近出台的考勤辦法太過分了，遲到 1 分鐘就扣 30 元，有些不近人情。但公司的出勤率從過去的 80%提高到了 96%，許多經常遲到 10 分鐘、30 分鐘的那些人也按時到公司了，改革考勤的目標已經得到完全實現。客戶來該公司也感覺工作作風好多了，找人也容易找到了。

出勤率是公司行為，如果部門主管「代表民意」做到人情味，那麼公司的形象問題就將受損害。所以，行政經理應站在公司行為上看問題。

2.是本部門的主管

作為部屬的主管，主要扮演三種角色：管理者、領導者和教練員。

主管首先是一名管理者，作為管理者，主要職責是引導員工實現目標。因此，主管的首要工作就是如何讓部屬完成工作，達成部門績效。

作為領導者，主管必須發揮職位影響力和個人影響力，把部屬凝聚在一起，把本部門建設成為一個高績效的團隊。

作為教練員，主管有責任對部屬進行培育和教導，使他們能夠在工作中提升自己，使他們能夠高效率地工作。

作為企業的中層主管，都要管轄一定數量的直接部屬。在部屬面前，中層主管往往會出現以下角色錯位：

一是把自己當成了業務員。這是許多做業務出身的中層主管常發生的角色錯位現象：常把自己仍然當成業務員，往往身先士卒，衝在最前面，去做更多的業務工作，但卻忘了自己的最大職責是在於率領整個部門的人去完成工作。他們以業務或技術的眼光看待部屬、看待問題，卻常常對管理十分淡漠。

二是把自己當「官」，這種角色錯位在於：我是主管，我就是官。然後按著官的邏輯來當經理：十分看重自己的位子和自己的級別，對級別比自己低的人應當按什麼禮數接待，對級別比自己高的人應當按什麼接待，對別人按什麼規格、什麼級別對待自己都十分敏感；用級別看待遇，什麼級別，應該享受什麼工資、什麼待遇，一點兒也不能馬虎，不管你創造的價值比其他人高，能力強；官僚習氣和作風嚴重，什麼都自己說了算，不懂得發揮團隊的智慧。

3.是其他部門主管的同事

企業是團隊運作，依照功能與企業需求而劃分許多部門。在企業內部，如果沒有其他部門的需求，你所在的部門還有存在的必要嗎？你這個主管還有存在的必要嗎？因此，部門主管必須與其他部門密切溝通協調。

部門主管應把其他部門的同事看成客戶，以企業內部的需求為中心安排工作，讓內部客戶滿意。

公司同事一同做事，有的中層主管本位主義思想嚴重，只想本部門的事，關心本部門的利益，從來不從一個企業整體的角度考慮。一旦有「傷害」本部門利益的事情，馬上找上司，多年的「同事」馬上變成「敵人」。許多中層主管則是「事不關己，高高掛起」，「各人自掃門前雪，莫管他人瓦上霜」。其實你只要想一想，你完成這些工作目標為了誰？誰在用你的工作成果，或者說，誰需要你的工作成果？是上司嗎？是，但是僅僅一部份，實際上還有其他部門。既然是其他部門用你的工作成果(產品)，他們就是你的客戶，你怎能不管他們的需求，只顧埋頭工作(生產)呢？只把眼光盯在「履行自己的職責，達成自己的目標上」，卻不管其他部門的需要。就相當於你整天在生產卻不知道客戶不要你的產品一樣。

第三節　具備工作能力

對於主管來說，實施其管理職責需要人際關係技能和技術性技能。具體而言，以下幾種能力對主管至關重要：理解上級指令、分解工作任務的能力，指導他人活動的能力，解決問題的能力，專業技術能力，良好的溝通和協調能力以及與他人合作的能力。

(1)理解上級指令、分解工作任務的能力

主管的基本職責是執行上級指令，有效執行的第一步是正確理解上級的指令，並將任務合理地分解。正確理解上級的指令，往往需要從團隊全局出發考慮問題，需要與上下級進行有效的溝通；合理分解任務，需要主管有較高的計劃和決策的技巧。

員工和上級對工作的理解是不同的，兩者之間存在差別，產生這種狀況的主要原因是雙方對工作的理解不同，因此需要雙方加強溝通。

(2)發掘和解決問題的能力

判斷一個主管是否優秀，首先看他解決問題的能力。有些主管很敬業，事必躬親，從管理的角度來看，這是錯誤的，因為一個人的精力是有限的，凡事都親自解決，個人辛苦事小，延誤時機得不償失。在自己的職權範圍內可以解決的問題，應充分激發員工的積極性，共同解決問題。

解決問題只是救火，火已經燒起來了，救火僅僅是彌補、撲滅，損失已經造成。解決問題最好的方法是在問題還未發生時，就有問題意識，事先做好預防問題發生的準備工作，杜絕問題發生。

但管理的過程中存在太多的不確定性、太多的意外情況，一旦問題發生，主管必須及時採取有效的措施解決問題。因此，主管必須有發掘問題和解決問題的能力。

(3)指導他人活動的能力

主管的管理工作，是通過別人來完成任務的。為了保證員工能夠高績效地完成各自的任務，主管有責任和義務對員工進行培訓和指導。

要記住，員工的工作效率低下、工作方法不科學、責任心不強、缺乏工作的熱情和積極性、缺乏創新的精神和創新能力，這些都不是員工的問題，而是主管的錯，是主管沒有對他們進行有效的指導和培訓。

主管必須承擔起教練員的任務——指導團隊獲得勝利，首先要求主管必須具備指導他人活動的能力。

(4)專業的技術能力

許多部門主管本身就擔負一定的業務性工作，因此，部門的技術性工作，是主管職責中的一個很重要的部份。專業技術是指對某一特定業務活動的瞭解和熟練程度，這些活動是指導方法、製造過程、流程、使用工具或技術等相關的活動。

主管應掌握的技術能力包括：專業性的知識、對專業性問題的分析能力，對專業工具與專業技術的純熟使用。

(5)良好的溝通和協調能力

主管必須具備良好的溝通和協調能力，才能有效地創造一種協調的環境，保證目標的實現。

有效溝通的關鍵是尊重部屬，仔細傾聽部屬的心聲；有效協調的關鍵在於能否站在對方的立場上看問題，只有通過換位思考，才能更有效地與他人、部門協調，共同把事情做好。

第四節　瞭解自己的生存空間

作為部門主管，在對自身角色有了一個初步認識之後，下面要做的就是要對本部門的基本情況有個大概瞭解，在此基礎上，才能對部門工作進行有效的指導和管理。

1. 你的部門受誰領導

首先要瞭解自己上司的風格。不同的上司做事風格不同，有的喜歡直接切入主題，談基本的、大體框架上的問題而不去關注細節，只要結果不看過程；有的則喜歡深入瞭解事情的來龍去脈，對問題進行全面細緻的把握。所以要順利開展部門管理工作並獲得成功，就必須瞭解上司並按上司的行事風格工作。

然後要對本部門的一些信息或問題進行篩選，看那些需要對上級進行彙報。其中，下面幾種信息必須讓你的直接領導者有全面的瞭解：

⑴與公司市場競爭力相關的重要經營信息。

⑵已經得到的可能會讓上司措手不及的信息。

⑶你所預見到的可能發生的重大問題。

⑷你所得到的你認為可能對公司有用的、無法從其他管道獲得的信息。

在上任後，有一件不易處理的事，就是如何把握與上司在剛開始時交往的程度和性質。在這個問題上，拘謹往往會誤導你。許多新上任的中層主管都認為自己應該躲開上司，直到他們確切地知道自己在做什麼並且能有把握地談論自己的新工作時再去見上司。但事實上你的上司不會要求你在第一週就完全處於事業的巔峰。如果上司發現你

在一兩天內就把所有的事情都弄得一清二楚,他反而會不高興。拘謹對你、對你的隊伍以及你的上司都沒有任何好處。在一開始的關鍵日子裏,你的上司一定是真心幫助你的,同時他也有足夠的影響力和知識這樣去做。

不要隱瞞所面臨的挑戰和困難,並讓你的上司自己決定是否要加以評論或幫助。要相信他決不會因為你意識到了一些困難的存在就降低對你的評價,相反,你覺察工作中隱患的速度和創建美好未來的決心,會給他留下最深刻的印象。

在上任後,有一件不易處理的事,就是如何把握與上級交往的程度和性質。在這個問題上,拘謹往往會誤導你,許多新上任的主管都認為自己應該躲開上級,直到他們確切地知道自己在做什麼並且能有把握地談論自己的新工作時再去見上級。

事實上,你的上級不會要求你在第一週就完全處於事業的巔峰(其實如果上級發現你在一兩天內就把所有的事情都弄得一清二楚,他反而會不高興)。拘謹對你、對你的隊伍以及你的上級都沒有任何好處。在一開始的關鍵日子裏,你的上級一定是真心幫助你,同時他也有足夠的影響力和知識這樣做。

不要隱瞞所有面臨的挑戰和困難,並且讓你的上級自己決定是否要加以評論或幫助。相反的,你覺察工作中隱患的速度和創建美好未來的決心,會給他留下最深刻的印象。

2.本部門在公司裏的地位

一個部門既然存在就必有存在的理由,也就是有其不可替代的地位和作用。一個成功的部門經理不僅自身要對此問題有清醒的認識,還要力圖讓部門的每一個員工也認識到這一點。因為作為公司的一個部門,員工的自豪感是他們主人翁精神煥發的感情基礎,它來源於員工對自己部門地位的瞭解。

「我要讓所有的人都知道，他們是在最棒的組織中工作，我相信自豪感與自信會創造輝煌。」這話出自工商業傳奇人物——克萊斯勒汽車公司的總裁艾科卡之口。在經歷了一連串的事業波折之後，他還是領導著他的公司在全美的汽車業中與其他兩大霸主成鼎足之勢。他相信，員工對自己所從事的事業的熱愛是他們工作的原動力。當每個員工能自豪地說出我是克萊斯勒的一員時，也是他們真正爆發出衝天幹勁的時候。

3.本部門的目標是什麼

首先，以主管的眼光看待問題。由於已經是管理階層的主管一員了，就要站在戰略高度上看問題，要去瞭解新的同僚並學會像他們一樣行事。要準確地把握部門的目標，包括要取得的結果、成功的標準、成功的尺度、激勵的手段等，這樣才有可能激發員工的積極性朝同一個方向努力進取。

瞭解部門目標，才有可能因地制宜選用最合適的人才。實現近期目標——選用具有腳踏實地、埋頭苦幹、精明果斷、幹練、有創新意識的員工；實現中期目標——選用具有一定戰略眼光，既能透徹瞭解本地區、本公司的局部情況，又能看見週圍地區的發展形勢、有膽有識、敢想敢幹的員工；實現遠期目標——選用立志高遠、目光遠大、具有較強宏觀思維能力、能夠預測客觀事物的發展趨勢，同時又有堅忍不拔、百折不撓的氣質、能夠廣泛團結群眾的中青年員工。

一定要把你的部門目標告訴員工們。當員工們確切地知道他們個人或集體的工作會產生何種效果時，他們的工作熱情會更高漲。他們會產生部門主人翁的自豪感，明白他們的工作如何地與部門前途密切相關。作為部門經理，你的一個重要職責就是把上司的要求傳達給員工，把員工的需求反映給上司，成為高級管理層和員工之間的一個緩衝器。

　要想對員工進行有效的管理，首先必須知道他們能做些什麼。一條通向災難的道路就是「把任務分派給了員工，而他們根本沒有掌握完成任務所需的技能，或者沒有接受過必要的培訓」。

　你是否知道部門內每一位員工都有那些能力？如果你不知道的話，就做一次盤點吧！這裏有一份盤點工作單，將對你有幫助。

　通過為部門內的每一位員工建立一張這樣的工作單，主管就會瞭解他手下有什麼樣的可供利用的人力資源，一旦有了新的任務，主管能夠很容易地決定誰是最合適的人選。

　與員工們一起開個會也是個不錯的辦法。你要做的僅僅是問問他們自己以為最擅長做的是什麼。你會得到意想不到的準確評價。

表 1-4-1　員工技能盤點工作單

```
姓名_____    部門_____

職位_____    在公司工作的年限____

教育程度_____

學習經歷_____

技能_____

公司提供的培訓_____

在外面接受的培訓_____
```

4.對員工的技能進行盤點

　在與部屬交談中，你應向他詢問關於本部門的運作方式、市場、技術和社會聯繫等方面的信息，並觀察他的態度和志向。對每一個人都有兩個評判標準：能力以及他的態度。請你在一張紙上按如下所示對每個人進行分類：

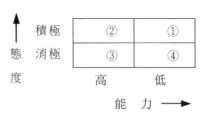

　　最好的結果當然是每個人都屬於第②象限，即有能力支持你和你的隊伍。這樣你就能做一個可以笑出聲來的主管了。

　　對於第①象限的人，你要想辦法提高他們的能力，或者改變他們的工作性質使其更適合他們的技能，或對其培訓。

　　第③象限的人最值得新主管注意：能力高但態度消極。他們可能在你尚未意識到的時候就給你的部門造成相當大的傷害。你需要儘快改變他的態度，或者將其調離你的部門。第一個方法較好，因為畢竟人才難得；但第二個方法更容易解決問題，該出手時也不應該猶豫。對一個新主管來說，工作沒有成果並失敗的最重要原因就是沒有認出第③象限的人，並採取對策。而對其做出改造或調走的決定，必須在上任後的頭 10 天內進行，並在一個月裏徹底完成。請記住：只有最能幹的人才會成為你最危險的敵人！

　　第④象限的人製造的麻煩會少些，當然他們的潛在用處也會少些，因此你不能允許部門裏存在這種人，一刻也不行！告訴他們你對他們的看法和提高其能力的計劃，但這必須以他們改變態度為前提。改變或者走人，只有這兩種選擇。

第五節　列出自己所擁有的資源清單

　　與高層管理者的會面會有助於新主管瞭解要做些什麼。下一步就是列一張清單，弄清楚你得到那些資源來完成上述任務。

　　對於每位主管來說，這些資源有：

・人力（員工）。

・資金（預算）。

・設備和資產（最容易管理的東西，但別對一位資產主管這樣說）。

・時間。

　　以書面形式列出可供你使用的這些資源，你有足夠的資源完成工作嗎？最好有！

　　剛剛上任的主管不太可能瞬間就獲得更多的資源，除非這個部門一直有問題。在這樣的起點上開展你的主管工作，切忌一上任就馬上提出要求，例如要求增加人手、增加管理預算。這些都會大大增加開支，而高級管理層是不會喜歡的。

　　無論如何，列一張上述的清單，會幫助新主管判斷他的任務將會有多困難。主管的工作就是用現有的資源變戲法，包括在預算內工作、確保員工受到合適的培訓、保持設備處於運行狀態、制定出一個日程表把現有時間加以最大限度的利用。當你證明自己能用現有的資源把工作幹好時，你就獲得了要求得到更多資源的權力。

　　對主管的事業發展來說，問自己這樣一個問題：公司把那些資源交給我來照管？從這個角度來看一看你的工作。如果想發現你對多少

資源負有責任，就要像盤存貨物一樣列一份清單。

下面就是一位主管所準備的資源清單的例子：

表 1-5-1　資源清單表

全時間僱員人數	每星期可用的小時數
5	200
部份時間僱員人數	
2	40
所有可用的時間資源	240

從可用時間的角度來思考，可以幫助主管在必要的時候做出必要的決策。比方說，假設有一名員工因為感冒，四天沒有工作。走掉了一名可貴的員工，同時意味著主管的資源裏也少掉了 32 個小時。那麼，本週的可用時間也從 240 個小時減少到了 208 個小時。主管必須解決的問題是：為了保持部門工作的進度，那些任務可以推遲或者取消？或者是延長工作時間，以便把資源裏的時間補回來？把時間作為一種資源來考慮，可以幫助管理者對問題做出反應並採取必要的補救措施。

第六節 與你的上級會談

　　一旦接受了同事、朋友的握手祝賀、重新布置新辦公桌、擦亮了新頭銜的名牌，接下來，要安排的第一件事，就是與你上級會面。

　　新主管與上級討論所有的事務。這次會談是你們之間新關係的開始。瞭解上級對你的期望，以及你能指望從他那兒得到支持。

　　你與上級的討論必須具體而坦誠。討論結束時，確保你已瞭解工作的內容，瞭解你要完成的是什麼。許多主管失敗的最大原因就在於不清楚高層管理者到底想要他做什麼，一定要把與上級的會談作為你上任後的頭等大事。

　　如果從上級那兒很難得到清楚的答案，那就自己把所有的期望列成單子。用它來試探上級的反應（「我剛剛列出了幾件本部門的頭等大事，我很願意跟您探討一下」）。通常這張由新主管制定的單子會引起一場坦誠的討論。

　　在新關係中，有幾件事是必須瞭解的：

· 上級期望本部門有何表現？

· 上級期望你有何表現？

· 本部門必須優先考慮的是那些事？

· 你得完成那些書面和口頭的報告？何時需要完成？

· 在完成上級的目標方面，你有多大的自由度？

· 本部門的未來目標是什麼？是誰設定的這些目標？

· 上級認為本部門面臨的最大問題是什麼？誰將負責解決這些問題？

即使沒有特別的要求，也要經常向上級彙報，瞭解正在發生的情況，這樣會讓他們更滿意。

向上級彙報時，要開誠布公。別把問題都隱藏起來，當你指出一個問題存在時，別忘了提供解決的辦法，千萬不要只揭露問題而不提供解決建議。

耐心摸清上司的特點，以他提倡的方式完成工作，是獲得上級好感的先決條件之一。

1. 瞭解上級的特色

每個人都有自己的行為方式和個性。注意上級的類型，您將會更好地預測他的情緒，理解他的價值觀，並按他的期望去做事。例如，面對一個關注細節、重視條理與規範的上級，您應該有充分的準備接受他對您在彙報方案中所有細節的置問與探討；而面對一個思維活躍、重視整體，您也應當有充分的準備，因為您要不停地應付他各種突如其來的創意，他也很少會告訴您該如何具體去做。

2. 上級喜歡的工作方式

由於文化背景、性格或其他因素的不同，上級行事的風格也各不相同。比如法國上級，往往是一個唯美和浪漫主義者，工作和休閒分得很清楚，因此不要在下班的時候用公事來打擾他；對於美國上級，開放而富有人情味，同時將隱私權看得比較重，因此切忌打聽他的隱私，而要強調自己的團隊合作精神；日本上級則是拼命三郎的作風，且上下級觀念比較重，因此您必須富有責任感，堅持工作第一，在完成工作的同時絕對服從於他；德國老闆是一個完美主義者，原則性極強，因此在工作時要盡可能做到盡善盡美。注意了這些差異，才能在工作時得心應手。

摸清上級的脾氣，以他提倡的方式來工作，讓自己的才華更好地得到他的肯定。

上級的臉色是您行動的晴雨錶。儘量在上級臉色和悅的時候向他提議，如果他臉色很難看，您仍然執著地拿事情來煩他，那再好的提議也有可能被否定。

3.了解上司的優先事項

一旦你開始與一位上司共事，你最先要做的事情之一，便是弄清楚他們心中的想法。理想狀況是直接問他們：「針對你和我的績效，你最優先的事項是什麼？」「在我做決定時，有哪些準則一定要考慮？」至於風格，你應該問他：「你希望我怎麼與你共事？」「哪些事會讓你感到非常困擾，我應該避免去做？」設法弄清楚他們希望與你共事的方式，比方說，你們應多久會面一次、他們偏好正式或非正式的會議、是不是該讓他們可隨時透過電子郵件或手機聯絡到你，以及他們會如何評估你的績效。

什麼是最可能造成上司認為你不適合的原因？你可能誤觸上司的「地雷」，可能是他們非常重視的績效優先事項，或是必須擁有的風格。對某個上司來說，可能是因為你沒有花足夠的時間在經銷商身上；對另一個上司來說，你雖已達成營收目標，但他們預期你會超越目標。或許你曾在他們的會議遲到十分鐘，卻沒有好的理由，或是沒有事先告知，而他們認為這是不尊重。或許是因為他們想要你提交一頁簡單的摘要報告，你卻給他們二十頁的簡報，而他們認為這表示你沒有專心聽，或更糟的是，他們可能認為你無法去蕪存菁。也或許你只是沒有通知他們，有一連串重大事件正在發展，結果這些事件讓他們感到意外。

🔊)) 第七節　與你的部屬會談

接下來你要做的是，與員工進行會談，這種會談的目的與部門會議有所不同，分別地會談會加強你的權威。個別會談會給你提供一個好機會來評價你的員工，並決定他們在本部門中將扮演什麼角色。

這種個別會談會使你瞭解員工們的個性。你要瞭解以下情況：

· 那個員工是你能依靠的，他們是你打基礎的基石。

· 那個員工很可能帶來麻煩。

· 那個員工需要額外培訓。

· 那個員工需要被替換。

與部屬會面前，要做好準備工作。瞭解員工各自的職責及他們將怎樣配合本部門的任務，調查一下他們的工作表現記錄，徵詢其他可能瞭解這些員工的主管的意見。但要保留你的判斷，別因為某個員工過去曾和另一主管有過個人衝突就對其妄下判斷，也別以為某個員工有著輝煌的過去就能成為明日之星。

與部屬會談時，你要注意下列重點：

1. 抱著多聽少說的想法。為了讓員工多說，你得問些引導性的問題，對他的回答繼續提問，對員工們要說的話，表現得感興趣，別表露出任何不贊成或其他評價。

2. 確定你是否真的需要在你倆之間擺張辦公桌。上任不久時，一張辦公桌會阻礙觀點的自由交流。如果你們倆並排而坐，中間沒有這道障礙，這次談話很可能更生動。

3. 在整個會談中，不要分散你對部屬的注意力。這就是說不要

接電話，別走開，不要任何人打擾。這種注意是贏得員工支持的一種簡單的禮貌。

4. 別用「抱怨自己有多忙」來開始這次會談。這會使部屬覺得你故意在誇耀自己很重要！

5. 最初幾分鐘盡力讓部屬感到輕鬆自在。詢問他的個人生活、談論天氣、體育等話題都會緩釋部屬的緊張。

6. 要求部屬簡單敘述他的職責。適當插話來表明你對他並不是完全不瞭解，但大部份要由員工來講。

7. 詢問部屬有無改進工作的建議。仔細聆聽，作些筆記，那些涉及每日工作的人往往能提供最好的建議主意。

8. 簡短總結一下該部屬過往的表現。如果他表現得好就讚揚他，如果他很平庸也不要批評，記住詢問部屬需要那些幫助來改善他的績效。

9. 瞭解部屬的目標和渴望。如果你沒得到很清楚的答案也別感到吃驚。缺乏目標正是使他們一事無成的原因。你可以幫助部屬確定他們自己的目標，並向著這一目標努力，這也許是員工最想得到的幫助。

10. 別對你的員工表現出屈尊俯就的態度，他會因此憎惡、看輕你。

11. 會談要簡短，用積極的話語結束會談。

12. 如果會談中你提出要為員工做某些事，切記要信守諾言。信守所有的諾言，這是使員工們信任你的最快方法。

第八節　儘快發掘部門問題

成功的主管是「發掘問題」，並且「解決問題」，而前提是：「儘早發現問題」。

作為一個新上任的主管，你要儘快發現本部門的問題，分析問題來源、現狀，問題的嚴重程度，設法有效的解決問題。

新上任的主管，由於初到本部門，不熟悉工作，很容易疏乎甚至未發現問題，等到問題擴大時，有如星星之火已擴大成火災，已來不及滅火了！下列是新上任主管應儘快發現的問題：

1. 部門內的工作問題

⑴工作任務

⑵部門內的協調配合度問題

一個部門內，必須士氣高昂，而且同事之間相處愉快，工作任務彼此緊密協調。

新到任的主管必須瞭解各成員之間的協調配合度，並從中發現到問題。新主管的方法是誘導部屬表達自己的看法與建議。對那些願意直截了當表達看法的員工，他們的問題往往容易發現。對新主管而言，容易發現問題。

對於「不善於表達意見」、「不喜歡直接用口頭表示抗議」的部屬，他們不喜歡拋頭露面，新主管反而要加倍小心，對這樣的屬下，可以採取以下辦法發現問題：

．找時間單獨交流，儘量挖掘他們在感情和理性方面的反應，從中發掘潛在的問題。

· 儘量挑選一個相對安靜又無人打擾的環境，雙方加以交談。

· 雙方溝通時，主管心態要誠懇而坦承。開誠布公的交流意願。

· 讓部屬感到放心。溝通討論時，適度的讚揚，主管必須有所批評意見時，注意「態度是節制的」、「是正面建議」、而且「是對事不對人」。

2.公司內部部門之間的衝突

關係上的親近往往孕育了衝突的種子，家庭衝突、姑嫂爭吵、派系衝突都因為相同的原因發生：爭奪有限的人力、物力和財力資源。在絕大多數公司裏，這種衝突同樣存在。

一個英明的主管有責任使自己的部門儘量少花時間在這些內部糾紛上。「大事化小，小事化了」與「眼不見，心不煩」都不是解決內耗的辦法，在衝突爆發之前，你必須首先出手：

(1)研究以往歷史

瞭解一個公司和你部門的歷史：那裏發生過糾紛；為什麼發生；涉及那些問題；解決方式和遺留問題是什麼等。這些都可能成為糾紛再起的導火線。

(2)你能做些什麼

你和你的員工必須做些什麼來避免衝突升級或排除造成衝突的潛在原因。

3.客戶製造的麻煩

一群惹不起的人，沒人敢找「上帝」麻煩(客戶就是上帝)。

(1)明確客戶是誰，尤其要明確核心客戶是誰

核心客戶依賴於你的產品和服務。在他們看來，你的質量、價格、服務、方便是短期內他們別無選擇的。

(2)與客戶交流，瞭解他們為什麼要製造「麻煩」

要與客戶面對面交流，瞭解他們對你部門的滿意程度，那些方面

不滿意；希望你們在那些方面提高，在他們看來你們部門該如何提高。

(3)製造一個計劃把核心客戶牢牢抓在手裏

老主顧意味著更多更穩固的業績，而一旦你換了份新工作，這些客戶就是一筆資本。沒見招聘廣告總是寫「有客戶者優先」嗎？

對於客戶的麻煩，如果你不解決或滿足他們的需要，那麼你將失去他們。不要等他們開始抱怨或失望時才行動。請記住：避免負面效應的最好辦法就是大膽主動進攻。

4.來自競爭對手的麻煩

不可避免的麻煩、最讓人頭疼的麻煩、必須解決的麻煩──都是競爭對手惹的禍。

確定競爭者。不要以為吵得凶的就是你最重要的競爭對手，「會咬人的狗不叫！」還是先回答下面4個問題吧！

⑴我們為新的一筆生意努力時最常遇到誰？

⑵最近我們的市場佔有率被誰奪走了？

⑶在顧客調查中，誰的得分與我們相同或比我們高？

⑷如果跳槽，我在同行業中最可能選擇那家公司？

第九節　主管應有的職責

主管不但管人，也要理事，故其職責應包括如下：主管的做人涵養，要有胸襟與氣度，要有識人技巧；主管的做事態度，要全力以赴，要以使命感自我期許。

圖 1-9-1　主管提高經營績效的各個環節

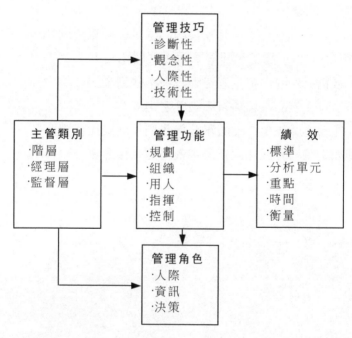

主管的職責，包括「企業績效」、「調和各部門的利害關係」。說明如下：

1. 提高本部門經營績效

經營績效的圓滿達成有待各環節的配合，包括主管的管理能力與技巧、管理功能、管理角色等之密切配合，詳細見下圖。

2. 調和各部門的利害關係

主管是組織的核心，對上要盡力輔弼上級，替上級分憂解勞，有時甚至要站在上級的角度行事。對下則要領導與培養部屬，尤其是對部屬潛力的開發，因為部屬好比冰山，其潛在能力有待主管引導浮出水面。而對平行的單位，主管不應有本位主義，只誇自己瓜甜。

第十節　管理好你的責任

權力有一個形影不離的伴侶，那就是責任。

作為中層管理人員，你有比基層員工更大的權力，同樣也有比他們更大的責任。責任和權力形影不離，但是，責任可沒有權力那麼有魅力。客觀地說，大多數人都想親近權力，卻很少有人想親近責任。

但是，在其位就要謀其政。作為承上啟下的中層管理人員，擁有了企業賦予的權力，你就必須承擔起相應的責任，包括對企業的、對部屬的、對上司的、對職能機構的，等等。

1. 進入工作狀態

首先要提醒你的是，要管理好自己的責任，先要調整好自我認知。也就是說，當你進入工作環境、接觸工作上的人和事、開展工作的時候，你就應該從內心裏給自己換一個身份——你已是某公司某部門的經理、主管，以職業經理人的身份出現在企業內外的工作夥伴面前。

其中最重要的，就是記住自己的崗位職責，拋開個人的感覺和情緒。以企業的價值理念、指導原則、管理規範、崗位職責作為工作指南和標準，而不是以個人喜好和感覺。不管你的心情如何、情緒如何、想法如何，也不管你面對的人是誰、與你的私人關係如何、對你的態度如何，你都要認真地對待，該熱情的時候要露出燦爛的笑臉，該嚴肅的時候要顯現職責的威嚴，該監督的時候要認真細緻，該指導的時候要有條有理，該溝通的時候要耐心理智，該批評的時候要就事論事……

這樣才是管理人員應有的履職狀態，才是職業化的行為風格，才能有效地實現你的管理職責。

某公司部門經理小邁是個為人很友善、工作很積極的人，上級和同事都很信任他。但他卻被撤職了，原因就是他不能擺正自己的位置，把私人情誼帶到工作中，以至於難以對部屬進行有效管理。因為他主管的部門裏有兩個部屬是他的大學同學，他們同時來到公司工作，關係很好。小邁上任以後，雖然在工作中和以前一樣積極，卻不能及時調整好角色和自我認知，在工作中沒能用自己的職業經理人身份代替自己的私人身份，總是受到私人情誼的束縛和影響，難以公平公正地管理部屬，對關係親近的部屬，該批評的時候也不批評，以致部門內部氣氛消沉，工作業績不佳。因此，總經理雖然很欣賞他的才華和熱情，也很信任他，但還是不得不讓他重新回到基層崗位。

「軍人以服從命令為天職」，同樣，作為一個中層管理人員，你也要積極地履行自己的崗位職責，那怕你不願意，你也要這樣做，因為你是承擔著那份責任的人。

要切實履行好自己的責任，你就必須及時調整好自己的自我認知，把私人身份與職業身份明確地區分開來，像一個職業軍人一樣，

以職業經理人的身份而不是以你的個人身份來面對工作中的人與事，認真履行自己的崗位職責。

2.勇敢地承擔起上司給予的責任

要切實履行好自己的責任，你還必須勇敢地承擔起應該由你承擔的責任，其中最重要的，是為部屬的過失和錯誤承擔責任。

作為上司，你不僅有督促部屬的權力，還要為部屬的過失和錯誤承擔責任，切不可把責任都推到部屬身上。因為部屬的工作是在你的安排、指導、監督下進行的，你怎麼能沒有一點責任呢？

事實上，如果你的部屬在工作中出現失誤，或是違反制度，或是效果不佳，你都負有一定的責任。也許是指令下達不夠清楚、資源提供不夠充分、人員安排不夠適當、過程監控不夠有力、指導幫助不夠及時等。此時，你不能選擇逃避，不能把責任都推給部屬。在認真考核評估部屬的同時，不要忘了反省自己，並積極主動地承擔應負的責任。

中層管理人員也是別人的部屬，應該能體會到當作為工作任務的承擔者；投入了心血卻沒有把事情做好是很令人心煩的。如果此時上司再不分青紅皂白地訓斥一通，卻絲毫不反省一下自己那裏沒有做好，你還會尊重和信任這樣的上司嗎？對他安排的工作還會有熱情嗎？

20 世紀 80 年代，美國出動特種部隊去營救被伊朗扣為人質的大使館人員，在行動的過程中出現很多故障導致行動失敗。在接到營救失敗的信息後，當時的美國總統吉米‧卡特立即在電視裏鄭重聲明：「一切責任在我。」僅僅因為上面那句話，卡特總統的支持率驟然上升了 10%以上。

部屬最擔心的就是做錯事，如果此時上司不僅認真考核、評估和指導，還主動承擔起自己的責任，部屬既會感受到壓力又感受到動

力，他們會更認真地反省自己，同時更尊重你，更明白應該怎樣去承擔責任。

3.為部屬差錯而承擔責任

要激勵部屬勇敢前進，為部屬的進步遮風擋雨，又要防止他們出現傷害企業利益的錯誤，這就是你對部屬的責任。要做到這點，既要承擔應負的責任，同時也要警惕不要大包大攬，使部屬感受不到壓力。畢竟，工作中出現過失、品質不合格、效率低下、違反管理規範等現象時，具體的工作人員有著不可推卸的責任。因此，在承擔自己應負責任的同時，你也要承擔起自己對部屬的另一個責任——督促他們進步。你要管理好自己的善良，為部屬的前途負責，不要因為好心而放鬆對部屬的督促。雖然寬容是愛的表現，但超過某個限度之後，寬容便不再是愛，而是害。即使部屬是在無意識中犯錯，我們在寬容的同時，也要批評、督促和幫助他們糾正出現的錯誤。

對部屬要講「大面子」，不要講「小面子」，該批評處罰時就要認真地批評處罰。對於一些比較重大的問題和事件，批評處罰必須要有足夠的力度，不能點到為止。否則，批評處罰對他們難以起到實質性的警示和督促作用，也說明你沒有承擔起對他們的責任，對不起他們的職業前途。

4.不要消極面對企業的缺陷和不足

作為中層管理人員，你還承擔著提升企業系統品質的責任。因此，你應該積極主動地思考和行動，為企業系統的品質提升貢獻自己的才智和心血，不要消極地等待和抱怨。

大多數人在面臨麻煩和問題時都會把自己視為受害者，不去想自己的那部份責任，似乎自己對這些麻煩和問題都無能為力。但是，作為中層管理人員，你對企業系統是有一定的影響力和控制力的，只要積極主動地思考和行動，是能幫助企業修正缺陷和不足、促進企業系

統品質提升的。

　　責任和權力形影不離，但責任沒有權力那麼有魅力，承擔責任經常意味著吃虧。因此，要一個人承擔責任，不是通過管理規範的明確就可以的，關鍵是看這個人有沒有責任心。

　　成功離不開認真二字，企業和個人的成功都是在對人對事認真負責的基礎上實現的。從長遠來看，承擔責任絕對是值得的，不僅對你工作的企業，而且對你本人也是如此。因此，當你在工作中發現企業系統的缺陷和不足時，不要把自己單純地視為受害者，不要簡單地歎息和抱怨，不要睜一隻眼閉一隻眼。你應該積極發揮自己的作用，與同事、上司一起努力，從根源上認識和解決這些問題，促進企業管理體系品質的提升。

　　作為中層管理人員，你要經常提醒自己，勇敢地承擔起承上啟下的責任，不要消極應對自己、部屬、同事、企業的問題和麻煩，更不要找理由和藉口來推卸責任。為了使你更好地履行自己的責任，請記住認真負責的「六不要」：

　　・不要輕視自己崗位職責的作用和價值
　　・不要推卸自己應該承擔的責任
　　・不要為自己不負責任的言行找藉口
　　・不要冷漠地對待同事的困難與壓力
　　・不要姑息和縱容企業裏的不良現象
　　・不要怕別人的冷言冷語

第十一節　主管的 3 項基本工作

作為一個部屬，你只要為自己所做的負責就行了；但作為一名主管，你的工作則是對別人的所作所為負責。換言之，你得對別人的工作負責。如果他們幹得不好，挨訓的人是你；如果一切順利，你也面上有光；如果幹得比預期的還要好，你甚至可能會得到表揚。那麼，到底該幹些什麼呢？你如何才能知道人們在什麼時候幹得好呢？

作為一名主管，你對產品或所提供的服務負有責任，不論你的部屬是製造飛機零件、填寫保險單還是回電話；不論你的員工是用頭腦來學習和思考、用嗓子來回電話；還是用微笑迎接來往者，他們都是在幹活，而且他們可能幹得很好，也可能幹得很糟糕。

要想成為一名好主管，什麼是你必須知道和必須做的呢？大多數剛剛晉身於管理層的主管們，由於新主管必須知道如何操作那些設備，而且也要明白你希望員工做些什麼，還要知道你評價一件工作好壞的標準，你可以依靠誰，而誰又依靠著你，你可以利用的資源以及他人對你的期望。當你弄清楚了這些事之後，就能決定該用什麼方式去達到你的目的了。

作為一名主管，最基本的 3 項工作就是：

· 各項工作都是什麼？　· 誰來做它？　· 怎麼做？

1. 急需些什麼

在開始的時候，先為自己作一番分析，弄清楚誰最急需什麼。

不同的單位、部門、科室在整個工作的運作過程中都有不同的既得利益，每種分工都會讓人認為他的工作比別人的重要，而他的工作

卻沒有得到相應的足夠的重視。因此每個都想得到更多的原料和權力。作為一名主管，你得知道：

· 什麼是重要的？（對誰而言它是重要的？）

· 誰知道它？或誰擁有它？

· 誰需要它？

· 你怎麼籌備它？

當你弄明白公司的狀況的話，你在主管的位子上就坐穩當了，你不僅瞭解情況而且知道如何使整個系統運作起來。但是，如何才能弄明白這一切呢？

大多數公司都分割成許多不同的部份。這種劃分可以是以職能的不同為依據，如生產部門、銷售部門、財務部門和人事部門，每個部門都有個經理，而這些部門經理則對總經理負責。

也可以根據產品或服務的不同來劃分，如食品部、洗衣部、設備保養部、清潔部門、或者是某某產品部；還可以根據方位的不同來劃分，如地區、城市等。許多時候，劃分都是互有交叉的，你也許會在一個隸屬於地區經理的工廠經理手下監管著生產某一特定產品的生產部門。而那個地區經理又受生產經理管轄，同時，這生產經理又得向公司的行政主管負責。你瞧瞧，多複雜的情況啊！

試著找一張公司的機構區劃表，把這複雜關係的枝節弄清楚了，並找出你的位置來。

對照著這張表看，你就明白了誰是你的同事，還有別的什麼主管，你從誰那兒得到指示，要對什麼人傳達這些指示。工廠的經理是你老闆，因而他是你得認識的舉足輕重的人物。但是，如果你的產品必須得依照別的什麼部門制定的規格的話，或是如果你的產品還要到別的部門再進行加工的話，你就得再認識一些別的人。你不僅要和那些對你有幫助的上級或同級們處理好關係，也要和那些職位較低的人

們相處融洽。

　　你只不過是機器的一個小齒輪而已，必須熟知別的齒輪以確定這
車輪到底會駛向何處。你要做的就是和那些與你工作密切相關的人們
建立良好的關係，到他們辦公室去聊一聊，請他們出去喝杯啤酒或咖
啡。別感到不好意思或對此感到不安，為了把工作做得更好一些而尋
求一些必要的支持和信息，完全是合情合理的。

圖 1-11-1　公司管理結構圖

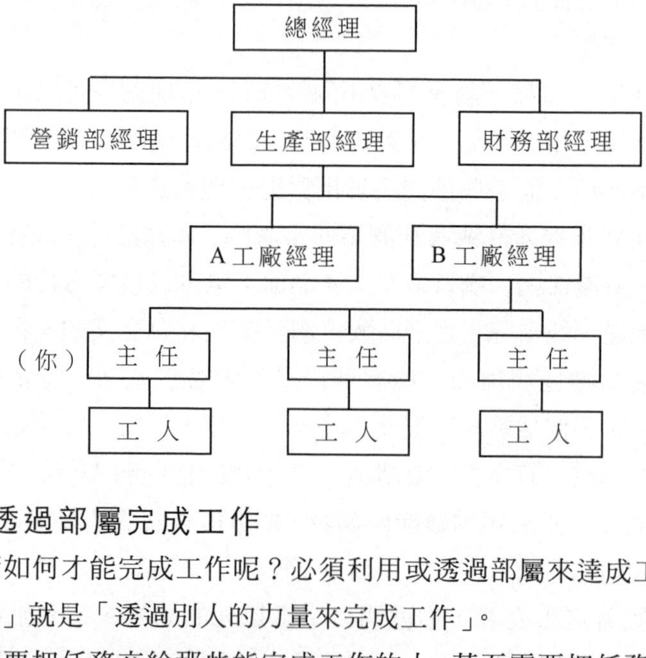

```
                        ┌─────────┐
                        │  總經理  │
                        └─────────┘
                             │
        ┌────────────────────┼────────────────────┐
   ┌─────────┐          ┌─────────┐          ┌─────────┐
   │營銷部經理│          │生產部經理│          │財務部經理│
   └─────────┘          └─────────┘          └─────────┘
                             │
                  ┌──────────┴──────────┐
            ┌─────────┐          ┌─────────┐
            │A工廠經理│          │B工廠經理│
            └─────────┘          └─────────┘
                 │
      ┌──────────┼──────────┬──────────┐
  ┌─────────┐  ┌─────────┐  ┌─────────┐
(你)│ 主　任 │  │ 主　任 │  │ 主　任 │
  └─────────┘  └─────────┘  └─────────┘
      │            │            │
  ┌─────────┐  ┌─────────┐  ┌─────────┐
  │ 工　人 │  │ 工　人 │  │ 工　人 │
  └─────────┘  └─────────┘  └─────────┘
```

2.透過部屬完成工作

　　主管如何才能完成工作呢？必須利用或透過部屬來達成工作，所
謂「管理」就是「透過別人的力量來完成工作」。

　　主管要把任務交給那些能完成工作的人，甚至需要把任務切割成
數部份，交給不同的人，來共同完成工作。執行時要注意：

　　·決定要完成什麼工作。

　　·決定何時需要完成工作。

　　·決定這份工作需要如何完成(這就意味著把一件工作分解成不

同的任務）。
‧ 確定現有員工中那些人能處理好任務分。
‧ 在這一基礎上分配任務。

3.應該做什麼

如果你感到並不特別受歡迎，也要積極果斷些，找出你的平級，以後他們就是你的新同事了，不能指望單憑個人就能把工作幹好，得主動地去加入他們的行列，不能死等著讓他們來邀請你加入。如果他們是個關係很密切的小團體的話，主管要加入其中也許會有些麻煩。作為一個新來乍到的人，甚至會受到懷疑。他們會想：你能被信任嗎？你會把無意中聽到的事情向上級反映嗎？愛不愛打小報告？工作賣力嗎？對公司忠誠嗎？與他們接近些，在他們週圍逗留一下，熟悉你的同事們，幫他們一些忙，學一下什麼是一個好的成員必須做的，這樣，慢慢地，你就會被大家所接受了。

作為一個新近才升職的人，人們會希望你儘快與他們打成一片。在學習你要做的日常工作的細節的同時，也得睜大你的眼睛，豎起你的耳朵，收集一切對你有幫助或該知道的信息，從而在你腦海裏勾畫出公司和部門的情形來。

你可以把學到的東西與部屬們分享，這樣，他們不僅會感到自己確實是公司的一部份，而且也會明白他們的工作如何地與公司前途密切相關。

當人們確切地知道他們個人的工作會產生何種效果時，其工作熱情會更高些。如果你知道為什麼要做的話，整天地填表或擰緊螺絲，甚至也會變得有意義起來。

4.主管職責項目表

對於主管來說，你是否清楚自己最重要的職責是什麼嗎？下表是對主管工作進行一系列調查之後做的一個統計，主管可以根據該表瞭

解自己的情況，是否承擔了所有應該承擔的責任。

如果你對某一項很自信，認為自己在這方面做得很好，請畫「√」；如果你覺得自己在某一項還有待改進，請畫「×」。同時，1＝最重要，10＝最次要，請按你所認為的重要性進行排名。

表 1-11-1　主管職責項目自測表

主管的職責	自信水準（√或×）	改進措施	重要性排名
能公平、公正地處理問題			
能及時執行公司政策			
能合理分配任務			
能做好員工培訓工作			
能公平地表彰員工			
能做好控制品質和成本的工作			
能保障一個安全工作區域			
能正確決策			
有效溝通			
有效解決問題			
能時時創新			
能按時完成任務			
注重收集員工建議			
建立團隊精神			
對部門業績負責			
指導和激勵員工			
保證工作品質			
確立標準和目標			
評估績效			
提供設備和工具			
能和其他部門協調好關係			

第十二節　主管要反省自己的管理方法

輔導方式，不是簡單地說部門主管我認真、我負責、我嚴管教，然後就能出現成績。部門主管要想一想這樣教他行不行，是不是可以優化一點，管理工具、輔導方式、輔導手段也要與時俱進，要優化。

有一個員工在這條道路摔倒了，你批評他以後，第二個員工走到這條道路上，在同樣的地點又摔倒了。作為管理者就應該反省是不是自己管教的方式有問題，或者說本身這個載體、這條路就有狀況。我們怎麼提高效率，怎麼讓員工學會以最快的方式、以最快的速度達到所要求的規範，這就是管理者所要反思的問題，而不是簡單地管人。

主管理要當教練，而不要去做員警。在日常工作當中，很多管理者喜歡把自己當作一個監工，把自己當作一個員警來看待，來看管員工的行為。當監工就怕下面的人偷懶，監工就要看下面的員工做事情符不符合規範，所以要監督他們。你每天這麼虎視眈眈地監督員工，他們心裏肯定不好受，對立的情緒就出現。有的人把自己當作員警，員警的職責是逮小偷，把下面的員工都當作小偷來看待。他們心裏就會想：既然你把我當作小偷，那麼我就跟你玩小偷與員警的遊戲。你在的時候我就好好表現，如果你不在，那就是我們的日子。

其實，管理者跟被管理者、領導者跟被領導者之間，不應該是完全對立的關係，如果僅僅是對立關係，這個團隊肯定不好，應該是教練員跟運動員之間的關係。作為部門主管，有職責、有義務幫助員工提升工作態度、提升能力、提升績效。而員工也非常明白你是他的主管，你是他的管理者，他有困難就會找你幫忙。作為教練員和運動員之間的根本目的是一致的。

表 1-12-1　主管輔導下屬的方法

你是否習慣把自己當作一個監工或員警	☐是	☐否
你是否覺得自己有職責、有義務幫助員工提升工作態度，提升工作能力、提升績效	☐是	☐否
員工做出業績，能力得到提升，增加工作績效上來，你是否很嫉妒	☐是	☐否
在工作中，你是否經常反省自己的管理方法	☐是	☐否
你在教員工技能時，是否做到格式化、程序化、數量化	☐是	☐否
你是否是讓員工自己制定目標	☐是	☐否
你是否讓員工填寫績效考核表，然後自己進行比對	☐是	☐否
在跟員工談事情的時候，你是不是輕易給員工下結論	☐是	☐否
你是不是很善於做目標管理	☐是	☐否
為了讓員工達到目標，你是否嘗試讓他的快樂加大	☐是	☐否
你知道讓員工自己制定目標有什麼好處嗎	☐是	☐否
你知道考核要素一般有幾項	☐是	☐否
你知道如果不實行目標績效管理，會帶來那些不好的影響嗎	☐是	☐否
你是否知道你應該重視什麼	☐是	☐否

第**2**章

部門主管如何與上級相處

🔊 第一節　認識你的上級

　　身為部門主管，必須設法去協助上級完成任務。要與上級相處愉快而又有所前途，首先就必須瞭解你的上級。

　　要認清上級，首先要區別不同上級的性別的差異，其次，要弄清他在心態上是「偏向西方文明」還是「偏向本土思維」；更要瞭解上級是否屬於「知識修養型」人物。

　　首先，要瞭解不同性別上級的差異。男性上級的性格都不太拘小節，豁達大度，富於想象力和進取精神。但也經常難免表現出一種「大男子主義」的意識。

　　女性上級多給人一種平易近人的感覺。其內心十分細緻，很少有事情能瞞過她們的眼睛。但與男性上級相比而言，她們處事比較情緒化，不如男性上級理智。

　　其次，要看上級的管理心態是偏向西方文明還是本土思維。本土

思維或東方性格的上級，特別強調人的因素，很看重部屬的忠誠心，對出賣公司利益的行為深惡痛絕。為企業創造最大的利潤是他們永遠格守的信條。

西方性格上級的特點是：強調自我，要求創造性，守法，且時間觀念特別強。在他們看來，與時間賽跑，分秒必爭，是公司的真正生存之道。

與東方上級最大的不同是，西方上級的人情味淡薄，他們不講究什麼人情和面子，凡事依法論處。

第三，還要看上級是否屬於「知識修養型」。我們通常把上級分為二類人，第一種是「知識修養型」，他們大都受過良好的高等教育，知識淵博，見聞廣闊，懂得為人處事，具有儒商風采。

另一種是「土生土長，由低層做起」的上級，亦可稱為「土上級」，具有實務特性。

一般來說，知識型上級能把從東西方學來的知識融彙在民族特有的文化中，中西合璧相輔相成，共同發揮作用。他們善於管理，善於科技開發和技術革新。是上級階層中最有發展後勁的一族，也是未來經濟社會中的精英。而土上級則缺少現代商業經濟方面的知識。在他們身上家族觀念、等級觀念、人情關係等中國傳統觀念甚重。但在眾多土上級中，也不乏有不斷提高自身素質，注重改進和管理的優秀人物。

上級有很多種，不僅存在性別、國別上的不同，也存在著生活背景、知識修養等方面的差異。

作為部屬，我們不妨多花點心思，充分瞭解自己的上級，與他們很好的相處，能更好地推動工作順利地開展。

第二節　接受上級的管理

　　有人說當部門主管像個「三明治」，工作上要做到承上啓下，承受的壓力卻是上下夾擊。

　　作為一個部門主管，你首先要面對的壓力，是來自上方——你的上級。如何學會與上級和睦相處，並成為他的得力幫手，這是建立企業內良好人際關係的重要一環。

　　要協助上級，可從「熟悉上級的管理風格」、「接受上級的管理」兩個層面來切入。

1. 熟悉上級的管理風格

　　要協助上級，就必須接受上級的管理，而前提是要先瞭解上級的管理風格。

　　作為一個主管，首先你要先知道你上級的領導風格，才能協助上級執行任務。上級的領導風格可分為下列：

(1)激進型上級

　　這種上級經常找部屬的痛處，罵部屬「成事不足，敗事有餘」，任何事都身體力行，對部屬沒有信賴感，又一味要求部屬忠實勤勉。上級如果這樣做的話，部屬心理一定有不少怨氣。雖然這是個令人傷腦筋的上級，但作為部屬也不能只鬧情緒，應該想辦法去應付。

　　這種上級生氣時，像一開即來的飲水機一樣，火氣一下子就爆發出來，而過了之後，又像洩了氣的皮球。

　　所以，當上級爆發火氣的時候，部屬只要委婉地表示「我瞭解您的意思，……」之類的意見即可。千萬不要因為對方生氣，就跟著衝

動起來。

果真能如此去做，會令上級怒氣頓消。這時，這種瞬間開水機型的上級，反而變成是心地善良、容易應付的人。

(2)懶散型上級

這種上級對於部屬沒有明確的指示，也不提供任何工作上所需要的資訊，偶爾開開金口，卻只談論玩樂的事。偶爾碰到這種拿他一點辦法也沒有的上級，如果認為不屑於去理會他，那也不行，事情還是要做下去的，如何找出上級行為的癥結所在，才是重點。

這種上級的行為大致有下列兩點特徵：

一是無心之過。或許這位上級的上級就是這種類型，也或許他經驗不足，不知道如何開展工作。

二是因為他快要離職，所以無意工作。或是對自己所受的待遇非常不滿意，所以用怠工的方式來抗議。

如果屬於前者，可由部屬向上級指出一些問題，讓上級對工作有參與感，例如對上級說：「您對這個計劃看法如何？雖然會花一些錢，但是銷售金額一定能夠增加 5%。」

如果屬於後者時，他通常對於人事都不太關心，因此必須在成果預測、預算及技術方面下功夫，你應該主動提出一套計劃方案的執行辦法，而不是只有嘴巴上的建議、說說而已。

(3)善誘型上級

有些領導者很善於引導部屬發揮自己的長處。這種領導者善於運用「回饋」的心理戰術。

例如，他可能對你說：「上次那件事，甲常務董事很贊同你的意見，但是乙常務董事認為還有檢討的必要，我也有同感，請你注意這一點，並在這星期內提出你的建議好嗎？」

對於這類上級，部屬只要按照上級吩咐去做就可以了。如果有覺

得不妥當的地方，不妨坦白表示自己的意見。這種類型的上級，應該去耐心傾聽部屬的意見。

(4)追求上進型上級

這一種領導者，不僅是會發掘部屬本身具有的能力，還會主動地想讓部屬的潛能更進一步充分發揮出來。

因此，他要求的事有時比較嚴格。他可能會對部屬說：「這件事你來做做看。」這時部屬如果說「我沒有這方面的經驗，恐怕……」上級大概就會大聲說：「沒經驗有什麼關係，有誰一開始就什麼都知道呀？某某公司的這份資料，你先拿去參考看看再說。」

這時他丟份其他公司的案例給你，要你自己去摸索，這種招數實在高明，不告訴你該想那些事，而是教你如何想。他還希望把你教育成一位不需要上級在一旁督導，就可以獨立作業的部屬。

站在你的立場來看，能遇到這樣的上級，算是很幸運的事。或許比較辛苦，但是這種類型的上級值得跟隨。

2.接受上級的管理

熟悉了上級的領導風格之後，你就慢慢會適應，接受他的管理。

和上級相處，這是幾乎每一個工作的人都要實際面對的難題，處理工作中的人際關係，最重要的就是處理上級的關係，這種關係是否處理得好，直接決定著個人工作的開展和工作成就的獲得，是決不可掉以輕心的事情。

在企業內部，常見到下列情形：某人進入公司已有 10 年，對本部門的各種業務都十分熟悉，在工作上很有創見，工作熱忱很高且滿懷信心，但結果卻不為上級賞識，因而深感不滿，進而悶悶不樂，覺得再怎樣拼命，也不會獲得上級的肯定，慢慢失去工作熱忱。

在現實生活中，經常碰見這樣的情況，某人覺得自己在某職責範圍內，取得明顯的成績，對本部門的的顯著提高貢獻很多。然而，頂

頭上級對其工作，卻沒有特別高的評價，這當中的原因，就是與上級的相處、溝通有問題了，身為一個部門主管，你要熟悉上級的管理風格，你要接受上級的管理，這是一個很重要的人際關係。在和上級相處時，部門主管要遵循的原則有：

(1)服從原則

服從原則，即下級服從上級的原則。這一原則的基本內容是：下級必須堅決服從上級的決定，個人必須堅決服從組織的決定，不得以任何藉口拒不執行，也不能隨心所欲。

(2)尊重而不崇拜

尊重是溝通雙方情感，建立融洽人際關係的前提條件。對於上級來說，尊重的心理更重要。任何一個上級，如果失去了下級對自己的尊重，那就不可能有較高的威望和較強的號召力、凝聚力，因而也就不可能真正發揮上級的作用。尊重是相互的。

下級尊重上級不僅是上級領導的需要，更是處理人際關係的一個基本原則。

對上級應當尊重，但絕不應該崇拜。領導幹部和領袖人物都是人，儘管他們相對地說有較高的才能，有過人的膽略，但不是「完人」，缺點錯誤在所難免，搞崇拜必然要美化領導，文過飾非，如阿庚奉承、行賄受賄、拉攏投靠、人身依附、結派營私等。

(3)大局為重原則

大局為重原則，即在處理與上級關係的過程中要著眼於整體利益，要以服從大局為行為準則，而不應以個人利害得失為行為標準。

(4)關鍵處要請示

上級領導的職權主要是把握工作大局，掌握關鍵環節。因而，工作的關鍵地方往往是上級關注和敏感的區域。作為下級，應該把握請示領導的技巧。一般說來，事無論大小都向上級請示是不明智的，聰

明的部屬善於在關鍵處多向上級請示，徵求他的意見和看法。這也是部屬主動爭取領導的好辦法。

那些屬於關鍵處呢？把握「關鍵」的「5W法」，即要把握好關鍵事情、關鍵地方、關鍵時刻、關鍵原因、關鍵辦法。

①關鍵事情

部門主管範圍內的事情，而且不屬於作為下級直接就可以處理的事情；涉及其他領導與部門的事，而且需要部門主管領導決定或出面，這時必須要請示；涉及全局、影響面大的事情。

②關鍵地方

在工作環節中關鍵的地方，而且必須由上級決定的地方。如召開一個報告會，那些上級參加，那些人參加，參加領導的排名或座次，會議的程序安排等。

③關鍵時刻

對於下級說來，請示要把握好「火候」，該請示的時候立即進行，毫不懈怠；不該請示的，或不必請示的，則或等待機會，或在自己職權範圍內靈活地加以解決。

④關鍵原因

向上級請示問題，必須提前做好各方面的準備。如問題的來龍去脈，請示領導的關鍵理由，以及對問題如何解決的建設性意見等。這樣請示問題，既能讓領導感覺到事情的重要程度，又能激發領導去慎重考慮。

⑤關鍵方式

作為下級，請示上級的方式是多種多樣的，但方式不同，請示的效果也不一樣。如有的事情可以用電話請示；有的事情就得當面請示；有的事情則需要用書面請示，以表示問題的嚴肅性。因此，必須選擇恰當的方式進行請示。

3.主管如何傾聽上級的指示

部門主管一方面要向上(指上級)承接命令,另一方面又向下(指部屬)發令指揮;要懂得傾聽上級的指示,又要懂得與部屬溝通,給予明確的指示。

主管的任務是從上級那裏獲得指示,並把它傳達給基層員工。因此,理解指示的能力是主管所必須擁有的第一重要技能。

要想獲得正確的指示,必須經過堅持不懈的練習。下面提供一些具體作法:

⑴學會如何傾聽。

⑵對指示態度積極。採取「能夠做」的態度。

⑶在接受工作指示時作記錄。保留這份記錄,以備以後用得到。

⑷仔細詢問自己不理解的所有要點和內容。

⑸在循序漸進的基礎上覆覆述你對指示的理解。

⑹如果指示本身很模糊或表達的不清楚,主管有責任進一步探討和詢問,以使管理層清楚闡釋自己的意圖。

⑺當涉及到如何具體操作時,不要害怕提出反對意見。

⑻當上級口頭傳達指示時,你把自己對此指示的理解記錄下來,並通過書面備忘錄向管理者解釋,這是避免誤解和尷尬處境的最好辦法。

⑼會議結束之後,當出現問題時不要害怕去向管理層詢問。但是,此時要想再對程序提出反對意見則很難。

⑽當不同的上級提出彼此矛盾的指示時,要讓兩位上級認識到衝突之處,並讓他們裁決那一個更有優先權。

🔊 第三節　與上級保持一致

公司是團隊運作，必須有一個大目標，而各部門要有主管，主管之上也有上級，在公司必須保持上級指揮下級，下級服從上級的制度。要是不注意這一點，不僅會給本人和上級造成麻煩，公司的業務進展也會不順利。

作為一個主管，如何與上級相處呢？最重要一點是「與上級保持一致」。

這裏所說的要同上級保持一致，指的是正確的態度，而不是阿庚奉承、趨炎附勢。

一個公司或一個部門，如果上、下級之間不能夠很好地合作，其結果只能是對事業的阻礙和困難，解決的辦法只好是剔除掉不合理的一方。

杜魯門總統解除了麥克阿瑟將軍的職務。為什麼呢？朝鮮戰爭的失敗只是其中的一個原因。此外，杜魯門總統在解除麥克阿瑟職務時說，他之所以終止麥克阿瑟將軍的政治生涯，不是這位將軍對他進行人身攻擊，而是因為這位將軍沒有與上級保持一致，個人行事不配合上級的目標，這是不能容忍的。

在企業中，不能夠與上級保持友好合作關係，只能帶來失望的結果。要忠於公司，這當然並不意味著你一定得同意上級的見解，同時也不意味著你的部屬一定得同意你的見解。但是「下級主管」必須服從「上級主管」，公司運作才能一致化。

上級部門當然希望下層的經理忠於上級和公司最高管理層，如果

真的忠於公司，就應該在態度和行動上注意與上級一致。對上級的不同意見，可以在程序之內提出，如果採取煽動搗亂情緒，背後暗算，或者乾脆當面搗亂，則會被認為是違背了對公司的忠誠，而遭致失敗。

日本 NEC 公司為開關業務招進了幾名經理，一年以後，他們表現不錯，但有些開始居功自傲，對上級的作法不斷指手劃腳，有一位部門經理為維護部屬的利益，公然與總裁叫板，致使業務受挫，無奈之下，總裁只好把那位經理做降職處理，雖然他知道該經理對公司忠心耿耿，也十分有才能，但留他在經理位置上，他更會製造麻煩。

與上級、平級及部屬的合作，是一種良好的企業內部關係，它會使大家能夠融洽地把各自的才能聚到一處，完成個人任務，也是提升公司績效。

第四節　如何管理你的上級

部門主管當然要去領導、管理自己的團隊，然而上級也需要你去管理。有位哲學家說過，你不必喜歡你的上級，也不必去恨他，然而你確實必須去管理他，這樣，他(上級)才會成為你達到目標、成就和個人成功的資源。

要管理上級，前提是必須「尊重」上級，這不僅是一種態度上的表示，更主要的是應該體現在部屬的思維方式、行為方式和心理活動上。因此，這種「尊重」，不僅應該讓上級「看」出來，更應該讓上級從內心「感覺」出來。這種「感覺」，主要體現在以下四點：

⑴要使上級感覺到，部屬在指導思想和大目標上，和上級完全一致，都是出於公心，為了把工作做得更好。

⑵要使上級感覺到，部屬在思維方式上，能夠大膽創新，勇於開拓，既立足微觀位置，考慮本職工作，又站在宏觀位置，替上級領導出點子，想辦法。這種積極的、多維的思維方式，促使部屬想方設法做好他分管的那一部份局部工作，從根本上說，正是為了對上級分管的整體工作，給予最有力的支持。

⑶要使上級感覺到，部屬在行為方式上，能夠積極出謀劃策，暢所欲言，甚至勇於大膽提出相同意見，並非為了「出風頭」，企圖「超」過自己，恰恰相反，正是為維護上級的威信，真誠地助上級一臂之力。

⑷要使上級感覺到，部屬在心理活動上，對於自己布置的每一件工作，做出的每一項決策，都認真「想」過，並且在盡力貫徹執行；至於在某個具體問題上提出來的合理意見，那也是部屬經過認真「思索」之後，迫不得已提出來的合理意見。總之，部屬在整個心理活動中表現出來的對上級的尊重態度，無可挑剔。

在通常情況下，部屬只要能使上級從內心產生上述「感覺」，建立協調的上級關係就不會感到困難。

身為一個部門主管，要令上級有此種「感覺」，則上下之間的相處，可說是「水乳交融」般的滑潤，工作順暢；然則前提是，你必須先洞悉上級的心理，並且理解上級、尊重上級、與上級保持一致。

1. 洞悉上級的心理

要管理好上級，必須瞭解上級的心理。他的心理狀態有「自尊心」、「依賴部下」、「均衡發展」、「寂寞」等多種，是理解上級的有利線索，是非常有用的。

(1)自尊心強

在一個組織系統裏主管若升得越高，顯示越是經過重重的「挑選」，因此，在位的人其自尊心都很強，常對自己的能力充滿自信心，且引以為傲。

這種自尊心一方面會顯露出「神氣的表情」，擺出「上級的架子」，另一方面會成為推動週圍的人積極實現自己願望的原動力。

由此看來，上級的自尊心是傷不得的。上級有自尊心，對部屬來說，在很多情況和場合下，也是一個保護傘，他對部屬就會挺身而出，捍衛自己利益的人，同時對於部屬因工作的不順利而產生的沮喪情緒，有一個鼓起其重新開始的動力的作用。當然，自尊心過強，對部屬也會產生不少負面影響，它可能導致部屬工作積極性的被壓抑，也可能產生一種冒進，使部門的利益受損。

(2)依賴部屬

再能幹的上級，也不可能包攬部門的所有工作，他要想使自己領導的部門取得成績，必須依靠部屬的努力工作，且與自己部門部屬的幹勁和能力密切相關。

專業分工越來越細密化的今天，很難說上級樣樣工作都比部屬優秀，故上級再能幹，終是要依賴部下的。

(3)考慮整體均衡

對部屬來講，上級往往只有一個，可是從上級來看，每個部屬都是眾多個部屬當中的一個罷了。

由於這樣，上級對於牽涉多人的工作，經常要從整體的均衡來考慮，然後再下判斷，這也是擔任「主管」和「部屬」不同的地方，除了要顧慮整體的調和，還要注意到不帶來負面影響。

(4)責任重大

命令的威信，是來自承擔重大的責任。主管能夠對部屬下強制性的命令，實因主管對其發出命令的工作結果負有責任。

主管交給部屬的工作，如果進行得不順利，責任還是要由主管來承當。主管也是人，也有軟弱的一面，所以往往會有推諉責任的情緒。授權後的推諉責任種種情況，身為部屬要懂得主管此種心情的沈重。

(5)寂寞孤獨

哲學家說:「英雄是孤獨,寂寞的」,而現代的企業則是「愈高層的人,愈寂寞」。

在一個組織結構內,越是接近上層,責任會越重,職責要求必須他節制言行,團體責任也會逐漸增多。

要稱職地承擔這種責任,主管必然是孤獨的,不僅要有充沛的體力,還需要堅毅的忍耐力。

2.要理解上級

主管要管理上級,首要的就是和上級的思想保持一致,在這一前提下解決上級令你不滿意的問題。

在幾乎所有部屬中,要找出對上級毫無不滿的人,可以說是相當困難的。就部屬而言,對上級有所不滿實在是理所當然的事。即便是那些對上級俯首帖耳,惟命是從的人,從內心深處也是有頗多不滿的,只不過積壓得十分隱秘而已,可一旦爆發出來,將震天動地。

部屬為什麼會對上級產生那麼多的不滿呢?

(1)第一個理由,就是不管是誰,對每天接觸的人,多多少少總會有一些不滿。這種情形並不限於上班族,而是一般人共同的傾向。

「要對別人滿意其難無比。」世上沒有完美無缺的人,即使是大家公認最通情達理的人,也會有一、兩樣缺點。如果每天接觸,則其缺點就不得不讓你看到了。

(2)第二個理由來自部屬本身,也就是部屬觀察上級的言行而引發的不滿。

對部屬而言,上級是一個工作系統中居上層的人,是「長」字輩的人物。

部屬的工作要遵照上級的指示,要想開始新的工作也要得到上級的許可,對部屬的考績評分也是上級的工作,調職、升遷更是上級的

權限。

上級略有舉動，就能夠改變部屬的工作和生活。對部屬而言，上級的存在實在難以言喻。

「廬山要從遠處看才顯得巍峨壯觀，如果到近處去看，只是一面石壁」，了不起的英雄，對每天接觸的人來講，也就不成其英雄了。

一個上級「本身應該有的形象」和「被期望的形象」，與眼前所見的人之間必有很大的差距，部屬對上級不滿，大都是由此而生的。

畢竟，理想的上級，只存在於人們的觀念之中，而現實中存在的上級，卻是平凡的上級。越是熱心而認真工作的人，越會把上級理想化，容易把上級拘泥於「應該有的形象」，因此，難以容納上級「平凡」的一面。在這種情況下，不滿的情緒就會越來越高，以至不能適應現實。由此原因，認真的部屬與上級發生糾紛或不信任上級的情形，也就較為常見。

即使是平凡的上級，也一定有其成為上級的卓越之處，如果沒有，當初就很難成為上級了。一方面要坦然地承認這一點，另一方面要瞭解上級也是人的事實，而接受「人必有缺點」，這才是理解上級的正確方法。

3.加強與上司的溝通交流

作為一名中層主管的你應該如何與上級進行更為有效的溝通呢？如果你能按照以下十項建議行事的話，你的溝通水準的效果就一定會大大提高。

⑴隨時讓上級瞭解情況，特別是在事情剛露出台面的時候。

⑵切忌越級上報。有意或無意繞過你的直接上司是觸犯你的直接上司的大忌，現代管理要求下級對上級逐級負責、多頭管理和越級管理在現代管理中已被時代所淘汰。

⑶切忌報喜不報憂。報喜是應該的，報憂更是必需的，發現問題

苗頭，就應該火速稟報，以免造成的損失或負作用過大，應把不利因素消滅在萌芽狀態。

⑷發生十萬火急的事情，應儘快約定時間和上級碰頭，事後稟報重大事情，你的上級是不會願意承擔重大責任的。

⑸提出自己的觀點、建議或意見時，要簡明扼要，不應該長篇大論，不著邊際。

⑹提供重大情況、彙報重大消息時，最好有書面材料，必要時還應附上支持的證據。

⑺提出問題的時候，應同時拿出自己的解決方案，不要只提問題而不管問題如何解決。

⑻與上級意見相左時，應遵循下級服從上級的原則，先認同上級的觀點，再尋機表達自己的不同意見，誠懇地請教上級，達到上下級觀念一致。

⑼與上級意見相同時，應將功勞歸於上級的英明領導，切忌爭功或邀功請賞。

⑽如果你對自己的建議或決策有相當的把握時，不妨表現出信心十足的模樣，挺直胸膛，否則應虛心地向別人請教，尤其是向上級請教。

4.影響上級態度轉而支持自己

要管理上級，使上級發揮其所長，不能以諂媚的方式惟命是從，而應該採取實事求是的態度，以上級能接受的方式提出正確的意見。在此之前需要先瞭解：你上級究竟能做些什麼事？他過去真正做好過那些事？他需要你完成些什麼事才可助你發揮特長？你應該努力使上級發揮特長，設法為他創造一切可能的有利於條件，一旦你的上級發現你真正支持他，他就會樂於聽取、並採納你所提出有關管理的意見。

第五節　要善於說服你的上司

　　每個人都有自己的工作作風，正如你也有自己的一套方法。問題是你既然是部門主管，就必須設法去協助上級主管完成任務，達到為公司賺錢的目的。

　　適應不同上司的工作形式，亦是部門主管必備的技巧。如何去適應？只要本著誠意去與對方接觸，摒除一切主觀看法或者其他同事的意見即可。

　　當上級主管向你委以任務，請先清楚瞭解對方的真意，再衡量做法，以免因誤會而種下惡根或惹來麻煩。

　　與上級主管建立良好的工作關係，對你的工作有百利而無一害。

　　做錯了事，不要找藉口和推卸責任。解釋並不能改變事實，承擔了責任，努力工作以保證不再發生同樣的事才是上策，同時要學會接受批評。

　　要令上級信任你，必須準時完成工作。記住，做任何文字材料都要翻看兩遍，確認沒有錯漏再交到上司面前。謹記工作時限，若不能準時做好，應預先通知上司，當然最好不要這樣。必須圓滿地把工作完成，不要等上司告訴你應該怎樣去做。

　　與上級主管保持良好的溝通。這種技巧十分微妙，給上級主管簡潔、有力的報告，切莫讓淺顯和瑣碎的問題煩擾他或浪費他的時間，但重要的事必須請示他。

　　耐心尋找上司的特點，以他喜歡的方式完成工作，不要逞強，更不要急於表現自己。

隨時隨地，抓緊機會表現自己對他忠心耿耿，永遠站在上司這一邊。

聽到公司有什麼謠言或傳聞，不妨悄悄地轉告上司以示你的忠心。不過，你的措詞與表達方式須特別注意，說話簡明、直接最為理想。

你的上司願意選擇你做他的部屬，你對他的印象自然不差，你必須摒除對上司的偏見，事事替他著想。

很多主管對自己的上司，都會有以下的批評：他的命運比我好，辦事能力卻遠不及我，而且還常常表現出不可一世的樣子，只懂得一味批評部屬的工作做得不好，一旦問題真正出現之際，他卻推卸責任。誰也無法從他那裏得到明確的指示，大家都認為他不是一位好上司，但在現實生活裏，每個職員都要服從他的命令。你感到很氣憤，但你要記住一個事實：沒有人是十全十美的，與其在辦公室裏明爭暗鬥，弄至兩敗俱傷，不如努力與他愉快合作。凡事「小不忍，則亂大謀」，你應該檢討一下自己的態度，學習與辦公室裏的每一個人做朋友。

不要妄想在短短數月內，便可以完全改變上級主管的性格。儘管上級主管沒有要求你把過去的工作記錄拿給他看，你也可以把它們整理妥當，主動呈交給上司過目，讓他曉得你的工作能力。對他忠心耿耿，對方自然會對你增加好感，不再盲目挑剔你的處事方法。

在環境許可的情況下，請嘗試支援、愛戴你的上司。換個立場想一想，你會發現對方有許多不得已的苦衷，無論遇到任何工作上的困難，不可過分依賴上司的幫助。避免與他發生任何正面的衝突，尊敬你的上司，你會發覺對方慢慢開始接納你的意見。

要爭取上司的器重，當然不是一朝一夕的事。有人認為，「比其他人幹更多的工作，例如超時工作」是最重要的。其實，新一代僱主

可能有另一種想法：工作並不算繁重，卻要超時才可完成，太低能了吧！

所以，要使上司另眼相看，最實際的除了在工作中盡責外，還要學懂每一個程序的操作、注重你的上司如何做他人的工作、怎樣與高層管理人員溝通。當你成為這個行業的專家，上司又豈會忽視你呢？

不要只滿足於做好自己的份內事，而應在其他方面爭取經驗，提升自己的「價值」，即使是困難重重的任務，也要勇於嘗試。分析一下那些問題才應勞煩上司注意，如果真有難題，請先想想有什麼建議，更不應投訴無法改變的條例。

首先，你必須瞭解上司的脾氣。例如，在接受部屬意見時，有人喜歡白紙黑字的書面報告，有人則喜歡簡短的口頭報告。有些上司要求部屬自動自覺，自己做出決定來完成任務；但有些上司要求部屬定時向他報告，凡事皆以他的意見為準。你若一言一行均令上司滿意，要升職還不容易嗎？

其次，若你能幫助上司發揮其專業水準，對你必然有好處。例如，上司經常找不到需要用的文件，你盡快替他將所有檔案有系統地整理出來；要是他對某客戶處理不當，你可以得體地代他把關係緩和。如果他最討厭做每月一次的市場報告，你不妨代勞。這樣，上司覺得你是個好幫手，你自己也可以多儲備一些工作和晉升的本錢。

第六節　與上級相處的重點

上級會左右你的前途，如何與上級相處則深具技巧。至少需要注意到下列幾個重點：

1. 和上級保持適當距離

上級之所以不願意與部屬關係太密切，首先，顧忌到私人關係，私人感情超過了工作關係，那就會對上級產生不良的影響。其次，他擔心你對他的思想感情，包括個人隱私過分瞭解，這樣他就會降低威信。

同時，任何上級在工作中都要講究方法，講究藝術，講究一些措施和手段，如果你把一切都知道得一清二楚，上級這些方法、措施和手段，就可能會失敗。

身為一個部屬，你就要瞭解這個微妙關鍵，你就要和上級保持一定的距離。

和上級保持一定的距離，需要注意那些：

首先，保持工作上溝通、信息上的溝通、一定感情上的溝通。但要注意千萬不要窺視領導的家庭秘密、個人隱私。你可瞭解上級在工作中的性格、作風和習慣，但對他個人生活中的某些習慣和特色則不必過多瞭解。還應注意，瞭解領導的主要意圖和主張，但不要事無巨細，瞭解他每一個行動步驟和方法措施的意圖是什麼。這樣做會使他感到，你的眼睛太亮了，什麼都瞞不過你。這樣他工作起來就會覺得很不方便。

和上級保持一定的距離。還有一點需要注意的，就是要注意時

間、地點。有時在私下可談得多一些，但在公開場合，在工作關係中，就應有所避諱，有所收斂。

和上級保持一定距離，還有一個很重要的方面，就是，接受他對你的所有批評，可是也應有自己的獨立見解。也就是說，不要人云亦云。

2.讓上級覺得離不開你

不論有沒有越級的上級做靠山，頂頭上級始終是要時常相對的，是不能不認真對待的人。對待頂頭上級的秘訣是：使上級感到不能缺少你。

要讓上級感到不能缺少你，要讓上級通過你才能瞭解週圍和下邊情況，這樣一來，你便成為上級的耳目，非你不成了。

任何部屬的作用，都是幫助、協助上級達到其事業上的目標，要做到這一點，首先要認同上級的事業目標、工作價值觀。上級認為公司應快速增長，你就不能認為要循序漸進；他向外發展，你就要守好大本營；他的大刀闊斧，你就要配合做些綉花功夫，這一套行得好，與上級相處者如魚得水。

3.鋒芒不畢露

「君子藏器於身，待時而動」，你的聰明才智需要得到上級領導的賞識，但在他面前故意顯示自己，則不免有做作之嫌。上級會因此而認為你是一個自大狂，恃才傲慢，盛氣淩人，而在心理上覺得難以相處，彼此間缺乏一種默契。

上級的工作能力都相當強，然而，另一方面，他們的疑心病也很重。

因為，在他們漫長的人生旅途上，難免有一些會背叛他，或是得了他的好處卻不知報答……久而久之，他們對別人都不太敢推心置腹了。像這種如果遇到比自己能力強的屬下時，就會感到很不高興。他

們覺得屬下永遠比自己差一截。這樣他們才會有成就感。因此,他們只會提拔能力比自己低的屬下。然而,一旦發現屬下的能力可能高於自己時,立刻會顯得坐立不安,最後,就會對部屬施加壓力。因此,當你的才能高於上級時,不可過於鋒芒畢露,以免引發上級的猜忌之心。

此外,處於上級的週遭,要注意下列二點:

⑴不要用上級不懂的專業術語與之交談。這樣,他會覺得你故意難為他;也可能覺得你的才幹對他的職務將構成威脅,並產生戒備,而有意壓制你;還可能把你看成書呆子,缺乏實際經驗而不信任你。

⑵尋找自然、活潑的話題,令上級充分地發表意見,你適當地作些補充,提一些問題。這樣,上級便知道你是有知識,有見解的,自然而然地認識了你的能力和價值。

4.受到上級忽視而不氣餒

上級日理萬機、有眾多要事急著處理,若是忽視、輕視你個人或工作,你的應變之道是「受到上級忽視而不氣餒」。

受到上級的輕視,甚至是一種忽略,你要找一找原因,審視,分析一番,採取適當的方法與步驟——因為,上級的發現與重視,畢竟是重要的。不過,你要先搞清楚,你真的在上級心目中沒有地位嗎?真的受到忽略嗎?也許,這只是一種幻覺。本來上級對你和其他人一樣,並沒有特別的厚此薄彼。可是,由於你要求太高,太急,過於敏感,而產生一種「上級惟獨看不起我」的誤會。

5.別讓上級疏遠你

你現在是一位部門主管的話,除了要和部屬、同事溝通之外,你也需要經常和那些職級比你高的上級進行溝通。這時候,你非做這件事不可:良好的向上管理和向下管理。

你知道如何和上級進行有效的溝通嗎?這裏提供給你十個建

議，如果你能確實遵行的話，你的溝通功夫一定能更加爐火純青：

‧ 隨時讓上級明瞭情況，特別是在事態剛露萌芽的時候。

‧ 切忌報喜不報憂。有不利消息，也要火速報告。

‧ 問題十萬火急時，趕快敲定時間和老闆碰頭。

‧ 提供重大消息，最好有書面資料或支持必要的證據。

‧ 提出你的觀點、建議時，不妨簡明扼要。

‧ 對你提出的建議或決策有相當把握時，不妨表現出信心十足的模樣。

‧ 提出問題，同時做出解答。

‧ 切忌越級呈報，有意繞過你的直屬上級。

‧ 雙方意見相左時，先認同部門主管，再表達自己的意見，請教上級。

‧ 意見相同時，歸功於上級的正確領導。

6.不說上級的壞話

作為一個部門主管，你可以提出批評或建議，但是在場合中，若有下列行為，會替公司帶來麻煩：

第一種是盲目抱怨。抱怨電腦系統支持(或採購、人事、工資，以及其他如何的後勤服務)有多糟糕；抱怨採購、製冷、通風不足；辦公室、辦公家具或是停車場等方面的問題──這些問題都不會有任何結果。

任何一家公司都會聽到一大堆類似的抱怨，而且這樣的抱怨無時無刻不在產生。這些抱怨，由於這些問題大部份都不能得到迅速的解決，或者，常常就根本不會得到解決，大多數抱怨者是無果的。因此，即使只在同僚之間發發牢騷，也不過是在浪費時間而已。

第二種是對人不對事的評論。抱怨上級，是一種特別不忠的表現。如果能對公司有關的任何問題或決策表示異議，提出建議性的批

評這對公司的發展是非常有意義的。但對人不對事的批評就是一種嚴重的犯規舉動了。

部門主管為自己的長遠利益，也作為部門屬下的表率，都不應該說公司或上級的壞話。

7.要加強與上級的溝通交流

作為一名部門主管，應該如何與上級進行更有效的溝通呢？

・隨時讓上級瞭解情況，特別是在事情剛露出台面的時候。

・切忌越級上報。有意或無意繞過你的直接上級，是觸犯上級的大忌，現代管理要求下級對上級逐級負責，越級報告除非特例，在現代管理中已被時代所排斥。

・切忌報喜不報憂。報喜是應該的，報憂更是必需的，發現問題時，就應該火速回報，以免造成損失過大，應及早地消滅不利因素。

・發生緊急的事情時，應儘快約定時間和領導碰頭，事後稟報重大事情，你的上級是不會願意承擔重大責任的。

・提出自己的觀點、建議或意見時，要簡明扼要，切勿長篇大論，不著邊際。

・提供重大情況、彙報重大消息時，最好有書面材料，必要時還應附上支持的證據。

・提出問題的時候，應同時想出自己的解決方案，不要只提問題而不管問題如何解決。

・與上級意見不一致時，應遵循「下級服從上級」的原則，先認同上級的觀點，再尋機表達自己的意見，誠懇地請教上級，達到上下級彼此觀念相同。

・與上級意見一致時，儘量將功勞歸於上級的英明領導，切忌爭功或邀功請賞。

‧如果你對自己的建議或決策有把握時，不妨表現出信心十足的模樣，挺直胸膛，否則應虛心地向別人請教，尤其是向上級請教。

8.讓上級更信賴你的行為

在關鍵時刻為上級挺身而出。

「疾風識勁草，烈火煉真金」。在關鍵時刻，上級才會真正地認識與瞭解你。人生機會難求，需把握表現自己的大好機會。在工作陷入困境之時，如果能大顯身手，定會讓上級格外賞識；當上級感情或生活上出現衝突時，你若能妙語勸慰，也會令上級非常感激。此時，你不要變成一塊木頭，呆頭呆腦，冷漠無情，畏首畏尾，膽怯懦弱。若是如此，上級便會認為你是一個無知無識、無情無能的平庸之輩。怎樣在關鍵時刻，出面替上級分憂，處理他所面臨的難題呢？應該從以下幾個方面來考慮：

(1)在必要的時候為領導承擔重要責任

在某些特殊情況下，出於對工作和上級負責的目的，部門主管還要敢於承擔責任，敢於面對問題。

(2)做好他人與上級領導之間的橋樑

若你是上級領導身邊的得力助手，那麼你便肩負了傳達上級旨意的責任。

有時，你必須扮演變壓器的角色，將上級輸出的電壓值先予以調降之後，再傳遞給別人。這就好像你在面對平時很少接觸的人，或是你碰到不算太熟或不常接觸你的傳遞上級的想法、感覺與指令時，就應該運用你的判斷來選擇一個最合適的方式。

若將上級的指令當作聖旨，或者未經判斷就草率地執行，對部門主管來說，是有害無益的做法。

(3)冷靜接受上級的指責

不管是誰，如果挨罵，或受到警告、指責缺點時，心裏都會不愉快。所以，如果有人當面斥責你，你就會生氣，並且怒氣衝天，臉紅脖子粗而衝動行事，事後你一定會後悔。因此，必須忍耐。

上級被部屬反駁是件難為情的事。然而部屬被上級斥責則是理所當然的事。

別人指責你的缺點和錯誤時，而能夠自我反省的人，才能提升自己的人格，同時也是個有涵養的人。因此，挨罵有時反而能促使你進步。

(4)處理好各種麻煩

在工作中，有時出現了問題，上級由於多種考慮，認為自己不方便出面解決或公開表態。這時作為部屬的你，要協同上級，以一種妥當的方式處理問題。

例如，有的部屬之間相互鬧衝突，都到上級那裏去尋求支持。在沒弄清問題之前，上級見誰都是不適宜的。這時，作為部門主管的你就應出面瞭解情況，代表上級進行協調和勸解，從而給上級留出處理的空間。

部門主管要敢於出面替上級處理麻煩。部門主管處理好上級的關係，訣竅是：敢於出頭，又不架空上級主管；善於出頭，又能妥善處理問題；做到上下溝通，同心協力。這樣，中層領導才能夠顯示自己的忠心與能力，成為上級的左肩右臂，可同甘共苦的事業知己。

(5)善於為上級辯護

上級由於是一個企業代表，所以他容易成為受攻擊的對象，儘管批評可能是有根據的，作為部門主管，你若遇到此類情況，一定要挺身而出，勇於為上級辯護。

不論上級有何缺點，他都是組織生存與發展的關鍵力量。聽到別

人對上級的抱怨時，若自己也是抱怨的人之一，那你應該檢討自己所扮演的角色，別把責任都推到上級那裏。通過自我檢討，理清自己應負的責任，切實把工作做好。

9.伴君如伴虎

與上級相處融洽，既有益於開展工作，也有益於個人的晉升。善於處理上下級關係，也是對個人能力和社交水準的一種考驗。

(1)把握自己，不要越位

真正做到出力而不「越位」，必須正確認識自己的角色地位，這是作為部門主管處理好上級關係的一項重要原則。為了防止和克服「越位」現象，找一個穩妥的行權方式和處事方式。「越位」是部屬在處理上級關係過程中常發生的一種錯誤。主要表現在：

①工作越位

那些工作應該由誰執行，裏面有幾分奧妙。有的不明白這一點，有些工作，本來由上級出面做更合適，他卻搶先去做，從而造成在工作上越位。

②表態越位

表態，是表明人們對某事件的基本態度，一般與一定的身份相聯繫。超越身份，胡亂表態，是不負責的表現，是無效的，也是不受歡迎的。

③決策越位

決策，屬於上級活動的基本內容。不同層次的上級，其決策權是不同的，有些決策則必須由上級主管作出，有些主管不能充分認識這一點，本應該由上級主管做出的決策，他卻超越許可權，自己擅自作主。

(2)莫輕視上級主管

從某種特定的角度上看，你是在給上級工作，對上級效力，所做

的一切都是上級交給你的任務。所以，作為部屬的你，應該時刻為上級著想，尊重上級，甘心為上級效力，這是處好上下級關係的前提。

恃才傲物，就是漠視職位，埋沒自己的才能。越是才華出眾，越是要慎重地處理同上級的關係。一些主管，自恃有才而驕傲自大，目中無人，往往與上級的關係很緊張，這會給自己帶來諸多不利。恃才傲物，目無上級，最終吃虧的只能是自己，這對部門主管的發展是有百害而無一利的。

(3)不要侵犯上級的尊嚴

上級的尊嚴不容侵犯，面子不容褻瀆。上級理虧時要給他下台階。有很多人因為不識時務、不看上級臉色行事而倒楣的，也有一些忠心耿耿的人因衝撞上級而備受冷落。

有意或無意地損害上級的尊嚴，常常刺傷上級的自尊心，因而延誤晉升的也比比皆是。即便很英明、寬容、隨和的上級，他也希望部屬維護他的尊嚴。

唐太宗李世民是以善於納諫著稱的賢君，但也常常對魏征當面指責他的過錯感到很生氣。一次，唐太宗宴請群臣時酒後吐真言，對長孫無忌說：「魏征以前在李建成手下共事，盡心盡力，當時確實可惡。我不計前嫌地提拔任用他，直到今日，可以說無愧於古人。但是，魏征每次勸諫我，當不讚成我的意見時，我說話他就默默不應。他這樣做未免太沒禮貌了吧？」

長孫無忌勸道：「臣子認為事不可行，才進行勸諫；如果不讚成而附和，恐怕給陛下造成其事可行的印象。」

太宗不以為然地說：「他可以當時隨聲附和一下，然後再找機會陳說勸諫，這樣做，君臣雙方不就都有台階下了嗎？」

唐太宗的這番話流露出維護自己尊嚴的心態，這也反映了上級的共同心理。

(4)不要衝撞上級

主管應聽命和服從上級,這不但是上下級關係的必然要求,也是上級主管履行職責的前提保障,大多數上級主管喜歡惟命是聽的部屬。

有些上級認為自己比下級要優秀,在潛意識中,有著很強的優越感,對自己充滿信心。他們一般都覺得自己有權要求部屬去做某些事情。行使權力,發佈命令,使事情向著自己所預想的目標發展,是上級主管的一種尊嚴。

如果衝撞上級,侵犯上級的尊嚴,這是不能被容忍和諒解的「犯上」行為。在一些公開場合,上級十分重視自己的權威的,或許他會表示,可以考慮部屬的某些提議,但他絕不會允許對他的權威提出挑戰。如果採用對抗的方式去對待上級,這無疑會使上級感到尊嚴受損,到頭來,自己的尊嚴也就無法保住了。

(5)避免衝撞上級的技巧

主管在與上級說話時,切勿激動,要時刻保持平和、友善的心態,對上級要注意說話態度、說話方法、時機問題:

①首先應在態度上保持對上級的尊重,切不可流露出對上級的意見不屑一顧。

②談論問題時,注意方式,用一種讓上級更容易接受的方式來說明自己的想法,若上級習慣數字思考,部屬就應提出週全的書面計劃。

③在下上級主管討論問題時,應選好時機和場合。

④切勿衝撞上級,這是非常重要的。

10.體諒上級錯怪你

面對上級的錯怪,你的基本原則便是:「保全上級的面子,保全自己的機會」。

作為部屬,你必定常會遇到的一種煩惱,便是來自上級的錯怪。

但是，如果處理得當，你極有可能將上級的錯怪轉化為上級對你的讚賞，甚至成為你今後成功的資本。你應如何處理：

(1)首先要理解——誰都會犯錯

何謂「錯怪」？錯怪是對部屬行為和績效的錯誤判定。由於精力和視野的限制，你的上級不可能對自己管轄範圍內的所有人、所有事都瞭若指掌。但是，他承擔著對許多事物的責任。因此，在資訊不充分的條件下，上級對某些事的判定出現失誤，也是可以理解的。

你有時也會錯怪你的同事、部屬，你的上級當然也有可能在某些情況下產生判斷錯誤。而且，你的上級要承受更大的責任，更大的工作壓力。因此，以理解的心態體諒上級，也是對自己的一種安慰。

(2)態度要端正

①認真恭敬地傾聽

這是對任何上級批評、責怪應有的第一反應。同時要讓上級把話說完。如果在上級錯怪完畢之前就急於打斷、結束上級的發話，你會失去獲得某些重要資訊的機會。

上級對你的錯怪，可能出於一時的衝動，可能源於長期的偏見，也可能由於某人的讒言，如果你沒有耐心，你便無法正確辨別上級錯怪的緣由，你就沒有機會辨解。

②說出真相，尋找恰當機會向上級提供事實真相

一般而言，應當在比較寬鬆的環境氣氛裏，向上級說明情況。

首先，應當在非公眾場合向上級反映情況；其次，提供資訊應當逐步推進。如果上級已經意識到自己錯了，則沒有必要提供過於詳細的說明，否則，反而弄巧成拙。

③主動承擔，讓上級明白他的責怪是錯的

你可以表示，某事是自己沒有能夠及時向上級報告，以至上級未能掌握更多的資訊。

在交談中應避免使用「錯怪」、「誤會」、「你不知道」和「你不清楚」等名詞。多數上級對你主動承擔他錯怪你的責任，是能夠理解的，但上級卻不會把自己的心情向你袒露。

④明確地讓上級體會到，你不在意他的錯怪

保持你原來對待上級的態度，是最好的表達方法。有的上級在發現自己錯怪部屬之後，會表現出不安和歉意。所以，你應放輕鬆，做得自然，才能讓上級恢復原來和你的關係。

⑤不強求上級認錯

讓上級認錯是一件困難的事情，而硬要求上級表態、承認錯誤，更是極不明智的做法。

上級有上級的尊嚴需求。對不少上級而言，有時他明知自己錯了，也不願意在部屬面前承認。除了個性原因，作為上級不輕易認錯，常常是維護管理權威的需要。從道理上講，「有錯認錯」、「有錯糾錯」是應當的。但是，「認錯」和「糾錯」都是有代價的，而且這種代價最後往往是由團隊承擔的。因此，不強求上級認錯，是出於對團隊的負責。

11.功勞要歸功上級

在處理上下級關係時，一個鐵的規則：「聰明要讓上司顯」，就是出頭露臉的好事要歸上司，這樣做，好處多多，受益無窮。反之，作為下屬，如果你和上司交往時咄咄逼人，不知道給上司面子，就會引起上司的反感。更有甚者，把本該屬於上司的光芒硬往自己臉上貼，完全忘了自己的身份，老做一些「越位」的事，搶上司的「鏡頭」，難保不落個被「炒魷魚」的下場。

一般說來，大多數上司在運氣、性格和氣質方面被超過並不太介意，但是卻沒有一個人喜歡在智力上被人超過。因為智力是人格特徵之王，冒犯了它無異於犯下彌天大罪。當上司的總是要顯示出比其他

人高明，處處為上。下盤棋有勝有負，你認為是小事，無關大局，其實是大錯特錯，因為你在智力上讓他丟了面子，這比其他方面更為嚴重。

　　因而，聰明的部屬總會想方設法掩飾自己的實力，以假裝的愚笨來反襯上司的高明，力圖以此獲得上司的青睞與賞識，不張揚不抱功。

第 3 章

部門主管如何與同僚相處

第一節　主管與他部門主管相處之道

主管要如何與其它部門主管相處呢？

1. 保持適當距離

心理學有這樣一個比喻，大多數人都喜歡獨立駕車，而且對自己駕車的技術絕對有信心。但分析交通事故，雖然有多種原因，要避免撞車，其中之一就要注意車距。

人際關係中，與他人保持適當距離，也是很重要的，要依據雙方的利害關係、上下級關係來調整彼此的距離。此外，說話態度(相當於　車)的改變，也是調整間距的方法。

對於部門主管來說，這是非常重要的。如果兩個人靠得太近，就有可能互相傷害；兩個人太遠而無法合作，又不能發揮團隊合作的精神。

部門主管如何與其他部門主管相處呢？彼此的關係太緊密，就會

像兩支為了相互取暖而靠在一起的刺蝟一樣，結果只能是讓彼此的刺扎得鮮血淋漓，而如果距離太遠，那麼就會因陌生而無法合作，所以，保持最佳距離是與其它部門主管相處的第一大技巧。

有的同僚說的有些話顯然有「扯閑話」，有攻擊別人、擡高自己之嫌，如果一旦牽扯進去，那就十分不妙了。這也是為什麼我們總是強調對聽來的話要認真進行分析的緣故。一個人離群獨居固然不好，但成幫結夥，今天議論東家，明天議論西家，互相標榜，更屬不當。做人既不可流於前者，更不要淪為後者。這就要求我們在聽的時候，保持清醒頭腦，隨時判斷是非，有益者，先耳恭聽；有害者，避之惟恐不及。

2.保持謙遜的相處態度

部門主管切不可孤芳自賞，更要注意不可發展成孤僻症，進而變得看誰都不順眼，認為「天下無可與言者」；要能很好地聽平級講話，關鍵在於養成謙遜平和的態度，切忌孤芳自賞，目中無人。

一個人能不能很好地在社會中生活、奮鬥、前進，關鍵也在於能不能聽平級、同伴的講話，並從中汲取經驗，建立友誼，疏通關係。

能夠傾聽別人講話，也就瞭解了對方的好惡，溝通了彼此的感情。同時，認真聽別人講話，也被認為是一種尊重別人的具體表現。對人家的談話視而不見，聽而不聞。當然會被對方視為不尊重，不關心，態度冷漠的表現，並由此引起惡感。久而久之，你就會變成孤家寡人，四處碰壁，苦不堪言了。

這種情緒還會蔓延和傳染，由於「開始的不善聽」，變成「中期的不想聽」，最後變成「後期的根本不能聽」。務必重視這一病情，並予以及時救治，而救治的方法就是要耐下心來檢查病因，如果你有孤芳自賞的心理就一定要克服，這是一種狂傲無知的表現，需要改弦更張，迷途知返的觀念，並且去刻不容緩的身體力行。

如果你是由於性格內向，不願交往，所以才不願聽人講話，要盡量讓自己去適應這個社會現實，擴展自己的視野，放寬自己的肚量。要想正常的生存，就必須接觸社會，具體地講，就是接觸人，特別是接觸大量。要加強與他們的交流，而這交流的第一步，就是要能有興趣地聽人家說話，聽人家談心，藉以與他們交流。心如死水，形如槁木是不行的。

若是對同僚的談話，總是似聽非聽，似懂非懂，不三思，不分析，則又是另一極端，同樣要予以避免。日後人家反而會認為你不嚴肅，不認真，即使有心裏話，也不肯同你講。也不能盡聽盡信。一個優秀的聽眾，心中都有一個天平，能稱出那些話是金玉良言，那些話是隨口胡謅的無稽之談。

3.善於傾聽

同僚部門主管之間講話要有平等相待。孤芳自賞，自命不凡，一切只覺得自己高人一頭，久而久之就會形成剛愎自用，老子天下第一。「只能你們聽我的，我可不能聽你」的這種不正常的現象。那時恐怕就要變成地道的孤家寡人了。

善於傾聽同僚的講話，是同僚相處不可缺少的一個技巧。傾聽是一門學問，虛懷若谷才能注意別人的講話，吸取別人的意見。學然後知不足，有了這一前提，你才越聽越有興趣，越聽越覺得有甜頭，也才聽下去，真正懂得「與君一席話，勝讀十年書」的真諦。

所以，如何聽同僚講話的重要基礎，就是要虛心學習的精神，要承認自己不是萬事通，也絕不會事事比別人高明。

然而，要真正做到這一點，說來容易做起來難。很多人大道理講得通，可一到結骨眼上，就行不通了，其所以如此，關鍵就在太要面子。一旦太要面子，就放不下架子，放不下架子，當然也就談不到傾聽別人意見，更談不上什麼虛心求教了。

　　一個人越是沒有學問，越是沒有修養，自然越覺得自己無所不知，別人都沒有他高明。其所以如此，乃是因為自己本來就知道得很少的緣故，知識面越狹窄，辦事越沒有經驗，就越看不出「山外有山，人外有人」的真實性和必然性。中國古雲「學然後知不足」、「越學習，越發現自己的無知」就都是這個道理。

　　主管在傾聽時，要注意的重點如下：

(1)全身都要注意

　　要面向說話者，同他保持目光接觸，要以你的姿勢和手勢證明你在傾聽。無論你是站著還是坐著，與對方要保持在對於雙方都最適宜的距離上。說話者都願意與認真傾聽的人交往，而不願意與「木頭人」交往。

(2)要把注意力集中在對方所說的話上

　　既然每個集中注意力的時間不長，你在聽話時就要有意識地把注意力集中起來，要努力把環境干擾壓縮到最小限度，避免走神分心。積極的姿勢有助於你把注意力集中在對方所說的話上。

(3)努力理解對方的言語和情感

　　不僅要聽對方傳達的信息，而且要「聽」對方表達的情感。例如，一個工作人員這樣說：「我已經把這些信件處理完了」。而另一個工作人員卻這樣說：「謝天謝地，我終於把這些該死的信件處理完了！」儘管這兩個工作人員所發出的信息的內容相同，但後者與前者的區別在於他還表達了他的情感。一個傾聽工作人員講話的內容，而且理解他的情感的細心的主管，在下達新的任務以前明白部屬的感受，就已經取得了交往的高效率。

(4)要觀察講話者的非語言信號

　　既然交往在很多時候是通過非語言方式進行的，那麼，就不僅要聽對方的語言，而且要注意對方的非語言表達方式，這就是要注意觀

察說話者的面部表情、保持目光接觸、說話的語氣及音調和語速等，同時還要注意對方站著或坐著時與你的距離，從中發現對方的言外之意。

⑸要努力表達出理解

在與人交談時，要努力弄明白對方的感覺如何，他到底想說什麼。如果你能全神貫注地聽對方講話，不僅表明你理解他的情感，而且有助於你準確地理解對方信息。

⑹被動的傾聽

我們經常會發現，沈默或是適宜的首肯，能夠鼓舞說話者，使他更加興致勃勃地掏出肺腑之言。一個好的聽眾，態度上要顯示出相當的謹慎，不在對方說話中插嘴，或任意發問。好的聽眾應該以受鼓舞的態度，專心地傾聽，在必要時才附和幾句。下面舉出幾種最具代表性的態度：

「我懂！」(就算不懂，也要這樣說)

「是的！」或「是嗎？」

「噢，對了！」「對嗎？」或「原來如此！」

「哦！」或「你認為呢？」

「我知道！」

第二節　取得其他部門主管的合作

對有助於和同僚建立關係的任務，部門主管抱持歡迎態度，這對參與這項任務的每個人都有好處。

在共同完成任務中與同僚的部門加強合作時，應注意：

1.樹立明確的合作目標和期望

在做一個需要和另一位部門主管經常接觸的項目時，最好的成功保證，是事先明確需要共同完成的目標，以及為達到這一目標各自應做的工作。列出任務的目標以及在達到這一目標的過程中你們各自所扮演的角色，安排好雙方的職責。

2.為每一階段樹立標記

在對各自的職責和任務進行安排時，為每一項主要任務設定完成的期限特別重要。一個人的拖延會亂整個項目的計劃。

對任務的序列和完成時間進行安排，是很有必要的。對於複雜項目尤其如此。在這些項目中，信息在群體之間來回傳遞，並跨越幾個不同的工作階段；而在樹立每一階段的標記時，還要考慮其他的工作負擔。這也是按時完成工作為什麼重要的另一個原因，延誤不僅會影響項目的進展，也會影響部門的其他工作。

3.經常對所做的工作進行回顧

計劃很重要，但僅僅做出計劃是不夠的。在工作進展過程中，要和同僚進行交流確保他們得到了需要的東西，同時也讓他知道你從他那兒得到了什麼。經常對工作進行回顧，能使你及早發現潛在的問題，並對工作進程做出微調，避免日後進行重大的變動。

4.認可對方部門的貢獻

良好關係的一個重要組成，是相互之間的尊重。一定要讓同僚知道你認可並感激他為項目所做的工作。找出完成得特別好的項目，並讓他知道，你深知這些貢獻對整個項目的成功，有重要意義。同時，也對他的合作精神和解決爭議、使之不致造成危機的意願，表示認可。

5.尋找加強聯繫的機會

項目完成之後，留心下次能夠一起工作的機會。這可以是你們倆合作的工作，也可以是需要與其他幾個經理合作的更大的一個項目。

6.做每一件事情都要符合人性的要求

為此，至少要做到兩點：一是抱著「真情、友愛」的處世態度；二是把這種態度隨時隨地付諸行動，同時還要戒除對人苛刻冷漠、與人斤斤計較、與人爭得頭破血流的陋習。

人們企盼充滿真誠、友愛、溫暖的美好人際關係。把真情和厚愛滲透到每一件事情當中去，真情、友愛能產生成功所需要的一切，是成功的最基本元素。

7.多貢獻，多施予

一個人的成就程度，大致上是與他施予程度成正比的。成功的人都是慷慨施與的人物。那些肯大力布施、肯慷慨奉獻的人物往往受益匪淺。苛刻、自私、吝嗇的人無法辦到這一點。

8.共事合作不能「挑肥揀瘦」

與同僚們一起共事合作，切莫「挑肥揀瘦」，把髒活、累活、利少、難辦的推給別人；把輕鬆、舒服、有利可圖的工作攬下給自己；同僚們拼力苦幹，你卻暗地裏投機取巧。這樣他們就會覺得你奸猾、不可靠，不願與你合作共事。

同僚之間只有同心協力，不斤斤計較，協同作戰，才能共謀大業，共同發展。

9. 使你週圍的人覺得他們自己很重要

如何使別人覺得他很重要，請你記住這項基本原則：人們都渴望感到：「他們是你生活的一部份，在你心目中佔有一定分量。」如果能滿足這項要求，你就輕易獲得他們的贊美、尊敬以及通力合作的回報；而當人們感覺到，被其他人置身事外時，往往會顯得漫不經心，轉而採取對立的態度與行為。

根據上述原則，可以設計出行之有效的方法。常用的方法之一就是「讓別人幫助你」。也就是，你可請求別人幫你一些小忙，使他們覺得自己很重要。

總之，要盡力使你的同僚們覺得你確實是很需要他們的。用好這條成功原則，既能使你的家庭和睦，也可以使你的事業興旺發達。

10. 要以平易近人的方式進行溝通

平易近人是最好的溝通技巧。

說話是影響人的最有力武器。對說話的基本要求，就是要使聽眾能聽懂你的話，這是最簡單的道理。把你想表達的事情簡單化到「連孩童也能懂」的程度為好。

因為，別人對你的注意力，與「你的話能被瞭解」的程度成正比。將事情簡單地表達出來，就能增加被瞭解、被注意的程度。而注意力正是想要影響別人所不可缺少的基本條件。

說話者有兩項基本職責。一是要說出必要的知識；二是維護對方的注意力，把對方吸引住。因此在你說話時，一定要儘量保持淺顯易懂的原則。要把一項概念轉變為可吸收的程度。為此，使用不同種類、不同形式的舉例，來闡述你所欲表達的各項要點，是最有效的辦法。

11. 支持同僚

各部門主管之間在工作、生活、學習中相互支持和幫助，是圓滿完成任務的前提，也是密切各部門主管相互關係的重要條件。

例如，當某一部門主管在工作中缺乏信心，你就應給以鼓勵，以增強其做好工作的信心，這就是支持；當某部門主管同其他部門主管有衝突的時候，你沒有袖手旁觀，置之不理，而是主動地幫助調和、解決衝突，這是一種支持；當某個部門主管在工作中遇到困難、阻力的時候，你主動地幫助他排憂解難，在人、財、物等方面給予幫助，這也是一種支持。

你可以採取「支持的行動」，支持可以通過各種形式表現出來，對有成績部門主管表示讚揚，對正確的看法、意見表示贊同，對不正確的觀點或做法提出誠懇的、善意的批評，等等。

「企業運作」是大家共同的任務，單槍匹馬、孤軍作戰很難取得成功。相互間有了這種支持和幫助，不但任何困難和障礙都能排除，而且會形成相互信賴的關係，各部門主管之間的關係就會越來越密切。

12.要能替人保守秘密

替人保守秘密，正是你贏得「對其他人的影響力」的重要方法之一。

同僚一旦深知「他們所告訴你的事情，會就此停住，不再流傳出去」以後，就會對你更親切殷勤、格外關照。

其次，他們認為你是很可靠，很值得信任的人，一旦獲得什麼消息，就會自動告訴你。這樣你就能多知道消息，「未雨綢繆」，做出一些更週詳的計劃。

別人對你的忠誠，通常與你保密能力成正比例。然而，替別人保守秘密，說起來簡單，卻很不容易做到，多數人尚未養成良好的保密習慣，只有少數人，才能做到保密到家，守口如瓶。

能夠合理地掌握以上原則，你就會與你的同僚相互支持精誠合作，這樣一來，對你的事業都有很大的幫助。

第三節　如何化解與同僚間的衝突

　　各部門主管由於分工不同，看問題的角度不一樣，工作上的某些看法不一致，相互之間確實存在一些差異。這些差異反應在各自分管的工作中，缺乏統一的步調和行動，於是工作中出現困境和漏洞，而這些困境、漏洞或疏忽，勢必影響到工作，衝突就產生了，而這些衝突顯然對大家都沒有好處，所以應該去化解它。

　　第一步是「化解衝突」，第二步是「減少衝突的發生」。

1. 化解衝突

　　主管如何化解衝突呢？可運用下列方法：

(1) 彼此諒解

　　各部門主管要本著團結和諧、為事業發展的大局，對他人虛懷若谷，豁達大度，千萬不能從個人恩怨出發，給人為難。一個善於諒解人的成員，會幫助對方分析造成困難或錯誤的原因，提出合理的建議，以真誠的態度指出毛病所在，同時，幫助解決這些問題；不會因為對方給自己帶來麻煩而抱怨、指責，甚至耿耿於懷。

　　抱怨和責難不僅不會給解決問題帶來好處，反而會使工作難以進行，同時會使對方陷入更大的困境，並嚴重傷害雙方的感情。諒解，給對方的困難予以同情，提供幫助，就會帶來問題的順利解決，帶來相互間的尊重、信賴，也為自己消除了關係可能出現裂縫的隱患。實際上，諒解別人，就是關照了自己，並為建立一種更真誠、更親密的關係打下基礎。有時候，別人工作中出現了毛病，原因可能並不在他自己這裏尋找一下原因？也許別人的問題恰恰是自己在工作中的疏

忽造成的。這種情況下，就應主動交流情況，承認自己的疏忽，這樣會收到更好的效果，對於建立雙方誠摯的、友好的關係，對今後工作的配合，都是有百利而無一弊的。

(2) 自我控制

各部門主管對工作中的某些問題的看法、意見、態度不一致而發生分歧，甚至會出現爭吵、發脾氣，這些是正常的事。只要雙方都是為了工作，沒有個人私怨和成見，心胸都比較開闊，即使發生爭執，也沒有什麼大不了的。但出現這種情況時，雙方都應控制自己，增強自己的控制力，如果不能很好地控制自己的情緒，就會言辭激烈，傷害對方的感情。一個人經常發怒是很難與人相處的。做部門主管，必然有相互配合問題，如果雙方傷了感情，這種配合是無法成功的，是很勉強的，這本身就蘊藏著產生分歧的因素。而且不少分歧、爭執常常發生在雙方情緒都不大好的情況下。事後想想，似乎沒有必要爭得不可開交，完全可以好好商量解決。

遇到這些情況，也不可感情用事，要理智的「以和為貴」，要在不影響目標的前提下，不計個人恩怨，不求全責備，不分厚薄，盡可能多地團結人，共同做好工作。無論是在什麼情況下都能控制住自己的情緒，具有自我克制能力，不僅是主管有道德品質和思想修養的表現，而且也是各部門主管之間建立良好關係的基礎。

(3) 照常交往

如果你想在工作中面面俱到，誰也不得罪，誰都說你好，那是不現實的。在工作中與其他同僚產生種種衝突和意見是很常見的事，碰到一兩個難於相處的同僚也是很正常的。

但同僚之間儘管有衝突，仍然是可以來往的。首先，任何同僚之間的意見往往都是起源於一些具體的事件，並不涉及個人的其他方面，事情過去之後，這種衝突和矛盾可能會延續一段時間，時間一長，

也會逐漸淡忘。所以，不要因為過去的小衝突而耿耿於懷。只要你大大方方，不把過去的衝突當一回事，對方也會以同樣豁達的態度對待你。

其次，即使對方仍對你有一定的歧視，也不妨礙你與他的交往。因為在同僚之間的來往中，我們所追求的不是朋友之間的那種友誼，而是工作、任務。

彼此之間有衝突沒關係，只求雙方在工作中能合作就行了。由於工作本身涉及雙方的共同利益，彼此間合作如何，事情成功與否，都與雙方有關。如果對方是一個聰明人，他自然會想到這一點，這樣，他也會努力與你合作。如果對方執迷不悟，你不妨在合作時向他點明這一點，以利於相互之間的合作。

(4)讓時間來沖淡一切

這是指解決衝突的條件還不成熟，先維持現狀，等待時機給予解決；或者經過一段時間的積累，由工作或生活本身逐漸地加以調整。

採取這種方式，讓人們通過時間，逐漸放棄舊有的成見，適應新觀念和新事實，是十分明智的。因為一個人的信仰、觀念和立場的改變，往往需要一個體驗的過程。如果採取強加於人的做法，常常會使衝突激化，隔閡加深，損傷人們的感情，產生不良的後果，而這種方式，則可以使衝突的解決比較自然和順暢。

(5)迂迴前進

這是說在特定的條件下，對一些不重要的糾紛應採取含糊的處理方法，或者為了解決某些衝突，可做出一些必要的合作或妥協。例如鼓勵衝突的雙方把各自的利害關係結合起來，使雙方的要求都得到充分的滿足；或者在衝突雙方的要求之間尋找一個折中的解決辦法，讓雙方都得到部份滿足；或者用暗示或放棄的方式鼓勵衝突雙方自己去解決分歧等等。

假若雙方都是搞派別鬥爭，為他們各自的小集團私利而鬧糾紛，就不必去分清誰是誰非。

例如，對某些鬧事問題的處理，從鬧事本身看並不正確，但為著有利於大局的安定，在說清事理之後，可對他們的要求做出一些不損害大原則的妥協，以緩和衝突。雖然這種處理糾紛的方式，看來顯得簡單和有點不分是非，但仍不失為一種解決衝突的方法。

分歧之所以要處理，是因為它妨礙了取得成果，或者，處理本身就帶來成果。

有句古老的醫學格言說得好：「沒有什麼事情比防止屍體腐爛發臭更需要付出巨大的努力，不過，這也是勞而無功的事情。」這格言提示我們要為成果而工作。如果還有更能取得成果的急務，對分歧裝聾扮啞就行，這才能騰出手去抓急務。

廻避分歧或是妥協遷就，從好處說，它維持了表面的和氣，沒有增加雙方的磨擦，讓自己騰出精力和時間去應付急務，求發展，出成果。從壞處說，遷就的害處小於因分歧而使關係破裂，也不失為一種態度和方式。

美國前總統林肯，有個能幹的財政部長叫蔡斯，有成效地支掌起戰時經濟。1864年，林肯競選連任，蔡斯成了競爭對手。他發出大量信件，認為林肯如何不稱職，某些有影響的人如何稱讚蔡斯具備總統的資格，要求他不要逃避責任。

林肯私下評論，「他像一隻綠頭蒼蠅，會在他能夠找到的每一個腐爛物上產卵。」又說，「我決心對這一類事情盡可能地一概閉起眼睛。蔡斯先生是一個好部長，我將要讓他待在原地不動……只要他盡到財政部長的責任。」

直到蔡斯的競選部門主管發出一封「絕密信」，給許多報刊主編和其他人，斷言林肯再次當選，民族的榮譽與自由事業都要

受到損害；還說蔡斯比任何人都更適合擔任總統。絕密信很快傳開了，令蔡斯沒有想到的是，這反而促成林肯的支持者團結起來攻擊蔡斯。蔡斯受不了，遂寫信給林肯，不承認對於絕密信負有責任。說林肯如果不相信，他只好辭職。

結果林肯毫不猶豫地接受了蔡斯的抵賴！說他沒有讀到絕密信，林肯說：「我想我不會去讀它，聽說有這件事，我所知道的只是我的朋友們讓我知道的這類事情中的一點點……我不要求知道得更多。」林肯同意，他們兩人都不對朋友的越權行為負有責任，並說從公務的角度考慮，蔡斯應該繼續當財政部長。

林肯裝聾作啞的動機非常複雜。如果公開破裂，撕破臉的蔡斯，將到內閣以外更起勁地搞反對活動，而且，這還意味著共和黨的分裂。此時正當選舉之年，那只會對民主黨有利。何況，前線的戰爭還要蔡斯提供財政支持—— 這裏或許林肯更看清了廻避分歧的很需要。

(6)以德報怨

一位名叫傑克的賣磚商人，由於對手的競爭而陷入困難之中。

對方在他的經銷區域內定期走訪建築師與承包商，告訴他們：「傑克的公司不可靠，他的磚塊不好，生意也面臨即將歇業的境地」。

傑克對別人解釋說，他並不認為對手會嚴重傷害到生意。但是這件麻煩事使他生出無名之火，真想「用一塊磚來敲碎那人肥胖的腦袋作為發洩。」

「有一個星期天早晨，」傑克說，「牧師講道時的主題是：要施恩給那些故意跟你為難的人。我把每一個字都吸收下來。就在上個星期五，我的競爭者使我失去了一份 25 萬塊磚的訂單。但是，牧師卻教我們要以德報怨，化敵為友，而且他舉了很多例子

來說明他的理論。當天下午,我在安排下週日程表時,發現住在弗吉尼亞州的一位我的顧客,正為蓋一間辦公大樓需要一批磚,而所指定的磚型號卻不是我們公司製造供應的,卻與我競爭對手出售的產品很類似。同時,我也確定那位滿嘴胡言的競爭者完全不知道有這筆生意機會。」

這使傑克感到為難,需要遵從牧師的忠告,告訴給對手這項生意的機會,還是按自己的意思去做,讓對方永遠也得不到這筆生意?

那麼到底該怎樣做呢?

傑克的內心掙扎了一段時間,牧師的忠告一直盤踞在他的內心。最後,也許是因為很想證實牧師是對的,他拿起電話撥到競爭對手家裏。

接電話的人正是那對手本人,當時他拿著電話,難堪得一句話也說不出來。傑克還是禮貌地直接地告訴他有關弗吉尼亞州的那筆生意。結果,那個對手很是感激傑克。

傑克說:「我得到了驚人的結果,他不但停止散佈有關我的謊言,而且甚至還把他無法處理的一些生意轉給我做。」

傑克的心裏也比以前感到好多了,他與對手之間的陰霾也獲得了澄清。

以德報怨,化敵為友。這就是迎戰那些終日想要讓你難堪的人所能採用的最上策。

2.減少衝突

部門與部門之間,由於工作關係或由於協調、溝通關係,免不了會有衝突、矛盾產生,「冤家宜解不宜結」,衝突不產生才好,那麼怎樣減少產生衝突呢?

首先不與競爭對手發生正面衝突,很多時候我們會將自己的競爭

對手看做是死敵，為了成為那個令人羨慕的成功者，也許你會不擇手段地排擠對手；或是拉幫結派，或在上級面前歷數別人的不是，或設下一個又一個陷阱使得對方「馬失前蹄」，但可悲的是，處心積慮的人有時並不能成為最終的贏家，收獲的只是一腔沮喪和悔恨。

不論在什麼情況下都請記住：與自己的競爭對手發生正面衝突，永遠是最蠢的做法，往往會招致別人的貶低和上級對你的負面評價。因此，選準時機，運用以退為進的戰術，才不失為取勝的一種策略。

主管應避免與對手發生下列衝突：

⑴對手咄咄逼人之勢仍能保持冷靜，會顯出你的理智和遇事不亂的大將風度。

⑵冷淡對手的攻擊，也許會給人造成軟弱可欺的印象，但這只是暫時的，在那些能夠慧眼識英雄的上級眼裏，恰恰從側面反襯出你的大度。

⑶以委婉又不卑不亢的方式，化解與對手的正面衝突，顯示了你有極強的處理突發事件的應變能力。

⑷要做到不但面對帶挑釁的言行保持冷靜，也檢討自己的所作所為，是否給對手帶來挑起爭端的機會，否則事發後你將處於被動地位，小心行事與適度的沈默，會為你省去許多麻煩和尷尬。

要避免樹敵，你要養成這麼一個習慣，那就是絕不要去指責別人。指責是對人自尊心的一種傷害，它只能促使對方起來維護他的榮譽，為自己辯解，即使當時不能，他也會記下這一箭之分，日後尋機報復。

對於他人明顯的謬誤，你最好不要直接糾正，否則他會覺得你故意要顯示你的高明，傷了他的自尊心。在生活中一定要記住，凡是非原則之爭，要多給對方以取勝的機會，這樣不僅可以避免樹敵，而且也可使對方得到滿足，「以愛消恨」。

　　假如由於你的過失而傷害了別人，你得及時向人道歉，這樣的舉動可以化敵為友，徹底消除對方的敵意。說不定你們會相處得更好。「不打不相識」，既然得罪了別人，與其等待別人的報復，不知何時飛出一隻暗箭，遠不如主動上前致意，以便盡釋前嫌。

　　為了避免樹敵，還有一點需要注意，這就是與人爭吵時，不要非佔上風不可。實際上，爭吵中沒有勝利者。即使口頭勝了，但與此同時，你又樹立了一個對你心懷怨恨的敵人。

　　爭吵除了會使人結怨樹敵，在公眾面前破壞自己溫文爾雅的形象外，沒有絲毫的作用。說他人壞話，誹謗他人，對方終究會有所耳聞，也會將自己的怨恨發洩出來。

第4章

部門主管如何帶領部屬

 第一節　主管如何建立團隊

　　管理就是「團隊遊戲」，主管要組建團隊，管理團隊，鼓舞團隊，善用團隊來達成部門任務。

　1.組建團隊的必要性

　　單打獨鬥個人英雄主義的時代，已經揮手告別，早已邁入合作就是力量，講求團隊默契的新紀元了。主管不再是明星，雖然位高權重，擁有領導統馭的大權，但是如果缺少了一批心手相連，智勇雙全的跟隨者，還是很難成就大事的。任何團隊不管他們是一隻球隊、樂團、特遣小組、委員會或是公司內的任何部門，現在需要的不僅是一位好的主管人才，更需要的是一位能投注於團隊發展的真正領導人。

　　一個組織的榮辱成敗，絕大部份取決於團隊合作的程度。有鑒於此，做一個跟得上時代的真正主管，實在有必要花些時間和精力，做好建立團隊的工作。

部門要發揮集體力量，就要以「團隊精神」作基礎，如果每個人只求個人表現，忽視團隊精神，那麼就如同打籃球，個人球藝高技術強，因不能協同一致，也是很難獲得勝利的。總之，你可以運用組織籃球隊的精神與態度去建立你的團隊，並創造一個溫馨和諧，相互友愛，充滿活力的環境。

創造一隻有效團隊，對主管來說是有百益而無一害的，如果你努力做到的話，你將可以獲得以下的好處：

⑴「人多好辦事」，團隊整體動力可以達成個人無法獨立完成的大事。

⑵可以使每位夥伴的技能發揮到極限。

⑶成員有參與感，會自發地努力去做。

⑷促使團隊成員的行為達到團隊所要求的標準。

⑸提供追隨者更充足的發展、學習和嘗試的空間。

⑹刺激個人更有創意，更好地表現。

⑺三個臭皮匠，勝過一個諸葛亮，能有效解決重大問題。

⑻讓衝突所帶來的損害降至最低點。

⑼設定明確、可行、有共識的個人和團隊目標。

⑽領導人與繼承人縱使個性不同，也能互相合作和支持。

⑾團隊成員遇到困難、挫折時，會互相支持、協助。

2.成功團隊的特點

主管必須擁有成功團隊，而一個成功團隊的特點，在於主管能指出明確的目標，給予團隊一個遠景，而團隊內成員能各司其責，互相認同，強烈參與工作，團結互相，每個成員都有團隊的歸屬感。成功的團隊的特點，說明如下：

(1)目標明確

成功主管會向他的員工指出明確的方向，經常和他的成員一起確

立團隊的目標，並竭盡所能設法使每個人都清楚瞭解、認同，進而獲得他們的承諾、堅持和獻身於共同目標。

部門主管給予員工一個遠景，指出目標，當團隊的目標，是由組織內的成員共同合作產生時，就可以使成員有「所有權」的感覺，大家打心眼裏認定：這是「我們的」目標和遠景。

(2)各負其責

成功團隊的每一位員工，都清晰地瞭解個人所扮演的角色是什麼，並知道個人的行動對目標的達成會產生什麼樣的貢獻。他們不會刻意地逃避責任，不會推諉份內之事，知道在團隊中該做些什麼。

大家在分工共事之際，非常容易建立起彼此的期待和依賴。大夥兒覺得唇齒相依，生死與共，團隊的成敗榮辱，「我」佔有非常重要的份量。

同時，彼此間也都知道別人對他的要求，瞭解責任所在，並且避免發生角色衝突或重叠的現象。

(3)強烈參與

美國玫琳凱化妝品公司創辦人玫琳凱說過：

「一位有效率的經理人會在計劃的構思階段時，就會讓員工參與其事。我認為讓員工參與對他們有直接影響的決策是很重要的，所以，我總是願意甘冒時間損失的風險。如果你希望部屬全力支持你，你就必須讓他們參與，越早越好。」

參與其中的成員，永遠會支持他們參與的事情，此狀況下，這時候團隊所匯總起來的力量絕對是無法想象的。

(4)互相傾聽

在好的團隊裏頭，某位成員講話時，其他成員都會真誠地傾聽他所說的每一句話，而不同的意見和觀點會受到重視。

有一位主管說：「我努力塑造成員們相互尊重、傾聽其他夥伴表

達意見和文化，在我的部門裏，我擁有一個群心胸開放的夥伴，他們都真心願意知道其他夥伴的想法。他們展現出其他單位無法相提並論的傾聽風度和技巧，真是令人興奮不已！」

(5)死心塌地

真心地相互依賴、支持是團隊合作的溫床。管理專家曾花了好幾年的時間深入研究參與式組織，他發現參與式組織的一項特性：管理階層信任員工，員工也相信管理者，信心在組織上下到處可見。幾乎所有的獲勝團隊，都全力研究如何培養上下平行間的責任感，並使組織保持旺盛的士氣。它們常常表現出 4 種獨特的行為特性：

①領導常向他的員工灌輸強烈的使命感及共有的價值觀，並且不斷強化同舟共濟、相互扶持的觀念。

②鼓勵遵守承諾，信用第一。

③依賴員工，並把員工的培養與激勵視為最優先的事。

④鼓勵包容異己，因為成功要靠大家協調、互補、合作。

(6)暢所欲言

好的主管，經常率先信賴自己的員工，並支持他們全力以赴，當然他還必須以身作則，在言行之間表示出信賴感，這樣才能引發成員間相互信賴，真誠相待。

(7)團結互助

在好的團隊裏，經常看到部屬們可以自由自在地與上級討論工作上的問題，並請求：「我目前有這種困難，你能幫我嗎？」

大家意見不一致，甚至立場對峙時，都願意採取開放的心胸，心平氣和地謀求解決方案，縱然結果不能令人滿意，大家還是能自我調適，滿足組織的需求。

成功團隊裏，每位成員都會視需要自願調整角色，執行不同的任務。

⑻互相認同

「我覺得受到別人的尊重和支持」是高效團隊的主要特徵之一，團隊裏的成員對於參與團隊的活動感到興奮不已，因為，每個人會在各種場合裏不斷聽到這話：

「我認為你一定可以做到！」

「我要謝謝你！你做得很好！」

「你是我們的靈魂！不能沒有你！」

「你是最好的！你是最棒的！」

這些贊美、認同的話提供了大家所需要的強心劑，提高了大家的自尊、自信，並驅使大家願意携手同心。

許多主管大聲疾呼：「我們越來越迫切地需要更多、更有效的團隊，來提高我們的士氣，從而提高生產力。」既然如此，身為主管的你，可得把建立整齊的團隊這件事列為優先處理的要務，千萬不要再忽視或拖延下去了。

3.主管如何組建團隊

主管必須組織團隊，而且要善用團隊，但是，團隊合作不容易，其癥結有下列原因：

⑴「自顧自」跑單幫的民族習性。

⑵三家烤肉一家香的「麻將哲學」作崇。

⑶個人式的英雄主義盛行，沒有人要當臭皮匠。

⑷信任自己人，講求「同緣」的關係，排斥他人。

⑸分而治之的封建觀念盛行，一旦先分很難後合。

⑹缺乏長期眼光，只求「眼前」的利害，彼此自然不易合作。

⑺權威主義盛行，但誰都不服誰。

⑻界面不清，含糊地帶各不相涉，形成本位主義。

要建立一隻有效率的團隊，並非一蹴而就，但是，如果能夠在以

下 10 項基礎上持續努力的話，一定可以幫助你早日實現願望：

- · 對建立團隊持正面、認同的態度。
- · 和成員們打成一片，並且打破「我是主管，聽我的命令做事」的作風。
- · 幫助組織內每位成員都明白建立團隊觀念的重要性。

- · 把員工當成珍貴無比的資產來看待，而不是機器。

- · 確信每一位成員都願意與他人形成一個團隊。
- · 包容、欣賞、尊重成員的個別差異。
- · 盡量讓夥伴們共同參與，設定共同的目標。
- · 讓夥伴們一起參與討論重大問題的解決辦法。
- · 在公平的基礎上分派任務，分配報酬。
- · 有賞、有功勞大家共享，懲罰、責難一人獨當。

4.培養部屬的團隊意識

企業內的員工，猶如團隊內的一個成員，每個成員都是團隊的必要的一份子，二者缺一不可：

五個組成的籃球隊，與四個人組成的籃球隊比賽，得分的差距不是五比四，而是五比零；一個幾千人的裝配工廠，只要其中一組人出差錯沒裝輪子，其產品就無法出廠——誰也不會購買沒有輪子的汽車。

在登山過程中，登山隊員之間以繩索相連，一旦其中一個人失足，其他運動員必須全力相救，否則整個隊都無法繼續前進，而當所有人的努力都無濟於事的時候，此時只有割斷繩索，讓那個隊員墜於深谷，才能保住全隊人的性命，而此時自行割斷繩索的往往就是那名失足的隊員，他知道團隊已經盡力做，而仍不能救活時，必須自行切斷繩子，才不會連累團隊。

　　現代企業中，由於分工的不同往往形成許多的小團體，它們的出現使各種管理工作變得更有趣，更有創造性，員工們在參與管理的願望切實被滿足後，爆發出了強大的工作熱情和幹勁，個人業績也有了很大提高，整個企業在各個小團體的集體參與下，變得井然有序，形成了繁榮於內，昌盛於外的好局面。

　　但在實際生活中，許多團隊名存實亡，原因就在於隊員們缺少團隊精神。像所提到的登山故事中，那名敢於割斷繩索的隊員，他所具備的團隊精神，決不是一朝一夕就能養成的，這需要一個長期而潛移默化的過程。

　　⑴作為主管，當你評功論過的時候，要把團隊的表現而不是個人的表現放在第一位。電影中常看到這樣的鏡頭：一列特訓隊員中只有兩名隊員犯了錯誤，但領導者往往要命令全體隊員一同受罰、起初，其他隊員會怨恨那些犯錯的隊員，但日子久了，他們就逐漸明白所有人都是榮辱與共的，所以他們就會主動幫助那些常犯錯的隊員，一同進步，進行團隊管理就是這個道理。

　　⑵善於讓團隊來糾正個人的工作不足。一般情況下，你會認為這樣做是你這主管份內的事，但這更應該是整個團隊份內的事。而且，高效的團體在糾正、提高成員的工作表現方面的能力要比大多數主管都強得多。當然這樣做開始會很困難，但當員工們適應了之後，你會發現，他們更願意讓同一個辦公室裏的人談論他的缺點。

　　⑶絕對不要獎勵無益於團體發展的個人表現—— 儘管有時候他的成績也很出色，但真正出色的成績，應該是那些可以幫助團隊實現整體目標的努力，否則你會把好不容易建立起來的團隊觀念抹殺得蕩然無存。

　　身為主管，是團隊的領導，有義務幫助每一名員工樹立團隊意識，這不但有益於你這個主管的工作，而且為你以後「更上一層樓」——

領導更為複雜的組織提供寶貴經驗。

5.部門主管要激勵團隊

「一鼓作氣，再而衰，三而竭」，早在春秋戰國時代，古人就已經對士氣有了如此精深的認識。

士氣是一個很難定義的概念，有如肉眼看不到的一種物質，你也許能感覺到它的存在，或是被它深深地激蕩過，但它仍舊只是一種莫名的狀態下只可意會、不可言傳的事物。

美國的麥克阿瑟將軍說過：「出色的軍隊中應該都有一種『節奏』，一種整體感，一種本能的、內在的精神力量。」也許，他所說的正是這種捉摸不定的士氣。

瞭解了士氣，你才能弄明白在不同人、不同組織之間有著怎樣的天壤之別，生機盎然與暮氣沈沈之間的區別。

團隊的士氣是團隊成員在集體協作的過程中產生的一種美好的精神，或是一種共同的心理基礎，不論是在職業賽中的球隊，還是在殺場的戰士，無論是提供便利服務的快餐店，還是在追求卓越的企業組織，這種美好的精神情感都激勵著團隊中的每一個人贏得佳績。士氣的形成，既需要團隊成員在長期合作中產生的默契，也需要你為他們策略性的鼓動、加油。

主管首先要設法令團隊有一體感，其次是設法去鼓舞、激勵團隊的表現。

整體感是最能產生士氣的了，如果你的部屬服裝，像麥當勞快餐店一樣著裝鮮　整齊，外載一頂小紅帽，那看上去就有一種整齊劃一、步調一致的感覺。

每個團隊的實際情況與性質大小不同，你可以將團隊的整體感形象化、具體化。如適當地選擇一些胸針、胸花，或設計一些別具特色的徽章。如果是白領工作人員，可以為他們選擇領帶夾等一些裝飾

物,通過這些小玩意兒,團隊成員會在已結成的默契上更增添一份緊密感與團結感。

優質適當快捷的工作節奏,也能使你的團隊產生出積極向上的士氣。節奏如同音符,調節著工作步調的和諧,如果團隊的工作失去了合理的節奏,不久以後,人們就厭煩了自己的工作,不是抱怨工作太多,就是抱怨工作太單調,內部的士氣在經歷幾次折騰後,肯定是會洩掉的。

在重大比賽開始前,球員們都會簇擁在一塊,疊上一只只手,仿佛在進行一次力量與信心的傳遞,將士出徵之際,痛飲壯行酒,然後摔碗在地,這種手與手的交會、碗碎後脆響都會在一瞬間使人的精神為之一振。

團隊有了績效,主管要及時的激勵。一個銷售團隊的主管在辦公室裏準備大鑼,部屬當天取得訂單後,返回辦公室可在大鑼上擊鑼,而其它員工聽到聲音後,則全體報以熱烈的掌聲。

你的團隊當然不可能像他們一樣作一番轟轟烈烈的「熱身」,但幾句簡單的口號,一個象徵成功的「V」形手勢,同樣也可以讓每個人精神上興奮起來,士氣高漲地進行工作。

6.部門主管的團隊領導

如何打造一隻有激情與活力的團隊,主管必須重視下列幾個方面:

(1)提高部門主管的領導藝術

部門主管個人的力量是渺小的,關鍵靠團隊的廣大員工。主管的根本職責就是要用其精湛的領導藝術為大家創造一個良好的工作環境,讓團隊中每一成員的才智和幹勁加以發揮,團隊才會成為一隻有激情與活力的團隊。

⑵為團隊制定共同的奮鬥目標

企業目標是企業形成團隊精神的核心動力，是點燃團隊激情，使團隊源源不斷煥發活力的火種。

部門目標是企業目標的系統之一，因此，部門主管要為本部門設立明確的目標，團隊才會有工作的動力。透過實現團隊目標，而激發團隊的激情活力。

⑶為團隊成員創造良好的環境

為了給予員工一個能夠發揮潛能的環境，必須改善員工身邊的工作環境、學習環境、成長環境，並讓員工主動參與到企業中去，與企業融為一體的感覺。

工作環境的塑造，可以在工作過程中營造出讓員工間彼此尊重、融洽的氣氛，並讓員工在彼此的溝通和交流中建立起相互的信任，讓員工彼此知道對方的長處和短處，在實際工作中有那些方面能夠互補，同時在工作環境中要不斷地將企業所追求的和對員工的看法深入到員工的腦海中去。

主管要建立授權，給員工成長和改變環境能力的機會，讓員工都可以擁有自己的夢想，這個夢想和企業是融為一體的。

⑷給予員工關心與愛護

生活、工作節奏日益加快，壓力與日俱增，而彼此的溝通卻逐漸減少，這時，員工就特別需要主管的關愛。這種關愛會激發出員工的工作熱誠，企業更像是一個熱熱鬧鬧的大家庭。在如此的環境下工作，會讓員工將情緒調整到最佳狀態，使潛能充分發揮出來。

作為主管請不要吝嗇你的讚美。讚美，它有一種不可思議的力量，往往比金錢更能激發潛能，凝聚人心，扮演著極其重要的角色。

在團隊中，當主管搖旗吶喊時，員工會被這種認可和讚賞所感動，自然而然地產生積極進取的精神，從而將自己的聰明才智充分發

揮出來，為企業做出貢獻。

⑸誠邀有工作熱情的人加入

要選擇對工作項目有熱情的人加入團隊，並且要使所有人在企業初創就要有每天長時間工作的準備。

任何人才，不管他（她）的專業水準多麼高，如果對事業缺乏信心、沒有熱情，將無法適應工作的需求，更談不上在工作中煥發激情與活力了，主管要發揮工作績效，前提是要邀請有工作熱情者加入團隊。

⑹改變團隊員工的態度

員工的態度和團隊的活力，決定著企業的命運。其實，對任何人來說，每天都在做一項重覆的工作，會變得對這份工作十分厭煩。因此，作為團隊的主管，我們要做的第一件事就是，讓員工對他所做的工作充滿熱情，讓他喜歡這份工作，樂於工作，這比任何激勵方式都更為有效。

📢 第二節　主管要培訓部屬

1. 為何要培訓員工

知識經濟初露鋒芒，每一個坐在辦公室裏的管理者都會感到知識更新的速度令你眼花繚亂。實際上，如果你的員工兩年沒有接受任何訓練，那麼他們的知識就已經落伍了。

員工們需要培訓，一方面是因為他們必須學會使用新技術，更新舊技術；另一方面是他們需要接受一些時代的新氣息，新觀念。所以週期性的知識更新不只局限在高科技職業。商業行為在不斷變遷，你

的員工若在故步自封，墨守成規，在現有實踐機會的領域中逐漸失去了原有的工作技能。在新思想潮流、學術潮流和技術潮流面前，他們將變得無所適從。這一切問題的出現都源於你的一念之差——培訓真的有用？別再猶豫了，不然的話，你這個主管也該參加一些管理類的培訓班了！

企業對員工進行培訓，可獲得甚多好處，例如：

· 可提高員工整體素質。

· 可改善工作質量。

· 可降低損耗。

· 可減少事故的發生。

· 可改善管理。

· 可增加獲得較高收入的機會。

· 可增強職業穩定性。

當沒有時間和資金來保證大量員工進入學習班的時候，你可以嘗試一些新方法，使員工獲得信息，如定期的經驗交流會，使員工們互通知識與技術。還可以鼓勵員工們閱讀一些專業期刊或文章，與他人進行交流。或者請一些學成歸國的員工們做講解，給大多數沒有機會去參加培訓的員工補上課。

總之，既然你是一位主管，就請在瞭解工作成績之餘多多關心一下員工們的教育情況。調查顯示許多員工都喜歡熱心教育的上級，所以為什麼不做一些大家都滿意的事情呢？時常檢查一下自己是否做到了以下幾點：

⑴經常與屬下探討問題。無論何人參加研討會回來都應提出問題，彼此切磋琢磨一番。

⑵主管所知傾囊授予大家。

⑶無論專門知識或其他方面知識都應多予研討，增加個人見聞。

⑷將所學用於實際工作中去。

2.培訓的三個問題

主管所規劃的培訓，項目、種類眾多，但不外乎「誰必須接受培訓」、「他們必須培訓什麼」、「培訓那些內容」。

這 3 個問題的答案是建立培訓目標的開發點。說明如下：

(1)誰必須接受培訓

①所有的新員工。

②分配了新職責的員工。

③使用新設備或新系統的員工。

④調換至本部門中的老員工。

⑤生產水準下滑的員工。

(2)他們必須學什麼

在「他們必須學什麼」中，包括的內容根據工作性質的不同而不同。顯然，對部門中的每一個人進行相同的培訓並不恰當，下面是對不同水準的員工進行的有代表性的培訓清單：

①新員工：

· 公司背景，包括誰是誰。

· 公司做什麼。

· 公司的政策與程序。

· 彙報程序。

· 工作的具體說明。

· 期望達到的績效水準。

· 部門程序概述。

· 該工作在部門和公司程序中的「位置」。

· 介紹同事。

②職責變動或部門調換的員工：

· 新工作的具體說明。

· 期望達到的績效水準。

· 新的彙報程序。

· 新工作在公司與部門程序中的「位置」。

③新晉升者：

· 基本的管理技能。

· 激勵技能。

· 領導技能。

· 新工作的具體說明。

· 期望達到的績效水準。

· 期望得到的信息與報告水準。

(3)培訓什麼內容

在規劃培訓員工時，通過培訓你希望得到的「理想產品」是什麼？
例如，培訓一個新進員工，我們會希望他明白下列事項：

· 有關公司的政策與程序，以及公司如何運作的知識。

· 有關公司的產品、公司服務的顧客、公司在行業中的地位等等
知識。

· 具體的工作要求，也就是說，員工要做什麼以及如何來做的具
體細節內容。

· 該工作對公司的運作起什麼作用(這種信息有時被省略，這是
非常令人遺憾的，因為每一個員工都有權知道自己的工作為公
司做出了多大貢獻，它把努力與價值聯繫在一起)。

· 知道及時向監督層和管理層彙報必要的信息。

· 知道公司中誰是誰，不單包括主管和同事，還包括那些掌握大
權的高層管理者們。

3.主管如何做好培訓工作

企業常將培訓工作將交由專業部門(如人力資源部門、培訓部門)去執行，主管身為部門領導人物，仍應對本部門的培訓工作加以關心。

作為一名主管，任務之一是使每一個員工盡可能做出最佳的成績來。利潤的增加有賴於培訓出更好的員工，所以要訂出預算，為培訓提供補助，利用一切機會保證員工經常學到新技能。除了要有良好的個人能力外，還要懂得去如何培訓員工。主管該如何培訓你的員工呢？下面是培訓員工所應具有的基本態度。

(1)做好事前準備

首先應瞭解員工過去所受的訓練，以及有那些工作經驗，還要瞭解他們過去所負的責任，這樣才有助於合理安排他們應該接受什麼樣的培訓，以取得更好的效果。另外，培訓所需的材料、場地、設備、教員等也需在培訓開始前辦妥。

(2)多關心部屬

在培訓之前，應多瞭解員工的實際情況。例如，問問他們上下班搭車方便嗎？有什麼需要幫助的？

(3)讓部屬瞭解培訓的情況

讓部屬接受培訓，主管就應該讓員工自己瞭解有關培訓的情況。例如培訓的具體內容，培訓的時間、地點，培訓的目的，培訓期間的補貼，公司規定的政策及工作程序，以及培訓的作息時間安排等等，這些都是應該儘早告之的。

(4)讓部屬及時反饋培訓的狀況

在部屬整個的培訓過程中，身為主管，應該密切注意他們的培訓進展情況。應讓部屬知道你計劃多久檢查他們一次，要檢查什麼項目？同時，應讓部屬及時反饋他們的培訓狀況，以及多注意培訓期間員工對培訓情況的建議、意見，並及時給予改進。

4.培訓新進員工

主管的一個重要職責是培訓，尤其是培訓你的部屬，特別是當你的部屬最近才加入公司團隊時，主管更要花費心思加以培訓，對你的新員工進行業務上的訓練，使他早日成為你的左膀右臂。

為什麼要訓練？你一定會回答：「因為他現在還不能令我滿意。」這個答案只答對了一半，另一半的答案應該是：「因為他還不確信自己是否滿意」，新員工有時候比你還要急於投入工作，目的是向你展示自己的水準，但他們又常常不自信，生怕自己不能令大家滿意。所以你心裏必須清楚這些訓練工作的意義：①讓新員工們達到你認為合適的水準。②讓新員工們清楚自己已經達到了這種水準。

一天清晨，你把忐忑不安的新員工叫到辦公室，布置他的第一個工作：「小靜，這幾天你和大家相處得還不錯，想必你們已經很熟了吧！今天開始你就要正式工作了。來，你看一下，過幾天我們要和某某公司有些往來，你去找一下他們公司的資料。不懂的去問問其他人，工作很簡單，三天後把材料交給我。」

幾天後，當你看著小靜交上來的雜亂無章的材料時，不禁有幾分惱火。不過你是一位寬容的主管，並沒有把火氣發洩出來。「啊，還不錯吧！相信你下次會更好。」就這樣你把緊張的部屬送出了門。

也許你會認為小靜的失誤在於她的水準有限，但實際上你也忽視了一些很重要的問題。

⑴明確的工作目的—— 材料的具體用途，可以給他明確的工作方向，這是你應該作的。

⑵具體的工作方法—— 別忘了他是一位新手，並且和許多人一樣認為頻繁的詢問會招致別人的反感，那麼作為主管是否應該親自或委托一名更有耐心的員工來詳細地向他解釋清楚呢？

⑶合適的工作評價——「還行」,「可以吧」這樣的中性詞有時也很傷人,最好的方法是清楚的告訴員工他們的優劣得失,並適時的說一些鼓勵的話表示理解。

在具體指導過程中,以下幾種方法可以有效的保證新員工掌握了你的要求:

・ 講述→覆述→試做。

・ 示範→一起做→試做。

・ 示範→討論→試做。

5.培訓部屬的過程演練

培訓過程可分為四個階段來進行,這個過程稱之為「教導四階段」。四階段的教導訓練是一種安全、科學、條理分明、值得信賴的訓練方法。

教育訓練的四個階段:

第一階段　策劃和準備

・ 使精神放鬆

・ 敍述進行何種操作

・ 確認瞭解程度

・ 使部屬有學會的願望

・ 使之處於正確的位置

第二階段　說明操作

・ 把主要的步驟說給部屬聽

・ 做給部屬看,寫給部屬讀

・ 強調要點

・ 不超過理解能力強加

第三階段　讓部屬做做看

・ 讓部屬做,糾正錯誤

· 一邊讓部屬做，一邊進行操作說明

· 再一次讓部屬做，並使之說出要點

· 在知道部屬明白以前，要確認部屬是否明白

第四階段 觀察培訓效果

· 使部屬參與工作

· 決定不懂時請教的人

· 經常調查

· 勸部屬提出疑問

· 逐漸減少指導

· 部屬沒掌握是自己沒有教好。

6.主管要找出員工的培訓項目

部門主管的天生職責之一，是要培訓部屬。

培訓是主管一個成功的關鍵，訓練有素的員工隊伍運轉靈活，日復一日的出色工作使主管的聲譽極高。這一方程式很明顯，你是否希望自己運轉良好的部門成為高效率的楷模？快建立培訓方案，對部門中的每一個人如何從事自己的工作進行指導。

表 4-2-1 檔案管理員的培訓項目

工 作 說 明	培 訓 需 要
文件歸檔	熟悉歸檔系統
文件檢索	熟悉文件歸檔方式
	文件索引位置
對文件進行縮微拍攝	縮微拍攝設備的操作
對文件進行複印與傳真	複印機與傳真機的操作
起草日常工作記錄	熟悉工作日志的記錄程序

表 4-2-2　培訓目標工作單

姓　　名		單　　位	
工作職責			
培訓需要			

　　培訓是為了使員工對公司有所瞭解，並對他們的工作職責進行指導。而主管的工作則是把這一非常概括的目標轉換成具體的培訓方案。

　　假設一名新員工剛剛進入公司，主管根據具體情況開發出了一系列培訓清單，此人為「檔案管理員」，負責各種檔案的歸檔、查詢等管理工作。主管先列出「工作說明」項目，再針對此「工作說明」而列出「培訓需要」。

7.在職培訓

　　許多公司的培訓，只是針對所招幕來新進員工的培訓，至於已在職的員工，則缺乏一套培訓計劃，只是臨時性、短暫性的培訓而已。

　　與其他培訓一樣，在職培訓如果有一個總體規劃，培訓效果最好，總體規劃開始於對工作崗位的週密思考。為員工設計在職培訓時，要問一問下面這些具體問題：

　　⑴在這一崗位上工作的人到底要執行那些工作職責？

　　⑵工作怎樣實施？按部就班的順序來說明工作流程。在此過程中，你可能會認識到需要如何改進工作。

　　⑶完成這項工作需要什麼樣的技能？

　　⑷完成這項工作需要什麼樣的信息？

　　⑸誰最適合向新員工提供這些必要的信息（這個人常常並非該工

作的當在任者)？

　　⑹培訓需要多長時間？

　　⑺為了更易於人們的接受，培訓是否需要劃分為幾個部份？

表 4-2-3　在職培訓工作單

在職培訓	
受訓人	
培訓人	
職　稱	
職　責	
工作流程步驟	
1.	
2.	
3.	
安排培訓的課程/時間	
1.	
2.	

8.不要干擾正常推動業務

　　因培訓而將所有成員集中培訓，此期間的所有銷售業務、生產工作……等均全部停擺，在某程度而言，成本是相當高的，此點常令主管感到頭痛。

　　除非有必要，培訓必須事先恰當安排，以不干擾或打斷工作流程為原則。例如，把培訓安排在工作高峰階段，無疑是個不良的決策。如果部門的生產未能達到標準，高級管理層不會同情這樣的藉口：「我所有的優秀員工都在培訓課堂上」。提出這種藉口的主管常常會被高級管理層認為缺乏組織能力。

表 4-2-4　培訓日程工作單

工作高峰階段(任何培訓不應安排在這段時間裏)

自 ＿＿＿＿＿＿＿ 至 ＿＿＿＿＿＿＿　　自 ＿＿＿＿＿＿＿ 至 ＿＿＿＿＿＿＿

員工	需要的培訓	可以安排的培訓日期	工作可由誰來做

　　使用上面的工作單，有助於主管選擇最佳時間進行培訓。可以保證同一時間裏不會有太多的人接受培訓，同時還能保證在任何培訓階段中，後補人選可以完成工作任務。

9.對績效不佳的員工，再度實施在職培訓

　　傳統的培訓方式，是針對新進員工的訓練，然而對於在職員工的培訓，常是企業較忽視而脆弱的一環，尤其是當「在職員工素質低落、績效降低」時，企業常顯得煩躁、束手無策。

　　碰到部門績效低落時，是實施在職培訓的好機會，對在職員工進行再培訓常常是個很棘手的問題。即使對於再培訓很有必要的建議，也常常傷害他們的自尊。一個現實因素，當績效水準下滑時，再培訓常常是一個更好的解決辦法。

　　出現下列現象，表示需要對在職員工進行再培訓：

· 當員工的生產量逐漸下降。

· 當員工開始反覆出現簡單的錯誤。

· 當員工反覆詢問他們應該很熟悉的事情。

· 當員工厭惡或不願意進行很簡單的決策。

· 當員工對任何做錯的事情尋找藉口。

· 當員工的缺勤率顯著上升。

主管如何能在不傷害他們脆弱自我的情況下，對這些「跟隨多年的老將」進行再培訓：

⑴以公開的行政管理為開始。強調在你的部門中培訓是一個永無止境的過程，沒有一個人是「接受過徹底培訓的」。

⑵課堂培訓對於老員工來說是最簡單的輔助辦法。如果課程是定期安排的，則老員工就不會因為被抽出來進行培訓而覺得受到侮辱。

⑶另一種不會傷害自尊的辦法是，引導老員工推行新設備或新系統。當推行新東西時，即使經驗再豐富的員工也會認識到培訓的需要。

⑷如果主管比較有策略的話，則對老員工的工作質量進行坦率的討論，也是有作用的。

⑸還有一種更隱蔽的做法，即請老員工來幫助培訓新員工。當然這種培訓要在主管的監督下進行，以確保新員工得到了恰當的指導。在開發與實施一個良好培訓方案的過程中，老員工不得不回顧那些基本的技能，從而使他成為一個有效的員工。他是培訓的受惠者，甚至比新員工獲益更大。

當需要對一個績效不佳的老員工進行再培訓時，最好的做法是重新回到基準點。

10.為何培訓部屬

主管是通過部屬完成任務的，他要對部門的績效負責。為保證員工有工作的熱情，保證員工能正確理解上級指令，掌握相關的知識和必要的技能，從而保證企業或部門目標的實現，主管必須對部屬進行培育與教導，這也是主管最重要的職責之一。

11.培育與教導部屬的工作指導

工作指導法目的是指導部屬，使其能夠按作業標準完成工作，以確保工作的質量。

(1)工作指導前的準備工作

在進行具體的工作指導前，主管必須先做好準備工作，否則難以收到預期的效果。

①制定訓練計劃(時間表)

部屬的訓練要按照事先制訂的計劃進行，否則容易發生問題。製作訓練預定表，主要目的是：掌握自己的工作現狀，明確地知道急需要訓練的事項，制定訓練計劃。如：誰來訓練？訓練誰？何時進行訓練？何時完成？訓練什麼內容？等等。

②將工作予以分解

通過工作分解，主管在進行指導之前，可以在腦子裏充分整理要教導的內容。

整理工作有助於進行指導，在訓練預定表中明確必須教導訓練的作業，並將工作分解為幾個步驟。

進行工作分解，有下列的優點：

· 可以按最佳的順序，易懂的方式，無遺漏地對必要事項加以說明；

· 不浪費時間；

· 可以自信地進行說明；

· 能夠著重強調重要的地方；

· 部屬能夠確認真正記住與否；

· 可以反省現在的工作方法，並加以改善。

工作分解以一次完成教導的量為基准。教導的量要限制在對方一次能學習理解的適當範圍以內，或以主管能支配的時間為限等等。如：打電話的工作分解表。

表 4-2-5　打電話的工作分解表

主要步驟	要　點
1. 確認對方	電話號碼、姓名
2. 拿起聽筒	用左手，記事紙放在右手邊
3. 按鍵撥號	準確、連續
4. 說出公司的名稱	
5. 敍述通話內容	確認對方是否聽清，發音清楚，靈活運用 5W1H
6. 放回聽筒	告別之後隔 3 秒

③準備需要的東西

教導前必須準備好所有必要的物品。按照工作分解中要求的零件及材料進行準備，注意要準備正規的設備及工具，充足的材料及消耗品，以免在教導過程中出現缺乏物品的現象。

④整理工作場所

如果主管在教導時做不正確的示範，部屬就有可能養成不良習慣，因此主管應對部屬提供正確的示範。

在教導之前，應當對工作場所加以充分的整理，做正確的示範。主管以身作則，會給部屬帶來很大影響，這些對於操作安全，提高質量，維持紀律等是極其重要的。

⑵工作教導四步法

做好教導前的準備工作之後，接下來是按照工作教導的四階段來指導部屬。這種教導方法既簡單又有效，能使部屬迅速學會正確、安全、認真地做好工作。

第一步：學習準備

為順利地開展工作，準備十分重要，事情的成敗，有一半以上受準備情況的影響。在教導過程中，主角是部屬，所以首先要使他們做

好學習的準備。

使部屬放鬆。如果過度緊張的話，就很難把全部精力投入學習。向上級、主管學習東西時，容易緊張，有必要使他們恢復到平常的狀態。

· 說明進行何種工作。

· 確認部屬瞭解該項工作。

· 使部屬有一個掌握工作方法的意願。

· 使部屬進入正確的位置。

第二步：傳授工作

因為部屬沒有足夠的能力正確地進行工作，所以要加以指導，指導者首先說明要教的工作。將主要的步驟逐個講給他聽，寫給他看，做給他看；強調要點；清楚地、完整地、耐心地指導。

不要超過部屬的理解能力。如果超出部屬的接受能力，部屬會產生自卑，對主管產生反感，變得自暴自棄或產生厭煩的情緒。

第三步：讓部屬試做

許多工作，只用腦子記憶，或所謂理解了，是無法進行的。在很多時候，知道是一回事，能夠做又是一回事，說明完工作後應該讓部屬去做，去試，去體會。

讓他試做。首先讓部屬做，有錯誤的話，應採取措施儘早糾正，不要使部屬養成壞習慣。

讓部屬一邊做，一邊說出主要步驟。因為工作的順序是用動作加語言表現出來的，所以只要掌握了動作的話，就容易說明順序。通過讓部屬講順序使之再次確認並牢牢地記住。

再讓部屬做一遍，同時說出要點。讓部屬在體會的同時，說出要點，並確實在頭腦中進行整理及記憶。

直到確實瞭解為止。在主管明白部屬弄懂以前要進行確認，確認

在第二階段所教的工作、主要的步驟要點，要點的原因是否被部屬正確掌握。

第四步：檢驗成效

盡量放手讓部屬自己做，並讓專人在必要時協助他，幫他解決問題。

①讓他開始工作。

②指定協助他的人。事先向部屬說明，如果有不懂時，可以隨時提出來，部屬就不會存在「向誰問好呢」的疑問，可以正確地、很好地找到協助他的人。

③常常檢查。往往剛接觸工作時，容易發生一時忘記，誤解、動作失誤等，所以必須認真看操作方法後再做，在養成壞習慣之前進行修正。部屬在還沒習慣的時候，對過來檢查的主管反而含有一種感謝的心理。

④鼓勵提問。部屬對主管客氣或不想讓別人知道自己的記憶力不好，一旦有了這種心情，就很難提出疑問。所以，主管要創造出一個容易提問的氣氛，使提問容易進行。

⑤逐漸減少指導。隨著時間的推移，部屬逐漸熟練，指導也應該逐漸地減少。否則，沒什麼要教導的，只會浪費時間，也會使部屬產生反感及不被信任感。

如果依照上述四個步驟進行教導，部屬一定學會工作。主管應牢記「部屬沒有學會，是因為主管沒有教好」。

12.測試你是否有培養部屬的意識

很多中層都缺乏培養部屬的意識，這例如何培養部屬的問題更突出。作為一名中層管理者你是否也是如此，請結合實情況對自己是否具有培養部屬的意識進行自我審查。見表 4-2-6。

表 4-2-6　是否具有培養部屬意識測試

關鍵問題	答案
1. 你是否認為工作太忙，無法離開工作崗位，是件很光榮的事情，這樣能讓自己的能力受到肯定，無人可以頂替	□是　□否
2. 你是否認為只有主管現身於工作現場，工作才可以順利進行，主管沒有在生產現場，員工就會不知所措、毫無方向感	□是　□否
3. 你是否認為沒有時間培訓部屬	□是　□否
4. 你是否認為培養部屬會提高他們的工作能力，同時會威脅到自身的地位	□是　□否
5. 你是否認為如果不事必躬親，任何工作都不可能順利進行	□是　□否
6. 你是否認為部屬如果代理你的職權，他會受到其他部屬的嫉妒，甚至會使其他部屬對管理者產生反感，認為主管偏心	□是　□否
7. 你是否認為如果對某個部屬授權，會造成其他部屬職權的縮減，甚至會造成對其他部屬權利的侵犯，或者局面會失控	□是　□否
8. 你是否認為不需培養部屬，如果需要某方面的人才，可以隨時進行招聘	□是　□否

　　上述情形如果選擇「是」，說明你在這方面存在問題，需要克服這些問題，為培養你的部屬做出努力。

◀))) 第三節　主管如何領導你的團隊

1. 獲得本部門員工的支持

無論你是那一個部門的主管，無論部門的規模大小如何，你都需要管理各種各樣不同個性特點的員工，他們中有的人愛提反對意見，有的人愛發牢騷，有的人野心勃勃，有的人想在退休前安穩地工作幾年，還有的人則在算計著如何才能從公司得到更多的好處，而你的任務就是組織這樣一些人在一起工作，並保證產生理想的效果。員工們都希望你能夠成為一個領袖。以下這些就是使你成為領袖的最佳方式：

⑴同員工們進行接觸。讓他們知道你需要從他們那裏得到些什麼，以及他們能從你那兒得到些什麼。

⑵不要為謀取個人的利益而行使職權。當你發佈一個指示時，要考慮其是否有利於公司的利益。

⑶把員工放到他們喜歡並能幹得最好的工作崗位上去。這將會創造一個更富有生產率、更愉快的工作環境。

⑷要對員工所從事的工作給予充分的信任，向他們表示出你對他們的欣賞。把你的員工所完成的出色工作報告給高層管理者。

⑸全面而系統地掌握自己的工作。沒有什麼比向一個工作能力很強的人報告工作更能讓員工們感到舒服了。

⑹仔細傾聽員工告訴你什麼。他們的意見是十分重要的。

⑺在高層管理者面前保護本部門的員工。你有責任這樣做。

⑻在壓力下保持冷靜。情緒激動從來都不可能對工作的完成有所

幫助。

2.首先要瞭解部屬

主管是部門的統帥，身為主管，你對自己的部屬瞭解有多少呢？

即使是在同一工作單位相處五六年之久，有時也會突然發現竟然不知道對方的真面目；尤其是自己的部屬對工作有怎樣的想法，或者他究竟想做什麼，這些恐怕你都不甚清楚吧！

作為一名主管，尤其是新主管，應時時刻刻不忘提醒自己對部屬實際是「毫無所知」，懷有這種謙虛的態度，才能不忘處處觀察自己部屬的言行舉止，這才是瞭解部屬的最佳捷徑。

一個主管，常為了不能知悉部屬而傷透腦筋，有句話說：「士為知己者死」，不過要做到這種「知」的程度，可不是那麼容易的。如果你能夠做到這一點，那麼，無論是在工作或人際關係上，都可以列入第一流的主管。

瞭解部屬，有從初級到高級階段的層次劃分，說明如下：

⑴假如你自認已經瞭解部屬一切的話　，那你只是在初步階段而已。

部屬的出身、學歷、經驗、家庭環境和背景、興趣、專長等，對你而言是相當重要的。如果你連這些最起碼的都不知道，那根本就不夠資格當主管。

不過，瞭解部屬的真正意義並不在此，而是在於曉得部屬內心所想的，以及其幹勁、熱誠、誠意、正義感等。主管若能在這些方面與部屬產生共鳴，部屬就會感覺到：「他對我真夠瞭解」，到這種地步，才能算是瞭解部屬。

⑵即使你已經到達第一階段，充其量也只能說是瞭解部屬之一面而已。當部屬遭遇困難時，如果你能事先預測他的行動，而給予適時支援的話，這就是更進一層的瞭解部屬。

⑶第三階段就是要知人善任，使部屬能在工作上發揮最大的潛力。

如何對部屬進行管理，這裏有一個因人而異、量才而用的問題。首先就是要去瞭解他們，十個部屬十個樣。有的工作起來俐落迅速；有的則非常謹慎小心；有的擅長處理人際關係；有的人卻喜歡獨自埋頭在研究發展而默默工作。

對於只求速度、做事馬虎的部屬，做主管的若要求他事事精確，毫無差錯，幾乎是不可能的。對於有此種態度的部屬，你能要求他既迅速又正確嗎？可是，許多主管明知這個事實，卻仍性情急躁地要求部屬達到不可能有的工作效率，這一點是十分失敗的。

⑷你對部屬有了明確的認識之後，才能妥善地分配工作使部屬在某一方面，極大的發揮潛在的能力，既提高部屬的自信心，又發展了事業。例如，一件需要迅速處理的工作，可以交給反應敏捷、動作快速的部屬，然後再由那些做事謹慎的部屬加以審核；相反，若有充裕的工作時間就可以給謹慎型的部屬，以求盡善盡美。萬一你的部屬都屬於快速型的，那麼盡其可能選出辦事較謹慎的，將他們訓練成謹慎型的部屬。只要肯花時間，你一定能做得到。

3.領導的定義

要想管理好自己的員工，就必須熟悉管理的基本原理，而其中的首要一點就是要明確領導的定義：

⑴領導是為達成目標而指導他人行動、影響他人行為的創造力。它與計劃、組織、統籌等並列成為管理的一項機能與過程。它是以民主性和合理性為基礎的現代產物。

⑵所謂領導，就是驅使其他人的行動，它是讓其他人朝著共同的目標各自前進的一種動力。

軍事條令中對領導有如下的闡釋：

①戰爭的勝負，決定於指揮員與部下團結力量的大小。

②使部下產生尊敬、信賴、服從的信念，即為領導為基礎。

③領導的能力，並非與生俱來，它的獲取有賴於後天的訓練。

④領導的目的，在於確立某一組織，進而加以維持。通過這樣一個組織，部下樂意並忠實地執行自己的任務，即便在沒有命令下達時，他們也可以採取適當的行動。

⑤領導有威迫的方式與誠服的方式，但是能將人類有形的能力，乃至潛在的無形的力量，發揮到極致的，還是誠服的方式。

⑥指揮官要充分關心部下的精神狀態，特別是其欲求。

⑦大部隊的指揮官，實際能接近的僅限於身邊的少數 人。因此領導就必須透過身邊的人來進行。

⑧領導能力的優劣，會表現在軍紀、士氣、團隊精神、效率上。

⑨領導與心理學有關。鑽研人類對某種一定的刺激所產生的所有反應，誘發出好的反應，避免惡劣的反應，這一方式極為重要。

⑩領導與倫理學有關。指揮官如果不採取合乎道德的行為，就無法發揮領導的效能，無法調動部下。

結合以上各點，就可以得出一個關於領導的貼切定義：領導，就是使集團內的個人發揮所有的能力，朝著集團目標而努力的誘發功能。它有 3 項要素：

．自發地發揮個人的能力。

．有著共同的奮鬥目標。

．能夠影響他人的行為。

每個主管都要細心地體會領導定義的真諦，使自己具有超凡的領導能力！

4.領導部屬要掌握人性

主管領導本部門，統率部屬要用心，要掌握部屬人性，深諳用人

藝術,才能創造團隊績效。

上下關係非常微妙,主管如果老是高高在上,與部屬保持相當的距離,或許可保持其不易親近的威嚴,但久而久之,自然會造成不可彌補的隔閡。因此,如何塑造上下一體、合作無間的「交融」和洽,更是主管重要的課題。

吳起是戰國時魏國名將,年輕時會有「不為卿相,不回老家」的誓言。他在收攬民心方面,更是痛下功夫,因此博得部屬熱烈的愛戴。

吳起善用兵,衣食起居完全與部屬同甘共苦,臥不設席,行不乘騎,外出時親自攜帶糧食,絕不增加部屬負擔,舉動已是破天荒,但《史記》上還有更感人的記載。

有一次,有士兵皮膚腫爛而痛苦不堪,吳起不避權勢威嚴,親自用嘴將病膿吸出。後來,士兵的母親知道了,卻放聲大哭,有人問說:你兒子只不過是一介小兵,今將軍卻親自為他吸膿,你有什麼好哭的呢?

那知士兵的母親卻回答說:去年吳將軍曾為其父吸膿,為感恩圖報,其父壯烈成仁於戰場,吳公現今又為我兒吸膿,眼看著這孩子命運又將難保,因此我才傷心落淚。

吳起確實能掌握人性,但他這種作為又有多少人能做到呢?

5.主管的用人不疑

主管的領導技巧、具有相當地藝術,其中有「識才」,「待人以誠」,「用人不疑」等,其中最能掌握其中奧妙的,莫過於中國歷史上的劉備。

禮賢下士、以誠待人,是劉備用人的無上準則,說到運用得宜,最能掌握其中奧妙的,莫過於劉備。他「三顧茅廬」的美談,幾乎是普天之下所有賢才所最衷心企望的。劉備以一家道中衰的皇族青裔,

秉持理想終生以匡複漢室為己任，幾經顛沛流離，而竟能愈挫愈勇愈勇，以再接再厲的決心，終而留下一世英名。

劉備一生功業的轉折點，即在獲得諸葛孔明的協助，他能「識才」，但這一番誠懇敦聘，卻波折再三：初次拜訪，湊巧孔明外出，劉備惆悵不已。過幾天，聽說孔明已回，遂再計劃前往，張飛即進言說：「派人召之即可。」劉備立予指責：「孟子曰：『欲見賢才而不以其道，猶欲其入室而閉之門也。』孔明乃當世大賢，豈可隨意徵召。」於是再度前往南陽禮聘。時值隆冬，張飛又再嘮叨說：「天寒地凍，不宜用兵，豈可遠見無益之人呢？」劉備遂表明心跡說：「正因此讓孔明知曉我的殷勤盛意，豈能畏懼寒凍而不前往？」但，儘管劉備熱情感人，依然是乘興而去，敗興而返。

未幾，三度前往臥龍崗，關羽、張飛再次勸諫說：你禮數已太過週到，孔明恐怕徒有虛名而無實學，因此才避而不敢相見。劉備回答說：以前齊桓公欲拜見東郭野人，五次往返方得相見，你們沒聽說週文王拜謁薑子牙之事？文王尚且如此敬賢，何況我呢？乃毅然堅持前往。

三次親往禮聘，孔明感其誠意，為報知遇之恩，於是慨然允諾，願意為之效勞。自後，劉備待之如師，孔明亦一心效命。甚至在劉備死後，亦捨命輔弼幼主劉禪，六出祁山，可謂鞠躬盡瘁，死而無悔，這都是回報劉備當年的知遇之恩。

既得賢相孔明，劉備一生功業已奠定泰半。劉備不但知人善任，且深信部屬不疑，這種胸襟最能掌握部屬的效忠，尤其是他對趙雲的信任做法，最能激勵部屬矢志追隨，甚至肝腦塗地，亦不覺遺憾。

有一次，曹操追迫劉備至當陽長阪，劉備携帶百姓渡江，老弱婦孺流離失所，忙亂之間，有人上報說：趙雲已投靠曹操了。劉備說：趙雲乃忠義之士，怎會輕易背叛？左右皆說：也許他眼

見我方勢窮力竭，為貪圖富貴，遂賣主求榮。

劉劉備回答：趙雲乃我知交故友，且在患難之際相追隨，其心忠貞不二，絕非富貴所能淫惑，他必然有其他事故，我相信他不會背棄我。果然不久，趙雲身抱後主劉禪突破重圍，單騎歸來，立刻求見，力陳未能安全保護甘夫人脫險，幸賴主公鴻福，得以保護公子無恙歸來，並將劉禪交給劉備謝罪。

劉備見狀，不但毫無指責趙雲之意，且將愛子劉禪擲之於地，說：為汝小子，幾乎損失我一員大將。

劉備這等做法，那個人能不感動？又有誰能抗拒他的知遇之恩與信任之忱。世人最能團結部屬之心的莫過於此，這是一個極佳例子。

其實，人們為何願意追隨這些領袖人物，無他，因為他衷心欣賞你的才華，肯定你的努力奉獻，尊崇你為師為友，不以走狗家奴相使喚，不誣衊你的人格修養，他不亂用心機、耍弄權勢，反而拓展胸襟，誠心接納部屬的「忠貞」諍言；碰到這種主管部屬怎不一心效力呢？

6.主管要以身作則

身為主管，要明白「部屬都在觀察你的一舉一動」，所以最好的領導就是「以身作則」。

許多員工眼中的主管，都具有某種他人所沒有的特質，若你不具備某種獨特的風格，就很難獲得部屬的尊敬。在此特質中，最重要的即在於主管的「自我要求」。你是對自己的要求遠甚於對部屬的要求嗎？偶爾，你會站在客觀的立場，為對方設身處地地想想嗎？這種態度與涵養是身為主管所必備的。一天到晚光為自己打算的人，絕非優秀的主管。

部屬服從主管的指導，其理由是下列兩點：

一是因主管地位既高，權力又大，不服從會遭受制裁。

二是因主管對事情的想法、看法、知識、經驗較自己更勝一籌。

這兩個條件任缺一項，員工都將叛你而去，因此，作為一個主管應當時時不忘如此地反省自己：

「我應當怎樣做才能更出色？」

「身為主管，我要如何禮賢下士，以誠待人，吸納更多人才替我工作呢？」

「在要求部屬做一些事情之前，我是否應先負起責任，做好領導工作呢？」

「我是否太放縱自己了？要求別人做到的，我自己有沒有做到？」

只有不斷地反省自己，高標準地要求自己，才能樹立被別人尊重的自我形象，其徵服手下所有的員工，使他們產生尊敬、信賴、服從的信念，從而推動工作的發展。

在管理活動中，管理者必須以身作則。凡是自己做不到的事情，不能強求部屬去做。管理者只有以身作則，處處做出表率，才有資格去要求員工，才能對員工形成激勵。

前日本經聯會會長土光敏夫，現已年近 90，他是一位得高望重、受人尊敬的企業家。

土光敏夫在 1965 年曾出任東芝電器的社長。當時的東芝人才濟濟，但由於組織太龐大、層次過多、管理不善、員工鬆散，公司效益日益低落。

土光上任之後，立刻提出了「一般員工要比以前多用 3 倍的腦，董事則要 10 倍，我本人則有過之而無不及」的口號來重振東芝。

他的口頭禪是「以身作則最具說服力」。他每天提早半小時上班，並空出上午 7：30 至 8：30 的一小時，歡迎員工與他一起動腦，共同討論公司的問題。

土光為了杜絕浪費，還借著一次參觀的機會，給東芝的董事上了一課。

有一天，東芝的一位董事想參觀一艘名為「出光丸」的巨型油輪。由於土光已去看過 9 次，所以事先說好由他帶路。

那一天是假日，他們約好在「櫻木町」車站的門口會合。土光準時到達，董事乘公司的車隨後趕到。

董事說：「社長先生，抱歉讓您久等了。我看我們就搭您的車前往參觀吧！」董事以為土光也是乘公司的專車來的。

土光面無表情地說：「我並沒乘公司的轎車，我們去搭電車吧！」董事當場愣住了，羞愧得無地自容。

原來土光為了杜絕浪費，以身示範搭電車，給那位董事上了一課。這件事立刻傳遍整個公司，上上下下立刻心生警惕，不敢再隨意浪費公司的物品。由於土光敏夫以身作則，公司上下經過點點滴滴的努力，東芝的經營狀況也開始逐漸好轉起來。

身教勝於言傳，榜樣的力量是無窮的。土光敏夫通過以身作則，為員工樹立了楷模和表率，員工也在他的行為的鼓勵下，朝著正確的方向前進。這就是行為激勵的力量。

管理者的行為無時無刻不在潛移默化地影響著部屬，如果管理者在管理部屬時不能自律，卻要求部屬去做自己都做不到的事，那麼自然就無法取得部屬的信賴和認可，失敗也就不可避免。因此，對管理者而言，與其說給部屬聽，不如做給部屬看，以行為服人，以品德禦人，才能對部屬進行有效激勵。

7.切忌把功勞據為己有

假如你的部屬與客戶簽訂了一紙重要的合約、開發了新的銷售網路、對於新產品的開發提供了很好的意見等等，你應該毫不吝惜地表揚他，甚至為他舉辦慶功宴，千萬不要板著臉一言不發，嫉妒部屬比

自己更引人注目。

　　有人天生不擅長誇獎他人或不喜歡被別人誇獎，甚至認為讚美別人是件不好意思、太見外，而且麻煩的事。所以，他們對此並不在意。

　　另外，還有不知該說什麼來讚揚對方的人。當部屬因為完成任務而志得意滿時，你卻輕描淡寫地盡說些不得體的話，使部屬覺得被潑冷水。或許你並無惡意，只是在激勵部屬，然而，聽話者必定會覺得不受重視，而感到不愉快。

　　最令人無法原諒的就是企圖掠奪部屬功勞的上司，然而，這種上司為數甚多。他一見部屬立了功，便急忙地向自己的上司邀功：「李某得到了這樣的成果，完全是出自我的指導。」

　　如果你想邀功，你就必須付出比部屬多三倍的努力。光是扮演居中介紹的角色，並不算有功勞。介紹之後的指導、服務你也必須與屬下共同完成以期獲得佳績。一旦有所收穫，而你有七分功勞，部屬只有三分時，你才有資格說：「我也有功勞！」

　　那時即使你不提及，週遭的人也會認同你。上司比部屬更加勤奮地工作是理所當然的。不費一絲心力卻企圖享受成果的行為和小偷並無兩樣。

　　身為上司有必要將自己的功勞讓與部屬。或許你會認為這樣損失太大而不願意。但若本身實力雄厚，足以建功立業，即使想吃虧也是不可能的。

　　當你將功勞讓給部屬時，切勿要求屬下報恩，或者擺出威風凜凜的態度。因為部屬可能會因此而鬧彆扭、發脾氣，甚至感到自尊心受損，進而採取反抗的行動。如此一來，反而得不償失。

　　你應該心甘情願地把功勞留給屬下，並且對其表達感謝之意。換言之，你該換個角度想，由於你身在一個可以使你「施惠」的公司，並且擁有值得你「相讓」的部屬，才能讓你嘗到了滿足的滋味，這一

切都是值得感恩的。

8.主管要支持部屬成功

主管最重要的責任之一就是幫助部屬成功，支持部屬的工作。

有位部屬曾經說：「我為了參加成人高考，格外用功，我的主管也給了我許多工作上的方便，對我鼓勵良多，我因受其恩惠才能考取，主管也為我高興，我實在感激他，也下定決心要好好地報答他。」

部屬對那些能支持自己的主管最感信賴，做起事來也勤快。

例如，在業務部門，交易只差一點就成功了，主管若能出面幫個忙，部屬也會更加積極地去活動。諸如此類的情況很多，只要借用主管的面子、智慧，常常可以使事情更圓滿地達成，事情一旦成功，則部屬在感激之餘更加會發奮圖強；反之，可能因此喪失信心，從此一蹶不振。

一家公司的營業員就曾說過：「我與客戶交涉一筆生意，在幾乎大功告成的時候，我請主管為我出面，以增加份量，但是主管並未採納我的建議，因此，成功率已達99%的交易卻在最後一分鐘時意想不到地失敗了。像我們這種工作隨時都需要主管的幫忙，但是主管卻不關心我們，因此做起事來也是懶懶散散的。」

無論智、愚、賢、不肖，只要主管支持，部屬就可能非常傑出，反之，無論多能幹，若無主管的支持，部屬也會顯得非常無能。

9.鍛鍊自己的忍耐力

善謀事者，必須有忍耐力。在別人都已停止前進時，你仍然堅持；在別人都已失望放棄時，你仍然進行，這是需要相當的勇氣的。使你得到比別人較高的位置、較多的薪水，使你超乎尋常的，正是這種堅持，忍耐的能力，不以喜怒好惡改變行動的能力。

忍耐的精神與態度，是許多人能夠成功的關鍵。

舉例來說，推銷商品時，不管對方怎樣的傲慢無禮，總不會怒然

而返，這種人才能得到勝利。一次推銷不成，兩次、三次、四次，最後使對方不但欽佩他的勇氣與決心，並會感受到他的忍耐與誠懇的精神而成全了他，照顧他的生意。

在商界中，能做最多的生意，得最多的主顧，銷最多的商品的，是那種不灰心、能忍耐、絕不在困難時說出「不」字來的人，是那種有忍耐的精神、謙和的禮貌，足以使別人感覺難拂其意、難卻其情的人。

一受刺激就不忍耐的人，不會有大成就。

有謙和、愉快、禮貌、誠懇的態度，而同時又加上忍耐精神的人，是非常幸運的。

做我們所高興做的事，做我們所喜歡而感到有興趣的事，這是很容易的，但是要全神貫注地去做那種不快的、討厭的、為我們的內心所反對的，而同時又為了別人的緣故不得不去做的事，卻是需要勇氣、需要耐性的。每天懷著堅強的心，懷著勇氣與熱誠去從事我們所不適宜，不想做的工作，從事我們內心反抗，但義務所在，不得不幹的事，年復一年這樣下去，真是需要英雄般的勇氣與忍耐心的。

因此，作為主管你需要有過人的忍耐力。因為一旦你升為主管，職位的改變總會帶來一些隔閡，你是一位主管，就必須擔負著領導部屬工作的職責。你要保持上司的威望，就必定要忍受寂寞的煎熬。只有你具有了自制的能力，才能在寂寞孤單時妥善處理這一心態，冷靜地處理你與部屬之間的隔閡，自製也就是過人的忍耐力，它是作為一位好的主管眾多優秀素質中的一條。只要你具有了過人的忍耐力，你便能克服心中的寂寞感，很好地處理與部屬的關係，從而更好地開展工作！

你享有了有毅力、有決心、有忍耐力的名譽，世界上總不患無你的地位。但是，假使你顯出一些意志不堅定與不能忍耐的態度，人家

會明白,你是白鐵,不是純鋼,於是人們就會瞧不起你。

　　沒有不顧障礙而堅持奮鬥的勇氣與百折不回的忍耐精神,總不能成就大的事業。懦弱、意志不堅定、不能忍耐的人,不能得到他人的信任與欽佩。只有積極的、意志堅強的人,才能得到大家的信任。如果沒有大家的信任,那麼事業的成功是很難達到韻。

　　不管社會發生什麼變化,意志堅定的人總能在社會上找到位置。人人都相信百折不回、能堅持、能忍耐的人。意志的堅定能生出信用來。假使你能夠不管情形如何,總堅持著你的意志,總能忍耐著,則你已經具備「成功」的要素了。

　　所以,從某種角度來說,忍耐不失為一種技巧和一種策略。

第四節　主管要分派工作

1. 怎樣委派任務

　　在委派任務時一個極其容易犯的錯誤就是工作分配不明確。對於日理萬機的部門主管來說,這可能並不算什麼要事,隨便在兩個會議的間歇,讓秘書將員工叫進來,寥寥幾句將任務分配下去之後,你又匆忙趕著去上級那裏彙報工作。這樣似乎看起來的確是節省了時間,但是分配工作之前你是否已經認真仔細考慮過;分配任務的時候你是否確定你在短短幾句話之內,已經將你心中所想全部清晰準確地傳給了員工;員工們是否已經十分明白並且正確地理解了你的意思;你所有分配任務的工作都在這匆匆忙忙之間完成得分毫不差,不會給以後的進展留下任何隱患嗎?

　　很明顯,你還沒有認識到潦草的分配工作帶來的後果。那麼以下

便是答案：首先，對於工作本身來說，你的員工很可能並不清楚你對他的具體要求是什麼，你所希望的工作成績是什麼。這一點很重要，沒有一個明確的目標，員工自己在制定工作計劃的時候也是一頭霧水；其次，很有可能將一項工作以模糊不清的界線分給兩個員工。致使他們在共同的工作中，十分不協調，極易產生矛盾，造成不必要的人際關係或工作關係的破壞，同時也浪費了有限的人力資源。最後，你如此心不在焉的分配任務，會讓員工們懷疑他們的工作的重要程度，從而也就不可能全力以赴的去完成。或許，他們甚至會認為你的所作所為是對他們人格的輕視，和藹可親的形象蕩然無存。

以下是分配任務過程中必不可少的步驟：

⑴闡述問題。用最簡單明瞭的語言向員工們交待現在所面臨的問題。一般情況就是將要分配給他的工作的意義作用、還有一些背景情況告訴員工。這些必要的闡述，會讓員工認為自己的工作並不是那麼可有可無。

⑵陳述你需要什麼樣的結果。對於員工來說這可是至關重要的，應該說，這將是他今後努力奮鬥的目標。

⑶說明可能出現的問題。這裏面既有工作中的問題，也會有員工個人的問題。總之，這些都是你不願意看到的現象，最好事先說明，做個明顯的限制。

⑷讓員工提出問題，你來耐心的回答。

⑸在時間緊張情況下，不妨列張單子，使交待工作更詳盡，並且可以長時間保留。

2.如何向下屬分配工作

主管的一個重要職責就是給員工安排工作。他要不時向員工提出工作要求，同時也經常要面對員工提出的要求。

當你向員工分派工作時，時常會遇到類似於下面的這些抱怨：

「我以前從來沒有這麼做過，也沒有人要求我這麼做過。」

「我認為這樣根本不會管用。」

「你從來都不承認別人的功勞。」

「你根本不想聽聽我的看法。」

「如果你在下命令時就瞭解這個情況，我們就不會遇到這樣的問題。」

面對這類抱怨，作為部門主管應冷靜處事。仔細揣摩他們的內心活動，看他們是不願意幹這份工作，還是怕不能勝任，或是有其他不順心的事。然後應儘量使用一些高明一點的技巧和方式來避免這種爭執。這些技巧中一個重要的方面是要力求因人而異。因為人的性格不同決定了他們會作出不同的反應，對那種好勝而自負、進取性極強的員工，在委派了任務之後，你最好是用一句最簡潔的話觸動一下他那根「好戰」的神經。你可以說：「這個任務對你來說有困難嗎？」在得到他帶有輕蔑口吻的回答之後，你便可以收場了。你太多的叮嚀只會引起他的煩躁，而且還會使他對任務的執行更加不屑一顧。

部門主管向下屬分配工作應當遵循以下原則：

(1)任務與職能相稱

一是你所分配的任務應當是他的職責範圍之內的，是屬於他崗位責任制範圍之內的事，而不能把本應屬於上層的事交給下一層去幹，把下層的事交給上一層去幹，或是把本應由甲完成的任務讓乙去做，乙的事讓甲去做。如果那樣亂攤亂派，勢必弄亂層次，打亂工作秩序，使人無所適從。當然，一些特殊情況下的特殊任務，也需要臨時變通，但不能太多，特殊情況一過，還應當各司其職，各負其責。

二是所分配的任務要與他的能力相一致，有多大能力的人就分配給他多重的活兒，如果不然，讓能力強、水準高的人去幹簡單的活兒，既浪費了人才，又使他心情不舒暢，認為部門主管瞧不起他，重要的

事不讓他去做;如果讓能力差、水準低的人去完成複雜、艱巨的任務,不僅容易誤事,而且執行任務的人也有反感,認為部門主管是故意找彆扭,強人所難。此外,在工作量上也要考慮,工作交得太多,會使下屬感到承擔不了,太少又使他感到英雄無用武之地。

(2)交代必須明確

在分配任務時,以下各項應當十分清楚:什麼任務,屬什麼性質,有什麼意義;應達到什麼樣的目標和效果,什麼時候完成;向誰請示彙報;應遵循那些政策原則;執行任務者在人、財、物和處理問題方面有那些權力;步驟、途徑和方法是什麼;可能出現那些情況,需要注意什麼問題。當然,以上各項要因人因事而異。重要的事就要交代得嚴肅、明確、具體,簡單的事就可以精略一些:對於頭腦聰明、經驗豐富、一點就通的人,可以簡明扼要,不必耳提面命,囉囉嗦嗦;對於新手和能力差的人,要盡可能把想到的東西都告訴他,使他少走彎路。

(3)要同下屬商量

下達指令、分配任務之前,自然要充分準備,把問題想得週密些。但在向下屬交代的時候,還是應當抱著商量的態度。對於自己感到不太有把握的意見,要虛心向下屬徵詢,如果下屬的意見有道理,就要及時採納;即使對於自己的設想感到很有把握,也要善於啟發下屬動腦筋,提看法,以便使指令更完善、更加合實際;如果執行者沒有什麼意見可提供,可以通過適當的問話,來檢驗一下他對指令是否充分理解了;對於那些執行者有權隨機處理的細枝末節,則不必過多糾纏,議論不休,以免束縛下屬的手腳。所以,在一般情況下,不要形成部門主管者居高臨下,一二三四佈置一大套,執行者俯首聽命、機械服從、不置一辭的僵硬氣氛。事實證明,在佈置任務時只有對下屬抱著信任、尊重、平等、虛心的態度,下屬才容易理解,樂於接受,

也才能更好地執行。

3.踏出分派工作的第一步

每當有一個新工作或專案下來的時候問你自己下面這些問題。

(1)這工作非要我親自做不可嗎？例如：

①為了彌補我以前所犯的錯所以非做不可；

②為了以身作則，所以非做不可；

③因為是機密，所以非做不可。

(2)假如不一定要我做的話，那這工作需要有什麼樣知識或才能的人來做呢？

(3)團隊中有任何一人有這樣的知識/能力嗎？

(4)假如沒有這樣的人，我能及時找到一個適合的人來訓練嗎？

(5)或者，他們能在職學習嗎？

(6)或者，我能從外面找一位有這種能力的人進來嗎(暫時的也可以)？

(7)在工作能分派出去之前，我所有的部屬都做好接受更多責任的準備了嗎？

4.將工作派給誰

(1)適合此工作的人有那一位目前工作量最輕？

(2)那一位會因此新工作而受益最大？(例如說，有那一位成員我可以將這新工作視為對他能力的考驗或訓練而交給他？)

(3)在緊急情況下我該如何適切地分配工作給每一個部屬呢？

(4)我要怎樣才能避免在會議或談話中沒有計劃地亂派工作？

(5)兩人能力有差距時，我要怎樣才能不讓那位能力較差的人搶去原本該那位能力較強的人做的工作？

(6)我要怎樣才能不讓我的部屬分派工作給我？

5.該怎樣分派工作

⑴我該向我要分派工作給他的人說些什麼？例如：

①這個工作為期多久；

②我希望他們遵守的程序；

③我希望從他們那得到什麼樣的結果（如達到什麼目標）；

④我要怎樣評估他們的工作成果；

⑤這個工作是怎麼來的；

⑥這個工作與部門和組織的關係；

⑦分派到工作的人有什麼樣的權力和資源可資運用（如金錢、材料或其他的人）

⑧如何以及在什麼樣的狀況下，他們該向我報告。

⑵我要怎樣傳達上述信息？例如：

①直接談話；

②備忘錄；

③寫下工作說明書或工作計劃；

④正式合約。

⑶我怎麼知道我分派工作給他的那些人瞭解了我所分派工作的性質和範圍？

①我該測驗他們嗎？

②他們問了我些什麼樣的問題？

③他們預見了任何問題或困難之處了嗎？

⑷我需要告訴團隊內的其他人，我派了什麼工作給某人嗎？換句話說，現在他/她在那一個領域有了因這個工作而來的權威？

6.該分派出去的工作都分派出去了嗎

⑴你覺得工作負擔太重了嗎？

⑵你覺得你比其他同事每天都要工作得久些嗎？

⑶你經常帶工作回家做嗎？

⑷如果你不在，你們這一團隊似乎就沒勁了嗎？

⑸你覺得你有必要詳細檢查每一位部屬嗎？

⑹你擔心你會因為每天都太忙而忽略了組織或團隊的長期計劃、目標與問題嗎？

⑺你的部屬認為你並沒有給他們太多自主的機會嗎？

7.什麼使你停止了工作分派

⑴是不是因為你不確定你自己的責任是什麼？

⑵與規劃、控制、檢查其他人的工作比較起來，你是不是覺得固定的、例行性的工作使你更自在些？

⑶你會堅持要做你認為你會比別人做得好的工作，即使這樣會妨礙你去做沒有人會做得比你更好的工作嗎？

⑷除非你也與大夥做一樣的工作，否則你擔心你會顯得「不夠忙」嗎？

⑸你是不是不太確定你的團隊成員有沒有能力為自己的工作負擔更多的決策責任？

⑹你害怕糾正其他人的錯誤嗎？

⑺你會急著向你的上司或管理階層的同事解釋你的團隊成員所下的決策嗎？

⑻你擔心你的部屬會破壞你的權威，甚至威脅到你的工作嗎？

8.管理分派出去的工作

⑴我能想出什麼方法既能避免可能的災難又能使接受該工作的人不會沒面子，或對所分派到的工作不喪失信心？

⑵我能與分派到工作的人坐下來就事論事地、系統化地評估他/她的工作績效，以確保我們都能從經驗中學習嗎？

⑶假如可以的話，何時可以這樣做？

⑴在專案結束的時候？

⑵在工作當中每隔一段時間？

⑷我隨時願意傾聽我團隊成員遇到的困難嗎？我會常常思考怎樣能幫助他們更多嗎？我願意知道他們認為我能怎樣幫助他們嗎？

⑸隨著他們越來越有信心，越來越勝任的時候，我能稍微放鬆我的控制嗎？（如報告的間隔可以長些？）

⑹我能接受他們不照我的工作方式來做事，但確實可以做得很好的情況嗎？

⑺我能確保對所交付的工作做得很好的人就是那些可以得到獎勵的人嗎？

 # 第五節　主管要激勵部屬

1.瞭解員工需求的五種層次

主管想要激勵部屬，必須先瞭解部屬的需要，才能對症下藥，藥到病除。

根據馬斯洛教授的研究，激勵因素是一種推動力，它必然產生一個人想使各種需要（例如：饑餓、社會承認）得到滿足。它主張人們都有不同層次的身體或心理上的需要，而人們總是在想辦法使這些需要得到滿足。

他認為人的五大需要從低至高排列為：對生理的需要、對安全的需要、對歸屬的需要、對尊敬的需要、對自我實現的需要。

部屬的需求，基本上都是具備五大層次的需求，由最低、最基本的「生存權」，一層一層往上遞增到「自我實現」的需求。員工在某

一個需求層次得到滿足，就會逐漸對此需求產生「忽視感」，轉而對更高一層次的需求努力了。例如某部屬對工作安全的需求已得到滿足，那麼，提供再多的安全措施，也難促使他更加努力工作；主管要轉向滿足他另一種尚未滿足的需要才行。要注意，當個人的需要受到威脅時，他們的需求往往發生變動。如，解僱員工的謠言會很快把大家的注意力轉為「安全需要」了。

圖 4-5-1 馬斯洛的五種需求層次

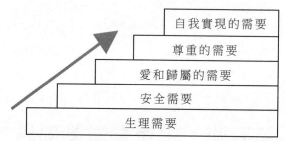

2.部門主管對部屬的激勵

對員工進行激勵，就是要使員工產生動機和行為。而員工行為過程的起點是需要，只有當員工有了某種需要，才會產生相應的動機和行為。因此，激勵的起點是需要。要對員工進行激勵，首先要瞭解員工的需求，瞭解員工的那些需要沒有得到滿足，並在此基礎上確定如何對部屬進行激勵。如何激發員工的工作意願：

· 使員工瞭解工作的目的和意義。

· 使工作內容豐富化。

· 合理設計工作流程，使其符合生理和心理需要。

· 給部屬一定的決策權。

· 使部屬能及時瞭解工作的進度和工作的結果。

· 使員工有成就感。

表 4-5-1　對員工需要的調查表

序號	需要得到滿足的項目	期望程度排序	對現狀的滿意程度（100 分）
1	工作被肯定和認可	1	
2	高工資和福利待遇	2	
3	良好的人際關係	3	
4	對工作內容感興趣	4	
5	有受到培訓和升職機會	5	
6	良好的工作環境	6	
7	好的主管	7	
8	工作有保障	8	

3.如何激勵才有效

如何激勵部屬最有效？有那些事項會使激勵工作無效呢？這是部門主管要關心的重點。

①一個從頭至尾的完整工作過程。這種職能的完整性，可幫助部屬嘗到工作完成時的巨大喜悅。

②讓部屬和產品使用者保持直接的聯繫，可強化部屬是工作的人，而不是機器上一顆不知名的螺絲釘。

③從事多項工作並運用多種技能。在工作中需要多種技藝和完成多個任務時，有助於解除壓抑和單調的情緒。

④自主的自由。部屬有一定的自由度，給他們提供選擇工作的機會，這實際上也是自主的表現。

⑤來自工作本身的直接反饋。部屬通過查看完成的工作直接評判工作完成的好與壞，而不必通過管理人員的報告才能獲得這種信息，更能激發部屬們工作的熱情。

⑥自我發現的機會。要求員工動腦筋和發揮技能的工作，會使他們感到對公司和對自己都有價值。

⑦工作必須具有意義，能給人以某種滿足感，是值得人們去做的，例如說它在整個生產過程中起著重要作用。如果他們的工作在整個生產中是微不足道的，那麼，部屬們很難以工作為榮。打個比方來說，擰緊飛機上某一部份的一個螺絲，看起來要比將一張的小紙片放到一個小盒子裏重要得多。但是，如果部屬的工作就是將小紙片分門別類放到盒子裏去，那麼他們就必須知道這樣做的目的是什麼，以及有什麼作用。

⑧不論他們做的是什麼，對此都應該負有些責任。不論他們是製造一種產品，還是提供某一項服務，員工都必須為此而盡到責任。

⑨主管必須為部屬提供回饋信息的管道，而且，在部屬表現出色的時候，應該及時地給予表揚。另外，在提高產品質量以及工作效率方面，主管必須給出一些切實可行的建議，對他們的工作成績做出書面的表揚，例如說一封充滿贊譽之辭的信、請他們吃餐飯、給他們幾天額外的假，作為對他們工作的回報。

4.主管要肯定部屬的優秀表現

著名企業家曾說過：「經理最高級的一項工作就是讓員工歡欣鼓舞。」意思是作為一名經理，首先應該做到的是能夠留意部屬出色的工作，並加以讚許，這是一條很好的建議。

你可以通過制定目標，讓你的部屬們明確地知道你對他們的期望是什麼，他們怎樣做才能獲得獎賞，以此來促進部屬的工作欲望，激發他們的工作熱情：由於工作出色受到獎勵，部屬們便能認識到整個組織的行為方針，意識到上級在時刻關注著自己的工作績效，心裏自然而然就會有被承認的滿足感和被重視的激勵感，進而保持高昂的工作熱情和責任心。這種獎勵體系對於維持整個組織體系的高水準運作

是非常重要的。

「小劉，上回我們辦的那次展覽很成功，對吧？」

「是的，來參觀的人數比預期的多，可是為什麼我們的主管對此只字不提呢？」

「我也覺得奇怪，雖然他一向對工作要求很高，可我們做得很出色，他總應該有點表示吧。」

你是不是和他們口中所言及的那位主管有幾分相似呢？如果是，那麼你需要趕緊行動，採取補求措施。

如果對方情況屬實，作為主管，就應該找一個適當的機會講一些感謝的話語：

「總經理認為這次展覽大家都非常辛苦，尤其是小孫和小劉，更是出色地完成了任務，他讓我代表他，在此感謝大家。大家辛苦了！」

這樣做可表明你並沒有獨攬功勞的野心。

確認出色的工作，你可給予某人表彰、獎勵，或以其他的方式對其工作表示認可。這指的是對好的工作表現時刻關注，細心留意部屬們的出色表現。例如接電話是一項很簡單的工作，可是常年累月地保持禮貌與耐心地回答，卻是難能可貴的。如果你的那一位部屬做到了這一點，你是否也該有所表示？

聰明的主管知道表揚、激勵部屬要及時。例如：

「小馬，你這項工作辦得很出色，提前一週完成任務感到不可思議。你的工作表現給咱們部門爭得了榮譽，我很欣賞。」

就是這些具體的表揚，便可讓你的部屬們受到了極大的鼓舞。

你不需要老是等到正式的認可下達時才惜言如金地給予贊賞。留意出色的表現，在部門內當場就可給予肯定。趁著大家喝咖啡的時間，來一句簡單的總結語：「嗨，我想大家可以慶祝一下剛完成的工

作。」一句話，就可收到意想不到的效果。

部門的主管，有必要讓你的部屬們知道你是一名有勞必酬的主管，這也是最好的激勵方法。

5.激勵部屬去承擔挑戰性的工作

主管要激勵部屬，另一種有效的方法是「讓部屬承擔有挑戰性的工作」，藉著「工作的成就感」來激勵部屬。

每個人都喜歡表現自我、超越自我，在原來的基礎上取得新的成就，更上一層樓。工作中的挑戰性是非常重要的，因為它能激發一個人的工作熱情，激勵你的員工們在今後的工作中勤奮努力，樹立起堅定的自信心，從而獲得事業上的成功。

對於你的部屬來說，接受挑戰性的工作可以使他們非常清楚地意識到自己肩上所挑的重擔。

一般的主管對於新來的部屬，都抱有不信任的想法，覺得他們太「幼稚」，不夠成熟老練，通常只是讓他們處理一些小事情，坐「冷板凳」，等到一定的時間後才讓他們參與重要的事情，自以為這就是穩扎穩打的循序漸進法。其實，這種作法是不太妥當的。年輕人的一大特點就是朝氣蓬勃，「初生牛犢不怕虎」，有著一種敢闖、敢拼的狠勁。在他們的心目中，失敗並不是無可挽回的，即使做錯了，也可以從頭再來。因此，你應當信任他們，把他們作為一個獨立的人，給予他們重任，由於他們缺乏經驗，適時的指導和監督是萬萬不可缺少的。如果他們失敗了，就要承擔責任，總結經驗再捲土重來，培養他們再接再厲的頑強作風；如果他們成功了，就應給予獎賞和表揚。只有這樣，你才會培養出一批能幹的、作風頑強的隊伍，也只有這樣，你才可以點燃你部屬們的工作熱情，讓他們有足夠的舞台施展自己的才華。

員工都願意接受富有挑戰性的工作，這是對他們工作能力的肯

定，也是激發他們創造力的最好辦法。難道你願意員工們私底下議論你：

「王總真是太不相信人了，整個項目中最難、最有意思的活總是由他包攬了。」

「對啊，每次都只剩下些下腳料給我們，真沒勁。」試想，如果你的上級也總是把工作難度最大的部份留給他自己，你心裏會有什麼感覺呢？失望還是惱怒？你的工作熱情是否會因此而大打折扣？

如果擔心部屬能力不足而不敢讓部屬去承擔工作，身為主管，你可以控制、主導工作，你可以決定誰最有能力做這項工作並與之見面，然後對任務進行分配。如果你不敢肯定他能高效地完成工作，那該怎麼辦呢？

將工作分成幾塊，然後讓部屬逐塊進行並與你進行探討。你可以對工作進行總體的監管，但應盡可能地將具體的任務分配給幫助你的員工。

記住，身為主管，你的目標就是對工作群體進行鍛煉，使他們在你不在場的情況下，都能夠完成最具有挑戰性的工作。

6.主管要激勵部屬的自信心

員工的自信心，對工作的達成度有相當的重要的關係，主管的任務之一，就是激起部屬的信心。

自信心對一個人的成長有著相當重要的作用，這可以支持闖過危難，作為一名精明的主管，你要想有效地激發起自己的部屬，就是要讓他們在能夠培植自我激勵，自我估價與自信的氣氛中工作。因為，自信能力是一個有良好素質的員工不可缺少的，也是影響一個人工作能力高低的重要因素。在一個組織之中，員工的自信是與組織的整個士氣密切相關的，是與他們的個人績效緊密聯繫的。

作為主管，關心的是如何提高部屬的自信心，使部屬得到更好的激勵，從而提高整個部門的業績。不妨參照以下的建議：

⑴用建議的口吻下達命令：人們大多數是不喜歡被人呼來喚去的。與其用命令的口吻來指揮別人做事，倒不如採取一種商量的方式：

「你可以考慮這麼做嗎？」

「你認為這麼做行嗎？」

這樣的建議性指令方式，將會使你的部屬有一種身居某個主管位置的感覺，並對問題有足夠的重視。

⑵給別人面子：在實際工作中，不冷靜的處理方法，只會損傷部屬的自尊，傷害了他們的感情。

請記住，平和寬容的待人，給員工在組織中建立做人的面子，他們會在工作中頭擰得更高、更自信。

⑶巧用「高帽子」，這兒所指的扣「高帽子」，並不是人們常理解的那種不切實際的誇大。它是一種讓員工重新重視自己，提高自信的有效激勵方式。

⑷讓部屬覺得自己重要。

⑸將名字常掛挂在嘴邊，千萬別小看這個方法，所造成的效應，特別是在一些大的部門中，主管記住了部屬的名字對員工們來說就是他們心理上的滿足，精神上的激勵。

⑹有事找部屬商量。成功主管總是將這樣一個概念深入人心「組織的事就是大家的事」，責任感的形成，會為自信心的樹立，有推波助瀾的作用。

⑺提供成功的機會。人們常說，一個失敗者的出路有兩條：一是成為更輝煌的成功者；二是成為一個出色的批評家。不可否認失敗者是教訓的擁有者，你若給他們一次成功的機會，他們就會將這些教訓轉化為終生的財富。

(8)奉行「重擔子」主義。人的工作情況必須在能力之上。這是東芝公司總裁土光敏夫的箴言，挑戰性的工作會讓參與其中的人在體力、心智上都得到一次鍛煉，進一步培養個人的自信。

7.主管要表揚部屬

部屬有任何成果，主管都要設法彰揚部屬的功勞。

部屬雖是為你做事，但部屬也是人，他亦有分享成就的人性需求。主管若只為私利，私竊部屬的功勞，部屬自無持續為你效命的幹勁。

最難以做到的是對部屬讓功，甚至公開揚顯部屬的才華與功勞，若有這樣的火候涵養，部屬自會感恩圖報，這是最高境界掌握人性的方法。

張湯出身漢朝長安吏，卻能平步青雲登上禦史大夫，且深得漢武帝的信任。每當有政事呈上批準，呈上的奏章若得漢武帝的贊賞，張湯則當場列舉部屬大名，表示不敢貪功，「這是某人的意見，我只是照單採用呈上而已」。

張湯這種舉薦屬下，將榮耀與成就歸給部屬的做法，可說是掌握人性、統御部屬的好例子。

主管表揚部屬時，部屬會精神振奮。儘管每個人都需要表揚，表揚使人感覺良好，但是，主管也不能隨意表揚部屬，部門主管對員工的每件小事都表揚，那麼，當真正值得表揚的事發生時，表揚就顯得不那麼有威力了。為了使你的表揚更有意義，主管要注意以下幾點：

(1)不要太多

表揚就像糖一樣，糖很甜，可是，你吃多了就會覺得不那麼甜了，甚至會胃疼。太多的表揚，也會削弱其本身的作用，甚至完全不起作用。

⑵要真誠

表揚員工時，態度一定誠懇。你必須相信你表揚的員工確實是應該表揚的。如果你自己都不相信，就會給人一種虛假的印象。

⑶原因一定要具體

與其說：「幹得太好了！」不如說：「你的有關市場的調查報告，使我對這問題的複雜性，認識得更清楚了。」

⑷徵求員工的意見

沒有什麼事能比主管向部屬徵求意見，更讓部屬感到榮幸的了。但是，如果你沒有採納他的建議，或你必須拒絕他的建議，那麼請記住蘇格拉底的方法，即：問他建議中所存在的問題，直到他認識到不足之處，收回建議。

⑸要廣而告之

批評應該私下進行，而表揚則應該公開進行，至少要讓部門的全體員工都知道。因為如果部門其他的員工知道你表揚了他的同事，那麼表揚也會在他們中產生作用，他們會認為，自己努力工作，將也會得到領導的承認的。

🔊 第六節　主管如何批評部屬

1.當你不得不斥責部屬時

身為主管，有時為了工作不得不斥責部屬。在責罵部屬的時候，千萬不可以用到「笨蛋」或「混蛋」這種說法。

你可以用強調言辭的內容，來加深對方的印象。只要是稍有常識或稍有自尊心的人，你這樣提醒他，就足以讓他明白事情的嚴重性。

對於反應遲鈍的人，有時只有使用打擊治療法：「你到底知不知道該怎麼做？」「你認為自己盡到責任了嗎？」

有時候，你必須很嚴屬地告訴部屬：「因為公司的要求嚴格，所以我必須嚴格要求你。」尤其是對那些不負責任的部屬，認為犯了錯也「沒什麼大不了的」或是「只要不說，就假裝忘記好了」的馬虎型部屬，更得清楚地告誡他們不能有這種想法。

除了對當事人之外，有時候也可以借機提醒週圍的人，如果能讓其他人產生「主管真的生氣了！還是小心點好」的想法，那就成功了。

罵人的時候，一定要清楚地說出問題要領，如果讓對方挨了罵，還是丈二和尚摸不著頭腦，那可就沒有什麼意義了，還會讓部屬覺得你莫名其妙呢！

當指責完部屬之後，要記得適時地給予安慰。讓挨了罵而沮喪的部屬，有再重新衝刺的勇氣。但是，安慰要掌握分寸，可別讓對方以為你是罵了人後悔，這樣就會產生反效果。所以，在斥責與安慰之間，必須保持一段適當的時間，最好是在半天到一個星期之間。

2.主管批評部屬的藝術

(1)批評前——弄清事實

弄清事實是正確批評的基礎。有些主管由於一時沖動，就不分青紅皂白地對部屬進行批評，而忽略了對客觀事件本身進行全方位的調查。

考慮妥當的批評方式。批評的方式有很多種，這就需要部門主管根據具體的當事人和事件進行選擇。

例如，性格內向的人對別人的評價非常敏感，可以採用以鼓勵為主、委婉的批評方式；對於生性固執或自我感覺良好的員工，可以直接地告訴他犯了什麼錯誤，以期對他有所警醒。

對於嚴重的錯誤，要採取正式的、公開的批評方式；對於輕微的錯誤，則可以私下裏點到為止。

(2)批評時——問清部屬犯錯的原因

雖然主管可能自認為已經清楚事件的客觀真相，但在批評時，還是要仔細地傾聽部屬對事件的解釋。這樣做有助於主管瞭解部屬是否已經清楚了自己的錯誤，也有利於主管進行進一步的批評。而且，部屬往往會告訴主管一些主管可能並不清楚的真相。如果主管無法證實這些問題，則應立即結束批評，再做調查，以瞭解事實。

切忌大發脾氣。有可能部屬所犯的錯誤令主管非常生氣，但主管千萬不要在批評時太過激動。這樣做的後果是主管會在部屬面前失去自己的威信，並且給部屬造成對他有成見的感覺。

要做到對事不對人。要儘量對事不對人，這樣做也是為了防止讓部屬認為你對他有成見。「對事不對人」不僅容易使部屬客觀地評價自己的問題，讓部屬心服口服；它的重要意義還在於可以在部門內部形成一個公平競爭的環境，使部屬不會產生為了自己的利益去拍馬屁的想法。

切忌威脅部屬。威脅部屬容易讓部屬產生「仗勢欺人」的感覺，同時容易造成主管與部屬的對立。這種對立會極大地損傷部門內部的團結。如果部屬感覺到自己的尊嚴和人格受到了侮辱，無法想像他能再為公司盡心盡力了。

(3)批評後──在部屬認識到自己的錯誤後，主管應該儘快結束批評

過多的批評會讓部屬感到煩燥。另外，主管不應該經常將部屬的某個錯誤掛在嘴邊，喋喋不休地反覆嘮叨。如果在批評時，部屬有抵觸情緒，在批評後的幾天之內，主管應該找部屬再談談心，消除部屬可能產生的誤解；如果批評後，部屬還沒有改正錯誤，要認真地分析他繼續犯錯的原因，而不應盲目地再次批評。

實際上，解決問題的最佳方法是溝通。大多數的錯誤不是由部屬主觀引起的，可能是多種因素的綜合結果。當主管在批評部屬時，也要認真地反省自己應該承擔的責任。一味地批評別人，而不反省自己的錯誤，也是許多主管的通病。

第七節　主管如何溝通

　　作為部門主管，不僅要從上級獲取信息指示，更要對部屬發號指揮，這一切都要藉助溝通技巧。

1. 主管在溝通中的地位

　　作為一個部門主管，處於溝通過程的中央：即位於你的老闆(上級)和工作(部屬)之間。對於你所在的部門要負責的每一種產品，你都應當首先明瞭你的上級對此在數量、質量及時間上有些什麼具體要求；然後你有必要把這些信息完全準確地傳達給部屬，你對他們的結果負責。如果出了什麼差錯，你第一個要承擔責任。你最好定期向你的上級報告情況；遇到自己難以解決的問題，要及時反映給上級共同謀求解決的辦法。溝通的過程如下圖所示。

　　溝通的方式，不外乎口頭溝通，如談話、會面、電話、咨詢、命令、會議等；書面交流，如備忘錄、書信、布告、海報、展示、報告等；非語言的溝通，如面部表情和身體動作等。

　　除此之外，「聽」在溝通中也很重要。聽的時候，不要預先猜別人要對你說些什麼，不要讓員工認為你瞭解他要說的事情；不要打岔，讓人把話說完；明白傾聽的必要，弄清楚員工要你注意聽的真實用意，不要反應太快，對聽到的事情不可急於回答。

圖 4-7-1 主管在溝通中的地位

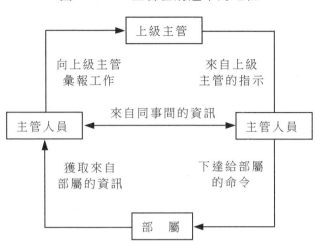

溝通中的最大危險，是不知道員工需要瞭解那些情況，而你又不夠穩重，說的多，聽的少，這就阻礙了交流。在交流中發表看法時，不能牽扯到個人的敏感問題，例如政治觀點、宗教信仰、社會地位等。不論你說什麼，決不能用那些會造成不良工作環境的語言，否則會引起員工們的反感。

作為一名上傳下達的主管，特別是在發布指令分配任務或指導工作時，不要為了顯示權威而爭吵不休，更不要採取撒手不管的態度。選擇好言詞和語調，不可辭不達意，或是盛氣凌人。

不能假設員工已經理解，要及時反饋，發現問題，馬上糾正。不要發出太多的命令，而且還要防止指令不一致。不要只選擇那些配合工作好的員工，而要激起所有員工的積極性。儘量不要批評人，更不要炫耀自己的權威。

2.有效溝通的七個特徵

成功的主管常也是一個良好的溝通者，與部屬所進行的每一次交談，主管都會認識到保持精確信息的重要性。

有些主管似乎天生就有傳達和理解信息的才能,而有些主管卻沒有意識到「溝通」的重要性。

根據管理專家多年統計分析,找出「有效溝通者的共同特徵」,這七個特徵值得主管們的學習:

⑴好的溝通者知道如何傾聽。傾聽絕不僅僅是出於禮貌才做的事。他們對別人所說的內容由衷地感興趣,他們希望得到別人的信息。

⑵好的溝通者在向別人表達自己的想法之前,先把這些思想整理好,他們的發言條理清楚,表達的觀點自然流暢。

⑶好的溝通者說話和書寫均簡單明瞭。他們認識到溝通的目的並不是使聽者對他的淵博知識留下深刻印象,而是傳遞信息,信息的傳遞比自我表現更應優先考慮。

⑷好的溝通者不會把聽眾淹沒在過多的信息中。他們意識到,在一次演講中可能僅有一部份信息還能保留在人們的頭腦中。這一點可能令人感到悲哀,但卻是事實。因此,他們只選擇那些希望人們記住的重點內容,並通過幾種不同的方式強調這些觀點。

⑸好的溝通者為他們的表達「創造各種有利條件」。他們通過使用直觀顯示物、輔助設備、音響材料等等來激起聽眾的五官(觸、嗅、視、聽、味)感覺。

⑹好的溝通者能感染聽眾的情緒,並針對於他們的自身利益。他們不僅是一個佈道者,還是一個財政分析家,給聽眾提供一個一生只有一次的投資機會,使他們「獲益」。

⑺好的溝通者真心相信別人所說的話。虛偽者和欺騙者遲早是會暴露出來的。

3.說的技巧

「說」和「聽」,是高效率主管的兩把鑰匙。就像呼吸空氣一樣,大量的說,大量的講,週而復始,竟使得許多人視說的技巧為當然。

從「早安」到「明天見」，日常的生活中就這樣充斥著字句，每個人都會說話，但不見得每個人都真正會說話。

人並非生來就具有真正會說話的能力　。身為主管必須學習與發展這種技巧。因為就算說話出於自然，精通這種技巧卻能為人與人之間的進一步瞭解打開一扇門。說到人際接觸或建立更充實的滿足和自信等方面，真正會說話又愈發顯得重要。對會說話的人而言，每天都是戰果輝煌，對不會說話的人，則是因循苟且。

如果你希望以一對一或參與小組的方式來加強你的說話技巧，以下提示值得主管人員思考：

- ・你究竟希望借助溝通達到什麼目的。
- ・你將如何引入主題，打算說些什麼。
- ・將你的做法巧妙地介紹給你的聽者。

你說話的對象是誰？對方的想法及感受如何？聽者對這個題目抱著先入為主的態度嗎？這人對你的態度如何？

- ・注視你的聽者，取得他對你的持久注意力。
- ・一次只說一件事，不要轉移話題。
- ・當你說到重點時，用不同的話語多重復幾遍。
- ・不要使用說教的口吻，千萬別以為他們聽不出來。
- ・勿使用模棱兩可的字句，避免攻擊性言辭。
- ・調整自己以配合他人。若聽者面有難色，或跟不上你，請放慢速度，覆述一遍，或要求對方回應。
- ・勿想贏得爭辯。爭辯的結果，通常是每個競爭者都較以往更確信自己是對的。

4.聽的技巧

「說」與「聽」是主管常用的溝通方式，非常重要。傾聽是人類溝通最有效的工具之一，可惜大多數主管都不太擅長傾聽。

多數人都會同意「說服力是管理工作成功的關鍵」，但卻有許多人不相信「傾聽可以說服其他人」。他們會問：「不開口說話，如何說服別人？」筆者的意思並不是不用表達自己的想法就能說服別人，而是「光靠嘴巴說話，絕對無法改變其他人的心意」。主管必須傾聽部屬的意見，讓他們感到自己的重要，並讓他們覺得自己不是用來完成公司目標的工具。

主管在與部屬進行溝通時，若會造成他人的誤解和困惑，這是由於傾聽時的不良習慣造成的，這些不良習慣包括：

· 說話時不微笑。
· 不正眼看人。
· 不斷變換主題。
· 允許其他人打岔。
· 不讓說話人講完自己的想法。
· 坐立不安，似乎在生氣。
· 低頭猛作筆記。
· 曲解說話人的意思。
· 讓人覺得自己微不足道。
· 身體本身不適。太熱、過冷、疲倦或者頭痛都會影響一個人聽的能力和他對說話者的注意程度。
· 擾亂。電話鈴聲、打字機聲、電扇轉動的聲音等其他一切可能會打斷溝通過程的聲音。

傾聽是很重要的管理技巧，下面有五個簡單的步驟供新任主管參考。

步驟一：敏銳的觀察力

據調查顯示，55%的溝通是根據我們所看到的事物，良好的傾聽者會觀察說話者的一舉一動。曾經有一名公司總裁接受電視訪問，當

他被問及有關的醜聞時，嘴上雖然直喊他是清白的，但他的表情古怪，明明白白地寫著：「我就是有醜聞，怎麼樣！」

步驟二：聆聽弦外之音

當你在傾聽時，必須找出說話者隱藏的感覺和情緒。根據一項知名的溝通研究顯示，當我們在詮釋說話者的意思時，有38%的詮釋是根據說話者的語調。因此，當你在傾聽時，要特別注意說話者的語調，因為裏面隱藏著說話者的真正意思。

步驟三：樂意傾聽

所有的傾聽都開始於我們參與對話的意願，傾聽的動作可能是人類不自然的動作之一，因為我們得拋開自己的需要和時間表，來迎合他人的需求；但是這卻違背基本的人性。這也就是良好的傾聽習慣，須費一番工夫才能精通的原因。

步驟四：參與對話

我所指的參與，是指藉由積極的回饋而與說話者聯繫在一起。例如，我最近在電話上與一位同事聊天，他在我說話時，都不發出任何聲音；即使在我停止說話時，也不吭一聲。在一陣令人尷尬的沈默後，我問他：「你在聽嗎？」他說：「有，你這些話給了我不少刺激，我正思考那些話。」但事實上，他已在無意間中斷了與我的對話。

參與對話指的是給予說話者回饋，好讓他或她知道你在傾聽，有在參與這場對話。

步驟五：尊敬說話者

聆聽者的尊敬會使說話者覺得有尊嚴，當你未全神貫注地傾聽別人說話時，你已在無意間冒犯了別人。尊敬說話者指的是，全神貫注於說話者，不打岔，以及不要敷衍應答。

5.主管有效傾聽的 10 個步驟

「傾聽」是有效溝通的第一步，傾聽對於大多普通人來說可能不

算重要，但對主管來說卻是必不可少的。

下列技巧提供給主管以獲得傾聽技能：

⑴以獲得信息為目的。進行每一次交談，接受並理解別人向你傳遞的信息，交談結束時，問問你自己：「這個人或這些人到底打算告訴我什麼內容？」

⑵用身體語言表示你對別人的信息感興趣。身體向前傾，保持目光接觸，集中注意力，不要讓外界干擾而分心。這些動作和態度會鼓勵說話人「無拘無束地暢談」。

⑶通過提問澄清內容，但也不要問太多的問題，以至於打斷了說話人的思路。根據你的理解，自己覆述信息，看看說話人是否認可你的解釋。

⑷別人說的時候不要去想自己下一步該說什麼，或尋找一個空隙自己可以「插話」。要集中注意力於說話人所說的內容。

⑸做記錄以備日後參考，但僅僅記下來說話人的重點內容。過多地做記錄反而會分散精力，阻礙你獲得後面的信息。

⑹尋找一個最佳地點來看和聽。在會議中，你所坐的位置尤其重要，你需要聽到別人所說的內容，還要保證獲得會議中發送的所有書面材料。

⑺探究信息的實質。這種技能需要練習，它要求對眾多的材料進行心理篩選，以瞭解說話者想表達的真正意圖。

⑻觀察說話者的態度舉止和演講風格。

⑼交談結束後，對所得到的信息作個總結。

⑽與人和群體交談時，練習前面提到的每項建議，你會成為公司中消息最靈通的主管。

6.注意「非語言溝通」的技巧

多數主管都沒有察覺，他們的一舉一動，會對部屬的思想和意見

所產生的影響。

部屬與主管人之間，都是靠著感覺或態度在溝通，你的表情、走路的姿勢、開會時的坐姿和位置，以及穿著都會顯露你的心態，如果你的態度很差的話，那就更不用說了。

一個人有太多如下的體態行為時，通常會被認為是在撒謊：眨眼過於頻繁、說話時掩嘴、用舌頭潤濕嘴唇、清嗓子、不停地做吞咽動作、冒虛漢和頻繁地聳肩；如果你有這些類似的體態行為，在進行溝通工作時，就不會成功。

作為一個部門主管，你要瞭解到每種體態行為有代表著某種意義存在，例如部屬前來報告，而主管坐在椅子上，雙臂交叉置於胸前，即使你在言語上強調「我重視你的報告……」，部屬看到主管的這個體態行為，所感受到都是「主管不同意，不相信我的話」。其它的「非語言溝通」例子如下：

· 說話時捂上嘴(說話沒把握或撒謊)。

· 搖晃一隻腳(厭煩)。

· 把鉛筆等物放到嘴裏(需要更多的信息，焦慮)。

· 沒有眼神的溝通(試圖隱瞞什麼)。

· 腳置於朝著門的方向(準備離開)。

· 擦鼻子(反對別人所說的話)。

· 揉眼睛或捏耳朵(疑惑)。

· 觸摸耳朵(準備打斷別人)。

· 手觸喉部(需要加以重申)。

· 緊握雙手(焦慮)。

· 握緊拳頭(意志堅決、憤怒)。

· 手指頭指著別人(譴責、懲戒)。

· 坐在椅子的邊側(隨時準備行動)。

- 坐在椅子上往前移(以示贊同)。
- 雙臂交叉置於胸前(不樂意)。
- 襯衣紐扣鬆開(開放)。
- 小腿在椅子上晃動(不在乎)。
- 背著雙手(優越感)。
- 腳踝交叉(收回)。
- 搓手(有所期待)。
- 手指扣擊腰帶或褲子(一切在握)。
- 無意識的清嗓子(擔心、憂慮)。
- 有意識的清嗓子(輕責、訓誡)。
- 雙手緊合指向天花板(充滿信心和驕傲)。
- 一隻手在上,另一隻手在下置於大腿前部(十分自信)。
- 坐時架起二郎腿(舒適、無所慮)。
- 女性通過顯示自己來傳遞信號—— 觸摸頭髮、玩弄項鏈、玩弄她們的腿部、交叉或放開腿部來表現。
- 男性顯示自己則通過諸如拉扯領帶、提提襪子或褲子或者有意察看一下指尖。

7.主管如何向部屬傳達指示

主管向部屬傳達指示,此項工作幾乎天天在進行,身為主管的你,瞭解如何正確進行嗎?

主管要向部屬傳達指示,第一步是思考你需要做什麼?你可以從「期望結果」處來反向分析,也就是說,他們希望得到什麼決定了他們從什麼地方著手工作。在下達第一個命令之前,先想想下面這些事情:

- 我希望從這一情境中得到什麼結果?
- 要達到這一結果需要那些步驟?

‧ 什麼樣的員工最適合執行這些步驟？

‧ 員工在執行這些步驟時，還需要什麼額外培訓嗎？

‧ 如何簡化指示以使員工可以準確地理解它？

‧ 這些指示會對部門運作的其他方面造成影響嗎？（這一重要問題卻常常在主管下達指示時被忽視）

第二步是主管向員工實際發出指示。指示要盡可能簡單明瞭，把它們分解為若干個符合邏輯的步驟。向員工解釋為什麼要執行這些新指示，因為，這是確保他們合作的最佳作法。要充分考慮來自員工的反饋，仔細傾聽他們提出的任何反對意見或他們認為存在問題的地方。

第三步是詢問員工是否理解指令。對於理解緩慢的員工不要顯示不耐煩。這可能表明，他們對新程序感覺不適應。

不要因為自己的資格而自以為是。每天都和這項工作打交道的基層員工會對如何完成工作有更好的具體想法。

第四步是再跟踪調查，瞭解工作是否如期進行，在必要的時候進行局部的修改和調整。

8.常與部屬交流，增進瞭解

作為一個部門主管，欲與部屬進行溝通，是否有成功的捷徑呢？管理專家多年的統計分析，指出「常與部屬交流」、「對部屬加強溝通、增進瞭解」等，均大有助益。

一般來說，當我們初識一群人時，交際中「進展速度」跟「接觸的頻率」成正比。也就是說，如果你跟某個剛認識的朋友總是有機會常接觸的話，你們的關係很快就會得到發展，成為親密的夥伴。同班同學、同辦公室內的同事為什麼很快就能夠形成親密的關係呢？就是因為他們常常見面、接觸，增進彼此間瞭解的機會較多。人與人之間需要經常互通信息，互相交流，才能保持良好的關係。

作為主管，你若想與員工們建立起良好的人際關係，協調彼此間的工作磨擦，在部門內創造一個良好的大家庭氣氛，就必須多與員工交流，瞭解他們的喜怒哀樂，他們的所思、所為、所急，這對於你的工作開展是必不可少的。

以部門為單位，定期舉辦健身活動。員工們之間若能經常打幾場籃球對抗賽、排球對抗賽，不僅有益於身心的健康，還有利於彼此間協作精神的培養。而主管參與其中的比賽，更能提高大家的士氣。你可以乘此機會瞭解一下你部屬的興趣愛好，與他們交流一下彼此間對待輸贏的想法，對待朋友的態度，從側面去觀察他們。

常關心部屬，例如「什麼時候當爸爸，小嬰兒的一切用品都準備好了吧？」。每個當爸爸的人心裏一定都非常自豪，恨不得向天下人昭告自己即將當爸爸一事。若是聽到主管對自己的詢問，心裏必定感激萬分。彼此間的心就會拉近。

記得每個部屬的生日，在他們生日的那天，以你自己的名義或是你部門的名義給他們寄去一張生日賀卡，送上一束鮮花，或是為他舉辦一次小型的生日宴會，其效果必定非常好。

節假日舉辦部門晚會。在重大的節假日，若是你能親自組織、參與一場部門內自編自演的晚會，定會讓你與部屬們有更多的溝通機會。試一試，你將會發現，效果比預期的還要好！

9.主管要尊重部屬

主管欲有效溝通，方法之一是「尊重部屬」。

要別人怎樣對待你，你就應該怎樣對待別人——這是盡人皆知的為人處世的黃金法則。尊重是雙向性的，只有在主管尊重部屬的前提下，你的部屬才能更好地尊重你，配合你的工作。

每個公司最嚴重的問題都是人的問題，員工是公司最重要的最富有創造力的「資產」，他們的貢獻維繫著公司的成敗。每一名員工都

希望自己的意見、想法被主管重視，都希望自己的能力得到主管的認可。一旦他們感覺到自己是被重視的，被尊重的，他們工作的熱情就會高漲，潛在的創造力就會發揮出來。

如何尊重部屬呢？不妨看看下面的建議：

(1)不要對部屬頤指氣使

「小劉，給我買一包香烟。」「小王，你把我的大衣取來，我要出門。」在日常生活中，有不少主管就是這樣隨意使喚自己的部屬，他們擴大了部屬的概念，把它與保姆等同。部屬們心裏會怎麼想呢？他們心中肯定充滿了不滿的情緒，覺得自己被污辱了，從而對主管有了抵觸情緒，怎麼可能會把百分之百的精力投入到工作當中呢？正所謂「恨屋及烏」，如果員工們對主管抱有一種否定的態度，他們又怎麼可能努力去完成主管指定的工作呢？

(2)禮貌用語，多多益善

當你將一項工作計劃交給部屬時，請不要用發號施令的口氣，真誠懇切的口吻才是你的上上之選。對於出色的工作，一句「謝謝」不會發你什麼錢，卻能得到豐厚的回報。在實現甚至超過你對他們的期望時，部屬們會得到最大的滿足。當他們真的做到這一點時，用上一句簡單的「謝謝，我真的非常感謝」就足夠了。

(3)面對員工的建議

當你傾聽員工的建議時，要專心，確定你真的瞭解他們在說什麼。讓他們覺得自己受到尊重與重視；即使你覺得這個建議一文不值；千萬不要立即拒絕員工的建議，拒絕員工建議時，一定要將理由說清楚，措辭要委婉，並且要感謝他提出意見。

(4)對待員工要一視同仁，不要被個人感情所左右

不要在員工面前，把他與另一員工相比較；也不要在分配任務和利益時，有遠近親疏之分。

任何一個成功的領導，首先是尊重別人。如果要做一名成功的主管，那麼先做一個會尊重員工的主管吧。

10.善用微笑以促進溝通

喜歡笑臉常開的人，還是喜歡板著面孔、面無表情的人呢？相信大部份的人都會選擇前者，既是如此，身為主管為什麼不投大家之所「好」，充分利用微笑這一武器幫助自己進行管理工作呢？

在現實生活中，微笑是組織良好的人際關係，調節各種衝突的潤滑劑。微笑就如同陽光，它能給你的部屬帶來溫暖，使他們對你產生寬厚、謙和、平易近人的良好印象。它能縮短你與部屬彼此間的距離。

⑴早晨上班時：在開始一天工作的早晨，你微笑著向部屬們道一聲：早上好！溫和的情誼和真摯的笑臉必將使你的部屬們的心中充滿了點點滴滴的感動：主管人很隨和，一個好印象的種子就在一個微笑間埋入了你部屬的心底。

⑵下班時：忙碌了一天後，下班了，若是此時你能微笑著對他們點點頭，由衷地說一聲：「辛苦了」。你的部屬必定會覺得你是個體貼人的主管，一天工作的辛苦也會因為你的一個微笑、一個問候而化為烏有。

⑶在彙報工作時：在工作彙報時，你若能對彙報者報之以微笑，部屬們將會從你的微笑中受到無形的鼓勵，他們會認為你對所述的問題感興趣，因此他們會將自己心中的對該問題的一些有價值的新見解和盤托出，也許就是這麼一個新設想便將使你的項目煥然一新呢？你從中瞭解到了部屬們的真實心態和他們的工作情形，而這些也是主管必不可少的信息。

微笑應該是發自內心真誠的笑，是有適度有節制的笑容。它既不是那種「笑面虎」的笑裏藏刀，也不是那種只會打哈哈的無原則的濫笑。因為：

⑴「笑面虎的笑」是暗含惡意的笑，他的笑容隱藏著不可告人的動機，是為了達到某種目的的虛偽之笑。

⑵無原則的打哈哈之笑，只會讓你的部屬覺得你毫無內涵，虛偽又做作，從而對你的印象大打折扣。

我們所推崇的微笑決不是以上兩種的微笑，它應該是真摯的、發自內心的，是自己樂觀心態的真實體現，並把這種樂觀的情緒傳染給你週圍的人，從而保持愉悅的心態，充分發揮工作幹勁。

11.主管為什麼要進行溝通

企業管理講究團體智慧，如果不進行有效的溝通，就會導致各自為政，如同幾個人拉車，如果大家用力的方向不同，即使大家都很用力，也無法使車到達期望的目的地。

主管是對部門績效負責的人，因此，對主管來說，溝通就是一件大事，溝通往往決定事情的成敗。

掌握有效的溝通技巧，可以使主管：

(1)擴大自己的影響力，進行有效的合作

有效的溝通可以使主管與他人建立更為緊密的關係，獲得認同和合作，在有利的氣氛下，得到他人的忠誠和支持，建立利人利己的合作模式。

(2)可以激發合作夥伴的工作意願與效率

有效的溝通可以激發合作夥伴的工作意願，使工作更富有積極性和創造性，從而節省時間、精力，減少錯誤所導致的重覆操作，提高工作的效率。

(3)控制與解決衝突

部門內部以及部門之間經常會出現各種衝突，產生衝突的原因是複雜的，但溝通不良是衝突產生的最主要的因素。進行有效的溝通，可以有效地避免和緩解衝突，為部門主管排憂解難。

12.溝通的類型

為了有效實現目標，主管需要與多個方面交換意見，達成對人、對事的共識。

主要溝通對象包括：與上級的溝通、與部屬的溝通、與其他部門同事的溝通。

(1)向上溝通

向上溝通是指與上級之間的溝通，也包括與上級的同事、上級的上級之間的溝通。在你的上級面前，主管所扮演的是部屬的角色。主管的最重要的工作之一，就是有效的輔助上級，而溝通是重要的工具。

(2)向下溝通

向下溝通，是主管的最為重要的工作內容。許多主管往往以工作忙，沒有時間為藉口，不與部屬進行溝通。事實上，主管必須與部屬溝通，主管再忙，也要與部屬進行溝通。

(3)平行溝通

平行溝通是指各主管之間的溝通，企業運作要好，必須各部門間的溝通良好，這種溝通即為協調。企業是團隊作業，各部門主管在負責自己工作之餘，仍必須互相溝通。

13.有效溝通的氣氛

要使每一個群體成員都能夠在一個共同的目標下，協調一致地努力工作，就離不開有效的溝通。因此，主管的溝通是一種有目的的活動。

主管在進行溝通活動時，應當注意建立適當的溝通氣氛，並使這種氣氛配合溝通的目的，如溝通雙方的共識、溝通時機和溝通地點的選擇、溝通時座位的安排等，都會對溝通氣氛產生較大的影響。

主管與部屬溝通的技巧應建立以下共識：

(1)歡迎部屬提意見

部屬提出意見，說明他對問題進行了積極的思考。如果部屬的建議有可取之處，可以補充和完善自己的方案；如果部屬的建議不可取，也可以瞭解員工的想法。

(2)感謝部屬的建議

只要部屬願意說出他們的想法，不論是正面的還是反面的都是好事。一方面主管可以傾聽部屬真正的心聲，另一方面，即使部屬有諸多不滿，但只要他願意說出來，就會給公司和主管一個解釋的機會。

(3)態度要誠懇、端正

態度影響習慣，習慣改變性格，性格決定命運。所以態度是決定溝通成敗的關鍵。

態度端正，是指在溝通中要表現出正確的、良好的行為和表情，要表裏如一、言行一致，要誠懇友善，要能夠接納他人，這樣才能掃清溝通的障礙，讓對方感覺到你的誠意，從而達到溝通的目的。相反，惡劣的態度只會在溝通的雙方之間設置障礙，造成「話不投機半句多」從而導致溝通的失敗。

(4)溝通時應先聽後說

人類有兩個耳朵，一張嘴，目的就是希望你多聽。

作為主管，在進行溝通時，要多聽。應先傾聽對方的心聲，再發表自己的看法。

(5)溝通時機的選擇

進行溝通，一定要把握住溝通的時機。如果在下列情況下，與對方進行溝通可能效果就很差：

- ‧對方正緊張時；
- ‧對方正焦慮時；
- ‧對方正盛怒時；

‧對方正悲傷時。

⑹溝通地點的選擇

根據溝通目的的不同，有時還需要考慮溝通的地點。例如嚴肅的問題，在進行溝通時，應該儘量選擇在較正式的場合進行，如辦公室、會議室等；例如情感方面的溝通，則不需要那麼正式的場合進行，如可以在公園、餐廳或者在公司外等。

⑺面談時的座位佈置

圖 4-7-2　面談時的座位佈置

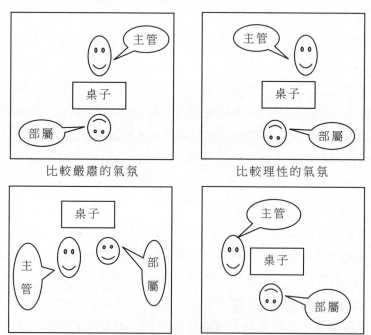

比較嚴肅的氣氛　　　　　比較理性的氣氛

比較緩和的氣氛　　　　比較理性與緩和的氣氛

在進行面談時，座位的佈置往往也會營造出不同的溝通氣氛。

如兩個人背對牆壁，彼此面對面進行溝通，會營造出一種比較嚴肅的氣氛；兩個人如果斜對面而坐，則往往會產生一種比較理性的氣

氛；兩個人如果並排而坐，則會產生一種比較緩和的氣氛；如果兩個人成 90 度角斜對面而坐在桌子角的兩邊，則會產生一種既緩和又比較理性的氣氛。

14.主管說話四大要訣

在溝通過程中，怎樣的說法更有效？

(1)主管必須知道說什麼

與別人進行溝通，首先要知道說什麼。說的目的是什麼？那些話必須說？那些話可以說？那些話不能說？說的重點是什麼？

(2)主管必須知道什麼時候說

有效的談話是需要氣氛的。同樣的話，在不同的時間、不同的地點和不同的情境下往往會產生不同的效果。

同樣一句話，你對甲說，甲會全神貫注地聽；你對乙說，乙卻環顧左右而言他。某些時候，你對他說，他樂於接受；如果換個時候，他卻覺得不耐煩。這就是說，說話的效果與說話的時機和對象有密切的關係。

如部屬犯了錯誤，你要對其進行批評，就應該在他還記憶猶新時進行，如果事情發生得太久，部屬對此已經記憶模糊，這時你才提出批評，會讓人感覺你是抓住人家的小辮子不放，是在算舊帳。

有時候，有些話應該在私下講，如果在公開場合講出來就會產生問題。

(3)主管必須知道對誰說

主管的溝通對象主要是上級、部屬、同事以及顧客。有些事情需要向某些特定的人講，如果選錯了溝通的對象，往往會出現溝通的障礙。

(4)主管必須知道要怎麼說

‧說話一定要言簡意賅。

- ・要建立互相信任的氣氛。
- ・要注意說話的語調。
- ・要使用聽眾熟悉的語言進行表達。
- ・要強調重點。
- ・在說的過程中，確認對方是否明白你所表達的內容。
- ・要多使用肯定的語句。
- ・不要用攻擊、傷害、批評、諷刺的語句。
- ・當你所要表達的意思比較複雜，理解起來有一定難度時，可以採用幾種不同方法，從問題的不同方面進行闡述，或多重覆幾遍。
- ・要考慮別人的情緒。

第八節　主管如何建立績效評估

1. 什麼是績效評估

績效評估是每個公司都要經歷的一道程序；主管要對部屬進行績效評估，更要接受上級對自己的績效評估。公司內的每個人都要參與，這是一個必經的重要歷程。

績效考核是大多數公司每年都必備的一道程序。一般是在每一年度結束前進行，其目的是評價公司中每一個員工的表現。

在評價過程中，主管與員工要聚在一起討論他們在過去一年中的表現如何。這個問題很重要，因為評價的結果，往往決定了員工加薪幅度的大小；員工能否得到晉升，往往也取決於能否獲得良好的績效評價。

公司中的每個人都要參與這項活動。部門主管對他的部屬評價結束後，自己也會受到上級的評價，以此類推，直到總裁。總裁由董事長來評價，評價結果將記入個人檔案。

許多主管不願意把績效評價作為自己職責的一部份。因為它意味著對員工的工作效果和成績進行裁判，然後做出評價，可能會非常尷尬，少數主管擔心造成雙方的衝突。因為員工對自己的績效是一種看法，而主管對他們的績效卻是另外一種看法，此時，又牽涉到「雙方的再溝通」問題，這些都會令主管想逃離「績效評估」這個麻煩項目。

當接受上級對你進行績效評價時，要準備好過去一年所取得成績的書面材料，你不僅要考慮對部屬如何評價，而且要花同樣時間考慮上級對自己的評價。儘量把自己的工作情況談得詳細些(或對某些行為進行辯護)，還要談到你制定的工作目標是什麼。

2.主管要設定績效考核標準

要進行績效考核標準，首先是有一套標準可加以衡量，而這套標準必須是可達成的，太高或太低的均不宜，盡可能具體化、數字化，而標準又必須涵蓋著「時間因素」(達成期限)等。說明如下：

(1)考核標準必須具體

標準是考核中用來衡量部屬的尺度，它表示部屬完成工作任務時需要達到的狀況。因此，標準必須具體明確，不能讓人感到模棱兩可。

對於那些可以直接用數字來表示成果的工作，比較容易理解。例如，對銷售員的考核標準，就可以這樣規定：每月銷售額達到 200 萬元，屬於「優秀」；100 萬元～199 萬元，屬於「合格」，100 萬元以下，屬於「不合格」。

對於無法直接用數字來表示成果的工作，可以設定完成期限的目標，例如「三月份完成人力培訓計劃」、「六個月內達成全公司的制度規劃，九個月內開始試行某部門的制度」……等。

總之，所設定的目標，要盡可能具體化、書面化、數字化、時間化。再舉一例說明：

某家公司對其人力資源部招聘主管的考核標準是這麼規定的：

①收到人力需求後，能夠迅速招收到合格的人員。

②員工的招募成本比較低。

③求職信能立即予以答覆。

‧‧‧‧‧‧

這樣的標準就是不具體的。

「能夠迅速招收到合格的人員」—— 到底什麼是迅速，一個月，兩個月，還是一個星期，兩個星期，‧‧‧‧‧‧這和沒有標準又有什麼區別呢？

「招募成本比較低」—— 怎麼才算低呢？比登廣告的費用少算低，還是比給職業介紹所的費用少算低‧‧‧‧‧‧這不能讓人有一個清楚的答案。

立即答覆求職信，也存在這樣的問題。那麼招聘主管的考核標準怎麼規定才是具體的呢？

應該這樣來規定：

①收到人力需求後，三週內招收到合格的人員。

②員工的招募成本，應比通過職業介紹所尋找的費用低。

③求職信應在兩個工作日內予以答覆。

‧‧‧‧‧‧

⑵考核標準必須適度、可達成的

所謂「適度」簡單地說就是，制定的標準既不過高，也不過低。再形象一點說，就是「跳一跳便可以摘到樹上的桃子」。

標準制定的過低，部屬不費吹灰之力就能夠達到，這樣考核就失去了意義；標準過高，部屬無論怎麼努力都不能達到，他們就會產生

「破罐子破摔」的想法——反正也達不到要求，乾脆不幹了。

只有那些經過一定的努力可以達到的標準，而且是可達成的，才能對員工產生激勵作用。

Dataflex 公司是美國最大的個人電腦經銷公司，公司總裁羅斯就經常制定一些富有挑戰性的標準，來激發員工的工作熱情。他曾經和一個業務員打賭：如果她連續幾個月都創下 60 萬美元的銷售業績，就將贏得一部 BMW 新車。於是這個業務員的勤跑生意，不但贏得了這部車，而且創下每個月銷售 100 萬美元的好成績。

(3)要設定完成目標的期限

上級所設定的目標，應在期限內完成。例如「每月完成銷售額100 個單位」、「每月賣出總計 70 萬元的貨品」、「每天拜訪 12 個潛在客戶」，這類「每天」、「每月」都是限制完成的期限。

3.績效評估的標準

進行績效評價的第一步是制定公平的工作標準。如果沒有衡量的標準，就無法對績效做出評價。

下一步是衡量員工實際完成的工作，並把它與事先確定的標準相比較。如果工作的要求只是產品數量的多少，那麼員工的績效就易於衡量，也易於向員工解釋。

主管對部屬說：「這項工作的標準是每小時加工 100 個鏈齒輪，廢品率不超過 1/800。比爾你每小時能加工 102 個，但廢品率是1/500。首先祝賀你在工作量上超過了規定。下一步我們要的是如何提高質量。這是你下一年度的最重要目標。」

當工作所產生的結果是無形的時候，評價就會變得比較困難。例如，辦公室前台接待員的任務，是把來訪者指引給他們要找的人，並保證他們帶著對公司的良好印象離開。除了從接待室中客人臉上的表情可以看出他們是否滿意之外，你還有什麼辦法來對接待員的績效水

準進行評價呢？

如果工作的結果是無形的，員工在參加完績效考核面談之後就會認為主管的判斷是主觀性的，他們是以個人的好惡而不是員工的實際表現作為依據。此時，其他的評價標準就變得很重要。例如可以這樣考慮：把績效水準同獲得的重要工作技能聯繫起來。

4.如何檢查部屬工作

檢查部屬的工作，主要是檢查對政策、計劃、指示等的執行和落實情況，看部屬是否準確迅速、積極主動、卓有成效地完成了佈置的各項任務，這是檢查工作的主要目的和內容。檢查工作不是一件單一的、孤立的事情，它也是搜集信息、考察培養部屬、推進工作、提高自身素質的重要管道。

(1)檢查工作事先要有準備

檢查工作是一件嚴肅而細緻的事情，如果毫無準備，心中無數，就不要進行，而應準備好了再說。所謂準備，就是對所要檢查的工作，在總形勢上有一個基本的瞭解，在政策上比較熟悉，對傾向性問題也要心裏有底，以便更有針對性地進行檢查。不然，檢查過程中，就容易出現有所不知，或說錯話、出歪主意的現象。

同時，對檢查的重點在那裏、那個是關鍵部位、何處是薄弱環節，也要基本掌握，不然就會收效甚微。對於一些規模較大的、複雜的檢查項目，事先要有一個較詳盡的計劃，人力如何配備、時間如何安排、達到什麼要求、採取那些方法步驟，都應事先討論明確，然後按照要求進行分工，各負其責。

(2)檢查工作要明確標準

檢查工作沒有標準會讓人感到無所遵循。一般地說，要以原來制定的目標和計劃為標準，但是又不能把這個標準看死了。它既是確定的，又是不確定的。所謂確定的，是說必須拿目標、計劃作為尺度來

衡量實際工作情況,非此不成為檢查工作。所謂不確定的,就是不能削足適履,硬要客觀事實符合主觀認識。為此,檢查可以分為兩步:

　　第一步是以既定目標和計劃為標準,衡量工作進展情況及績效;第二步是以實踐結果為標準,分析其與原定目標的差距,找出得失成敗的原因,擬定糾正的措施。

(3)檢查工作時不要亂發議論

　　部門主管檢查工作,當然要表明態度,提出意見,發表議論,但不能隨意地、無所顧及地、不負責任地亂發議論。作為基層的部屬長年在下面工作,那裏的情況他們最熟悉,最有發言權。即使有需要指正的地方,也要看準了再說,不要亂表態,作為部門主管的意見,部屬們是很重視的,如果亂發議論,不但會使自己被動,降低自身的威信,而且會給部屬造成壓力,給工作帶來損失。

(4)檢查工作時要敢於表揚和批評

　　部門主管在檢查工作時,必然要對部屬的工作做出評價,或表揚或批評,目的是更好地激發積極性,激勵他們做好工作。為此,首先要堅持原則,敢於講話,是非要清楚,功過要分明,正確的堅決支援,錯誤的堅決糾正,好的要表揚,壞的要批評,不能含糊敷衍,模棱兩可。其次,要掌握分寸,不能過頭。表揚要實事求是,留有餘地;批評要誠實中肯,恰如其分,嚴而不屬,不要抹煞對方做出的努力和成績。只有這樣,才能使其口服心也服,便於今後改進工作。

(5)檢查工作不可以走馬觀花

　　不從實際出發看問題,而是戴著有色眼鏡看問題,先入為主,自以為是,不能全面、客觀地看問題,只知其一、不知其二,只見樹木、不見森林,走馬觀花,蜻蜓點水,知其然不知其所以然,這些都是檢查工作的大忌,一定要注意防止和克服。檢查過程中,不要帶框子、抱成見,而要一切尊重客觀事實,具體問題具體分析。好話壞話都要

聽，缺點成績都要看。要扎扎實實，瞭解真情況，獲取真知識，總結真經驗。不要作風飄浮，淺嘗輒止，說套話，打官腔，走過場等等。

⑹檢查工作要切實解決問題

只看病不治病，只調查不解決，是一些主管檢查工作時常犯的毛病。為什麼要檢查工作？說到底，就是要發現問題，解決問題，把事業推向前進。當然，與發現問題比起來，解決問題是要費力氣的，部門主管就是要知難而上，努力從解決問題上看本事，見高低。凡是當時就能解決的，就要立即解決，當時不能解決的，也要本著為事業負責的精神，創造條件，抓緊做工作，爭取儘快解決。

5.主管要考核部屬的幾個項目

主管對部屬的績效考核，考核的重點有多種，包括業績考核、品德考核、能力考核、態度考核。

⑴業績考核

任何企業和部門，只有創造出一定的利潤來，才能夠繼續生存和發展。而利潤是由員工創造出來的，只有每個員工都朝著企業發展目標努力去工作，企業才能興旺發達。

在企業中，對員工的工作業績進行考核，是非常重要的，員工的業績包括什麼呢？可以用兩個詞加以概括—— 效率和效果。

效率，是指投入與產出的關係。對於一定的投入，如果能獲得比別人多的產出，那麼你的效率就高；或者說，對於同樣的產出，投入的比別人都少，那麼你的效率也是高的。例如，裁剪同樣一件衣服，別人需要 7 尺布，而你由於改變了方法，只需要 5 尺布就夠了，那麼你的效率就比其他人高。

在投入方面，除了原材料以外，還有一個重要的因素，那就是時間。可以用時間來衡量員工的效率，服務員甲修剪一個髮型需要 40 分鐘，而乙修剪同樣的髮型只需 30 分鐘。很明顯，乙的效率就比甲

的高。

在生產性企業，A 和 B 兩個人裁剪同樣一件衣服都用了 5 尺布，那麼他們誰的效率高呢？這就要借助於時間了，A 裁剪這件衣服花了 10 分鐘，B 則用了 15 分鐘才完成，顯然 A 的效率比 B 高。

「如果 A、B 兩人裁剪同樣的衣服，花費的時間不同，耗費的布匹數量也不同。那麼，怎樣來考核他們的效率呢？」

A 裁剪一件衣服用 10 分鐘，需要 7 尺布；B 裁剪這種衣服要用 15 分鐘，但他只需要用 5 尺布。假設每尺布的進價是 1 元，每件衣服的賣價是 10 元。那麼在 1 個小時內，A 創造的利潤是 18 元，而 B 卻可以創造出 20 元的利潤。每天按工作 8 小時計算，B 就比 A 多創造出 16 元的利潤。那麼這兩個人誰的工作效果好，便可以一目了然了。

由此可見，效率涉及工作的方式，而效果則涉及工作的結果。

任何企業和部門都在朝著「高效率＋高效果」這一方向努力，那麼對員工的考核當然不能少了這一內容。

(2)品德考核

不管一個人能力有多高，品德不好，絕不可重用，小用尚可，重用則有遺禍。

在日常的工作過程中，部屬做事的風格，例如，是否尊重別人，與其他同事合作；是否尊重事實，知錯必改；是否遵紀守法，維護公共利益；是否能夠保守公司的商業秘密；是否言行一致，說的和做的一個樣；是否能夠公正的對待別人；是否兩袖清風，潔身自愛；是否在任何場合都有一樣的表現，⋯⋯這些都是部屬品德的具體表現，都應當是部屬品德考核的內容。

(3)能力考核

主管對部屬的考核，除了「業績」、「品德」外，還要考核部屬的

「能力」。

　　那麼怎樣對部屬的能力進行考核呢？我們不妨把「能力」分解成具體的、可以測量的外在內容，問題就可以解決了。

　　具體來說，能力可以分解成四部份：一是常識、專業知識；二是技能和技巧；三是工作經驗；四是體力。

圖 4-8-1　部屬工作能力圖

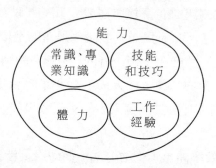

　　小王和小孫分別從中專和大專畢業，畢業後來到同一家公司。小王負責文件管理工作，包括文件的打印、分發、保管等等，由於工作比較簡單，他做的非常出色，從來沒有出過差錯。小孫則不同，他主要從事文件的起草，由於這項工作比較複雜，有相當的難度，儘管他也非常努力，但是工作完成的並不十分出色。如果我們簡單的依據工作完成情況，對他們進行考核，認為小王對公司的貢獻比小孫大，這顯然是不公平的。

　　所以，在業績考核的同時，還必須對部屬的能力進行考核。

　　主管在運用部屬人才方面，要注意到能力考核不僅僅是一種公平評價的手段，而且也是充分利用本部門人力資源的一種手段。通過能力考核，將有能力的人提到更重要的崗位上，把能力偏低的人調離其現職，這無疑會是促進本部門更好的發展。

(4)態度考核

　　主管在考核部屬的能力、業績時，這當中仍有一個「態度」重要因素，理由在於人們的能力有高低之分，但這決不是人們工作好壞的關鍵，工作好壞的關鍵在於他有沒有幹好工作的強烈欲望。

　　「能力」、「業績」、「態度」三者的關係惜惜相關，可用下圖加以表示：

圖 4-8-2　能力與其他因素關係圖

　　工作態度是「工作能力」向「工作業績」轉換。只要員工的工作態度不錯，工作能力就一定能全部發揮出來，轉換成工作業績嗎？

　　這也未必，因為從能力向業績轉換的過程中，除了個人努力因素之外，還需要其他一些中介條件：有些是企業內部條件，如分工是否合適，人際關係是否融洽，指揮是否正確，工作場地是否良好，設備是否先進……；還有些是企業外部條件，如宏觀經濟環境，國家的法律政策，原材料的供給……這些都影響著能力向業績的轉換。

　　一般而言，部屬的能力越強，他的工作業績就越好。但是，有一種現象卻使我們無法把兩者等同起來，例如，某個部屬的能力很強，但是在工作中出工不出力；而另外一個部屬，能力雖然不及前一個人，卻兢兢業業、勤勤懇懇，工作業績相當不錯。兩種不同的工作態度，產生了截然不同的工作效果，這與能力無關，與工作態度卻有密切的關係。

　　所以，在考核的內容中還應當包括工作態度。你的部門是不能容忍缺乏幹勁、缺乏熱情的部屬甚至是懶漢存在的。

6.主管要求部屬作「自我評價」

在同員工進行績效評價面談之前，就應該讓員工們評價一下自己在過去一年中的表現，他們對自己優缺點評價的準確性會令你吃驚。通過閱讀員工的自我評價，主管可以發現部屬的那些看法與自己相同，那些不同。

要部屬們進行自我評價還有其他好處：

⑴部屬們會被迫對自己在過去一年中的表現進行認真的回顧。自我評價是自我改進的第一步。

⑵使部屬們意識到績效評價工作是一個持續的過程。 他們不能以過去的成績自居，即使是老員工也不行，這一意識會促進他們改進工作。

表 4-8-1　員工自我評估表

評估項目	評價
1. 最需要改進處	評價分數
2. 與他人合作	評價分數
3. 目標完成程度	評價分數
4. 解決問題方面	評價分數
5. 積極性	評價分數

⑶部屬們經常會揭示出一些主管不瞭解的事情。例如，部屬指出自己感到某些技能是他的弱項，主管就知道了，這位部屬對這些方面的工作沒有把握，主管可根據這一情況安排額外的培訓。

(4)自我評價提醒主管：部屬們所考慮的問題是不可忽視的。

要確保在績效評價面談會議上，雙方都是平等的。要求部屬事先填好一張評價表，然後帶著筆來參加面談。

對部屬來說，這是評價你自己在過去一年中績效表現的機會。請仔細閱讀每一項，對自己要誠實。帶著填好的表格去與主管進行面談。把你對自己的評價與主管對你的評價加以比較並進行討論。

主管對部屬的評價會記入部屬的個人檔案。如果部屬覺得評價是不公正的，可以提出來，意見也將被記入檔案。

用下列尺度評價自己的表現：

①表現不盡如人意；②表現一般；③表現良好；

④表現優秀；⑤表現卓越。

7.主管對部屬的績效評價會談

主管經過一定期間的觀察後，終於對部屬進行考核了。

部屬去會見上級時一定十分緊張。對部屬來說，這是一年中最重要的會見，能否加薪或晉升在此一舉了，主管應該讓部屬儘量放鬆。

個人意見通常可以緩和氣氛。在正式談話之前，對評價過程做回顧。問問該員工在填寫自我評價表時有沒有困難。發表諸如「對自己進行評價總是很難」之類的看法。這是一種在融洽的氣氛中進入主題的方法，並向部屬們表明，你也承認對他們進行評價並非易事。

會見的地點和布置越不正式越好。例如，如果是在你的辦公室裏，你坐在辦公桌的一端，你的部屬坐在另一端，這樣你就很明顯地是以高高在上的領導身份出現的。如果你們同坐在一張小桌旁，那麼你們就處於更為平等的地位了。

在評價部屬的績效和表現時，要從他們的成績講起。對他的成績加以肯定和讚揚，必然會令他感到舒服。重復一遍讚揚他的話題不失為一種結束面談的好方法。也就是說，應該把令人不快的話題放在中

間說。

對主管來說，要獲致你對部屬的「績效評估」之前，一個有利的建議，是要求部屬先做「自我績效評估」，主管在審閱部屬所遞交「自我績效評估」後，再依照各種辦法去對部屬進行績效評估，並對評估結果加以告之部屬。

對部屬來說，會見上級接受評價，是一個緊張的時刻。許多員工不可避免的認為對工作的評價只是對他們提出批評，而無其他目的。因此，適當地安排會見的過程是很重要的。這一選擇包括以下幾個步驟：

⑴讓部屬們知道將要開展績效評價活動。確定評價的時間。讓他們知道公司中每個人都要接受評價。

⑵重申一下會見的程序—— 即使是對已經有過幾次類似經驗的老員工也要這樣做(有的主管樂於召開整個部門的大會，宣布評價的過程是怎樣的。這樣做的優點是讓部屬們知道每個人都要接受評價，不然部屬們會提很多問題。)

⑶把自我評價表發給部屬們。告訴他們在會見時要把填好的表帶來。指導他們如何填寫，但不要涉及到每個人的具體問題。

⑷找一個不會被人打擾的地方進行會談。績效評價面談是如此重要，因此你不想在該過程中被人打斷。

⑸查閱一下該部屬的就業、工作情況。

⑹查閱一下該部屬過去的績效評價結果，那些地方是最需要改進的。

⑺回顧一下該部屬在過去一年中的表現，他是否努力去改進過去的那些缺點？

⑻隔幾天以後再對該部屬的表現重新檢查一遍。反思一下你是否完全公平？

(9)當你對某個部屬的評價拿不準時，可以向你的上級或同僚請教。這會幫助你獲得其他的看法，有助於你做出評價。

8.績效評價會談的操作重點

績效評價的會談，對主管與部屬而言，都是一個很好的交換意見機會。

員工可以瞭解上級對他的看法如何，主管可以瞭解員工對待公司和工作的態度。交談可以自由地從一個話題轉換到另一個話題，但主管應保證在談話中包括以下幾點：

為了使績效評價面談變成真正的相互交流和討論，在該員工能夠提出有說服力的理由的情況下，主管應願意對評價的等級進行適當的調整。

主管：「在部門合作方面，我給你的評價等級是 3。這並不算壞，我認為你可能得更好。」

部屬：「嗨，我認為至少應該是 4。」

主管：「為什麼呢？」

部屬：「還記得貨運部要求所有訂單必須在中午前送到倉庫嗎？我為此更改了全部工作程序。雖然這樣使我增加了不少額外的工作，但我還是這樣做了。」

主管：「你說的對。我忘了這點。你應該得到 4。」(把評定等級改過來)。

員工談到了與當前主題有直接關係的那件事。在這種情況下，改變評定等級就向員工表明了主管的公平態度。

主管在與部屬的績效評價會談裏，要注意那些事項呢？提供你下列參考重點：

(1)對該員工所從事的工作的期望或工作標準是什麼。

(2)與工作標準相對照，公司對該員工的實際表現所做出的評價是

什麼。

(3)與工作標準相對照，該員工對其實際表現所做的自我評價是什麼。

(4)就這兩個評價結果的異同進行討論。

(5)該員工需改進的工作內容和個人技能。

(6)應採用何種方法對工作加以改進。

(7)為下一財政年度確定目標。

(8)達到這些目標的方法是什麼。

(9)主管準備上交的對某員工的最終評價結果是否已經被該員工清楚地瞭解。

9.主管如何要求部屬限期改善

在績效評價工作裏，給予評價只是一個工作結果而已，目的仍是在於希望部屬能藉此瞭解，而達到改善工作。對主管而言，在績效評價會談，必須對部屬提出批評或建議，只要在提出評估時，主管能注意到措詞、言語、態度、誠懇，部屬會欣然接受的。

主管對部屬，首先是「對不良績效的批評」，其次是「要求對此項目加以改善。」

如果員工的績效沒有達到預期的要求，主管必須指出這一事實，主管應注意用些技巧，儘量避免產生負面效應。

在這樣的談話中，態度是很重要的。主管千萬不要表現出一種譴責的、命令的、憤怒的或自以為公正的態度。主管的語調要平靜，形體語言也不要有威脅性。

在整個談話過程中都要保持平易近人的態度。要明確、客觀，以事實為依據來指出問題所在。

例如下列，主管可明確的指出張小明的缺失：

「小張，按照要求你應該每週處理 100 份信用貸款申請。去

年，你平均每週量還可以達到 98 份，而今年卻降到了每週只有 91 份。這是怎麼回事？」

接下來，給部屬一個解釋的機會，他的理由可能是很充分的。例如：「過去，我們只對兩個證明人進行調查就夠了。而今年年中實行的新工作程序卻要求我們至少要與 3 位證明人聯繫，這樣，處理每份申請所花的時間就長了。」

部屬對績效的下降做出了完全合理的解釋，你應該仔細研究一下工作程序的變化，看它是否對工作標準產生了影響。

但在許多情況下，部屬們並不清楚為什麼會做得不好。他們給出的理由可能使問題更模糊而不是更清楚了。這就要求主管保持鎮靜，把焦點集中在主要問題上。工作量為什麼減少了？更重要的是如何才能使他達到工作標準？

詢問部屬，看他是否知道有什麼解決的辦法。如果他們並不清楚造成問題的原因是什麼，他們提出的建議也可能是沒有用的，但還是要給他們一個提建議的機會。這樣做的目的是讓他們關心這個問題，並讓他們明白主管是會幫助他們的。

主管找出實際的解決辦法，以幫助的形式提出這些辦法。「張小明，我認為你再接受一次培訓很有益處。我已為你安排好了課程，兩週之內就開始。」重申一遍工作的績效標準是什麼，讓部屬知道你可以幫助他們。

以肯定員工成績這種積極的方式來結束會談，會抵消由於批評而引起的負作用。

表 4-8-2　改善計劃表

改 善 計 劃 表

①職位：信用貸款申請審核人員

②員工：

③工作標準：每週處理 100 份申請

④實際達成額：每週處理 78 份

⑤建議改進計劃：將參加一個為期兩週的有關處理信用貸款申請的課程。
將與公司高級信用申請分析家工作一週，然後將繼續做審核分析員工作。

⑥改進計劃表：

月份	目標額	實際應改進的工作量
5 月	100	78
6 月	100	83
7 月	100	87
8 月	100	90
9 月	100	93
10 月	100	96
11 月	100	98
12 月	100	100

⑦我承諾完成這一計劃

員工簽名：　　　　　　　　　　　　日期：

　　主管在會談中，指出部屬的缺失後，下一個步驟是提出方法，制定改善的標準。希望部屬能有所改善。

　　例如單位內的李小姐小姐，工作項目包括處理申請貸款的審核工作，由於工作量太慢，每天僅處理 78 份，未達目標額(100 份)，故主管在與李小姐績效評估談話後，要求了李小姐限期內逐步加以改善。

一位只能完成工作標準 78%的部屬不太可能僅僅由於受到警告或是額外的培訓一下子能將工作改進到百分之百的達標。部屬接受必要的訓練和技能學習是需要一定時間的。

對部屬來說，要求不太高，不必讓他們一步登天的績效改進標準更容易被接受。他知道自己有充分的時間掌握要做的工作，與部屬一起制定一個時間表，徵得部屬對該計劃可行性的認可。

這種逐步改進的方法，具有下列優點：

⑴部屬認識到在達標過程中，他將得到幫助。

⑵部屬認識到公司對其要求是合理的。公司並不是一下子要求提高到百分之百。

⑶部門主管可以逐月給予監督，以觀察他是否達到了預定的標準。

第九節　主管如何處理衝突

1. 不要擔心衝突

作為一個部門主管，經常面臨著各種衝突，這種衝突可能是「你與部屬之間的衝突」、「部屬與部屬之間的衝突」、「上級與你的衝突」，你如何調和、解決這種衝突呢？

當衝突出現時，不要慌張，保持鎮定，努力認清問題的真正原因，尋找解決問題的最佳可選擇方案。事情就那麼簡單！

人人都害怕出現衝突，因而出現了衝突時便不惜一切代價來消除它；其實，對主管而言，有些衝突是好的現象。

並非所有的衝突都是不利的。有時，一些意見上的分歧是十分必

要的。人們持異議或不贊同是一種很自然的事情，不必把爭論看做一種威脅而是看做一種健康的行為，那麼你的部門會因此受益匪淺；如果對什麼都保持一致、滿足，就不會有挑戰，不會有創造性；也不會有相互的學習和提高。例如，如果有兩名部屬就某一問題的最佳解決方案爭得面紅耳赤，這時候你要表現出對他們這種認真態度和敬業精神的讚許，再得出一個實際可行的折衷辦法，或者從一個特殊的角度來發現解決問題的妙方。

2.主管處理衝突的方法

如何去解決這些衝突，對於一名新主管來說，將是一件比較棘手的問題。介紹幾個解決衝突的基本態度，對於主管來說是有很大益處的：

(1)確定目標

這個目標是你最終決定解決方案的根本出發點。在面對衝突時，你可能在雙方的利益前難以取捨，如果你在解決衝突前確定了目標，那麼你以這個目標為標準去衡量得失、權衡利弊之後，你就會果斷得出解決問題的方法。

當部屬因意見不同而發生衝突時，你如果向員工明確出本部門的工作目標，員工們常常會發現他們各自努力的方向原是同一目標，只是方式不同而已，這樣有助於消除他們之間的衝突，「求同存異」，或者尋求能夠達成一致的意見。

(2)協調各不同派別的領袖

召集最能解決問題的人。這些人應該是問題中的權威。他們可以是「各派」的首領，可以是某一類問題的專家，甚至可以是你的老闆和與這類爭端有聯繫的其他部門領導，當然也包括你。當你把這些權威們召集起來的時候，儘量讓他們陳述出自己完整的觀點，開誠布公的討論問題，以最直接的方法解決衝突，盡力促成他們的互相理解與

達成一致。這樣一來，衝突就可以說是基本解決了。因為下級員工一般都是支持權威，一旦他們的「領袖」做出決定，他們自然也會跟著做出讓步。正所謂「領頭羊」的效應：一群羊中往往有一隻強壯的領頭羊，無論它去那，其他的羊就都會跟著它去，趕羊人就是利用這一點，只要控制領頭羊的方向，就可以毫不費力的領導整個羊群。

⑶保持客觀公正

客觀公正是主管解決衝突必須遵循的一個重要原則。如果主管有失公正，往往會使衝突更加激化。

主管也是一個凡人，也與常人一樣有自己的喜好，但是當你以裁判的身份進行調解時，用你的心靈去觀察整個事件，這樣才能客觀公正地去調解，才有助於衝突的解決。

⑷爭取雙方都有益

在解決衝突時，要爭取「雙贏」，有助於消除衝突的後遺症，使雙方都滿意於目前的解決方式。

身為主管，你首先要以整個部門的利益為標準，在不損害部門利益的前提下，考慮衝突雙方的利益，站在別人的角度上去思考問題，這將可以讓你在作決定的時候，保持客觀公正，有利於照顧雙方的利益。

⑸遵守循序漸進的原則

當衝突特別尖銳的時候，主管切不可過於急躁。

通常有些主管不耐煩於無休無止的調解，以主管的身份去下達命令，結果是使事情變得更糟。對待這類衝突，主管應遵守循序漸進的原則。

首先，主管要先調查衝突的起因；然後，主管要商討解決的方案。在解決衝突過程中，主管應保持冷靜與克制的態度，先平息雙方的怒火，再以討價還價的態度逐步促使他們達成共識，解決衝突。

(6)防止同樣衝突狀況再度發生

企業經營要吸取教訓，化為力量往前行；主管的經營一個部門也是同樣道理，衝突一旦產生，化解之後就要設法使它不再度發生。

為了避免再發生衝突，一項衝突過後，你不妨這樣想一想：

· 為什麼會變成這樣場面？

· 為什麼要那麼堅持？

· 對方為什麼要如此堅持？

· 自己的主張是正確的嗎？

· 有必要堅持己見嗎？

· 自己的表達方式是否有問題？

· 即使溝通不成功，也不表示你輸了。

· 如何化敵為友呢？今後如何做？

3.如何處理主管與部屬的衝突

新主管和部屬之間衝突衝突的產生，通常是因為你們對工作有著不同的標準和期望。

你希望部屬能夠儘快地完成工作；而他認為你太不現實。因而導致你很失望，他也十分灰心。

另外一名部屬希望你能為他提供更好的工作條件，而你沒辦到，於是他生氣，你也不知該怎麼辦。

有一名部屬對你十分粗魯；還有一名部屬總是不合適地奉承你。你該如何處理呢？

· 必須弄清這種衝突是什麼。

· 要找出導致這種衝突的原因。

· 必須正視所要克服的障礙。

· 要檢測你所採用的方法是否能有效解決這一衝突。

· 要預見事情的結果，不管你最終是否能解決這一衝突，對結果

的可能情況要心中有底，不至於到時手足無措。

要處理好與部屬之間的衝突，主管首先要有寬廣的胸懷，善於求同存異，虛心聽取各種不同的意見和建議，不要總是對一些細枝末節斤斤計較，更不能對一些陳年舊賬念念不忘。

以第一個衝突例子，來說明主管如何因應？

小劉的工作總是很遲緩，他經常連你的最低要求也達不到。你已經與她談過，並且仔細地觀察他的工作，給他提了一些良好的建議。但這一切都無濟於事。每一次與他談及工作時，他便感到沮喪不安。要弄清這種衝突，你必須明白這種衝突的產生，在於你與小劉雙方對工作有著兩種不同的標準。

問題的關鍵，在於你必須讓此事引起他的高度重視。

障礙好像是小劉不願意與你談及他的工作，或者他的確沒有能力把工作做得更好。

你可供選擇的解決辦法是：對小劉進行專門培訓，調動他的工作或降低你的期望。

如果把這一衝突置於一邊不予理睬，則可能使你總感到不滿意，如果面對這一衝突的話，可能會使小劉的工作得到改善，他也能與你進行更好的溝通；但另一面可能會導致她辭職或被辭退。要回答的問題是：你是否願意冒這個險呢？否則，你就只能讓這一衝突繼續存在下去。

再介紹第二個例子，看主管如何處理衝突。

小楊總是抱怨工作間裏噪音過大，而你對此未加理睬或無能為力。於是他生氣並且因此埋怨你。這個例子的衝突，在於你們對於何種行為可以接受的觀念差異。

導致衝突的原因，在於他認為你是主管應當對噪音予以重視的，而你只不過是不願意採取什麼措施。

障礙在於你要面對小楊對你的不信任和的確存在的噪音。

問題的解決，在於你和小楊交談時要注意技巧，應努力使他參與共同謀求解決的辦法。例如說，建議他戴上耳塞等。

可能的結果，可能是小楊接受你的建議，改變對你的態度，另一種結果是繼續埋怨甚至責罵你，直到你不得不調動他或者乾脆辭退他。下列是主管與小楊的談話過程：

主管：小楊，我對你的責罵表示遺憾。如果你有什麼話要說，我希望你在冷靜下來之後再同我談。(略停頓一下)好了，告訴我到底什麼問題？

小楊：你應該知道是個什麼問題—— 你對我們根本不關心。這該死的噪音一直使我頭疼。而你視而不見。

主管：我已經跟老闆談過這事了。而他只能責怪機械師。顯然他採取不了什麼有效的措施；你說你一直為此感到頭疼，我表示歉意。你看是不是調動一下工作或者你能否戴上耳塞什麼的，這樣也許會好些。或者你有什麼更好的辦法，請告訴我，我會盡力去辦到。

小楊(略為抱怨地)：或許我可以坐得離窗子更近些，這樣也許好點……

主管：你這個方法，那麼就這樣來試一個星期，如果仍不行的話，我們再坐下來心平氣和地好好談談。

在上述這個例子中，主管給小楊提供了一些可能有效的解決辦法，並且明確指出小楊的責罵行為是不當的。

但是在處理這一衝突時，可能會引發另一種結果：儘管到目前為止雙方的態度都很合作，但那個本來坐在窗戶邊的第三者會怎麼想呢？如果小楊過去，那麼他到那兒去呢？他會願意嗎？所以主管還必須同這第三者談一談，確信這樣解決不會導致他們二者之間的不和。

衝突會產生，多是因為人們對信息的理解和掌握不一樣（小楊認為你能夠解決這個問題），或者對問題持不同意見（小劉認為他已幹得很不錯了），或者是你們的目標和價值判斷就不一樣，你們對於公司的忠誠度不一樣，甚至是非觀念都相去甚遠。

4. 如何處理你與上級的衝突

另一種衝突是主管與上級的麻煩，作為一個部門主管，如何處理你與上級之間的衝突呢？

當「主管」不容易，當「主管的上級」更不容易！當上級就像是為人父母，既需要技巧而且要有藝術性。技巧可通過學習可以得到，但藝術性則是一種長期的素質，作為一名師長，一名教練，一名領袖，或一名舉足輕重的權威，要具備技巧與藝術的優良素質。

有些上級具有很多優點，但所有的上級都有缺點。如果你不能處理好與你的上級之間的關係，你最好還是另求他主；除非你能夠做得相當相當出色，因而避免所有可能出現的衝突，但這不可能。

對於你和上級之間的衝突，讓我們來反推一下，你認為上級對你的期望過高（正如小劉這麼看待你一樣），或者是故意不滿足你所必須的、合理的要求（正如小楊如此看待你一般），於是上級跟你生氣了；而你也對她或他頗有憤恨── 那麼你該怎麼辦呢？

作為一部門主管，你與上級保持和諧關係是十分重要的，所以，你第一步要去瞭解你的上級。例如先分析一下你的上級，對於下列問題做出回答：

· 你的上級是願意接受書面報告，還是願意接受拜訪或者邀約面談？

· 你的上級在談論問題時是間接婉轉還是直指主題？

· 你的上級是看重具體事件或重視創造性和與眾不同？

· 你的上級是否對某一部份人有偏見，或者在暗中支持某一個

人？

· 你的上級是否重視信息的反饋？即便是消極的反饋他也很重視？還是只願聽好消息？

· 你的上級是喜歡親自解決問題呢，還是通常只提供解決的方法？

· 你的上級是否總是很樂意去瞭解情況或者是僅限於已知的信息？

作為主管人員，與上級諧調是十分重要的。舉例說：如果你的上級較容易發脾氣，你諧調的方式是最好保持沈默；如果你的上級做事雷厲風行，那麼不諧調的方式便是工作拖沓。

瞭解你的上級只是第一步。第二步是要瞭解你自己，看你能在多大程度上滿足上級的期望，你在多大程度上能夠做一個上級所希望的那種部屬。

處理好上級關係，即是你的責任，也是你上級的責任。而且你必須意識到上級所給你的責任、工作上的壓力以及各種期望都可能是他的上級所給予的。

你肯定會遇到上避開對你發脾氣的時候。如果這個脾氣發的對，你就必須承認錯誤，並且做出承諾該如何去改正或提高，而不是對你的錯誤進行辯護。如果他的脾氣發的不當，你可以指出並且向他把事情解釋清楚，告知他不應當對你發脾氣，而且，與他達到諒解後，還可以為他提供解決問題的建議。

5.同部門部屬之間的衝突

另一種常見的狀況，是主管部屬之間的衝突，部屬同仁之間的衝突。主管要處理「與上級的衝突」，要處理「與部屬的衝突」，還要處理「部屬與部屬之間的衝突」。

部屬之間的衝突有以下幾種：

· 年齡差異引起的衝突。

· 認識不同引起的衝突。

· 個性差異引起的衝突。

· 崗位不同引起的衝突。

· 信息佔有不同引起的衝突。

· 價值觀不同引起的衝突。

　　主管人員有責任來營造良好的工作環境，這意味著你所在的工作環境必須使部屬能夠愉快高效地工作，這樣才能實現本部門目標並使人們為此感到滿意。你可以通過下列方式來達到這一點：

　　儘量使自己能讓部屬接近，通過與他們的交談來瞭解工作的進展或是遇到什麼麻煩。做這種部屬能接近的上級，你必須能夠仔細聽取他們的意見，你必須處處體現出對他們的關切和在意。去瞭解事情的進展，意味著要通過積極的詢問來獲取信息。看是否有人需要幫助或努力去發現一些細小的變化（如有的工人使勁敲門，亂扔工具或者大聲叫嚷、遲到等），因為這些細微的蛛絲馬迹中可能蘊含著矛盾衝突。你最好是在問題嚴重之前就解決它，尤其是這種涉及多名部屬的問題。沒有人願意生活在不愉快的環境之中，一個有問題的部屬可能導致整個工作的氣氛令人不愉快。假設你有兩名部屬經常爭吵，那麼你就有必要去弄清這種爭吵的實情，只是一種開玩笑的嘲諷嗎？或者僅是用於閑極無聊時解悶逗趣的一種方法呢，還是暗中帶刺相互中傷的爭吵？如果屬於後者，你便要作為中間人去加以調解了。

　　如果遇到部屬之間的衝突，最好是單獨私下裏聽聽雙方的陳詞，但不要急於表態肯定或否定。當人在氣極時可能會說出諸如：「我再也不會跟你反映任何事情了」的話。你要避免火上澆油的正面衝突。部屬向你談及他的感覺，能夠消除他的怒氣，待事情冷落下來後，再就此做出決定，看如何使他們更好地相處來實現部門的目標。

不要指望分歧的雙方能夠和好如初。但要告誡他們必須相互尊重，不論感覺如何，都應當充滿理智地以禮相待。這時候，你便有權威來訂出一些條例。例如說：不得故意破壞或擾亂他人工作；不得對同事持不合作態度；不準因任何理由動用暴力等。

在這種情況下你可能遇到的問題，是你的其他部屬會對此表明他們的態度。因此你可能會看到一半的人與另一半的人形成對峙。這時，除非你有絕對的把握誰是誰非，否則不要表態。首先要強調的是：工作第一。只有當你對自己的調查能力、分辨能力以及自己的公正無私有絕對的信心和把握時，才能讓當事人雙方對質。而且對質的場合最好選在你的私人辦公室或其他工作地之外的地方。

當解決這類問題時，有一個行之有效的方法，那就是讓他們當事人雙方能夠調換角色，設身處地地為對方想一想。

通常，人們看起來是在為一些　毛蒜皮的小事而鬧衝突。但你不可對這種小衝突等閑視之。這種事情可能涉及自我領域、自尊以及地位的爭鬥，這時候就沒有那一個是無足輕重的了。儘管口角會經常存在，但主管要把握好解決的尺寸，要適度才行。

第十節　紀律處分

一般部門主管都會儘量避免採取紀律處分，但是有時候，儘管你已經多次與員工討論他的工作表現或習慣，但他仍然沒有改善；總是你已給予支持，並與員工重視討論問題，以期待他有所改善，但他只有少許改善，甚至毫無進展。這時，我們沒有其他選擇，只好採取紀律處分，以解決問題。

在某些情況下，你必須立即採取紀律處分。最常見的情況是員工嚴重違反公司的政策或工作程序，例如：嚴重違反規則、偷竊。

假如不改善員工的工作表現，可能會有深遠的影響。工作小組內的每位成員都是公司的一份子，如果有員工的工作表現不理想，或違反了既定的工作規則，對於其他員工來說並不公平，因為其他員工要為他承擔工作上的後果，同時會理所當然地要求公司內人人都遵守規則。

主管有責任維持小組內的公正及秩序。採取紀律處分，目的是協助員工改善，使他的工作表現符合既定的標準。

1.紀律處分的方法

熱爐規則是實施處分的一種方法，「熱爐」形象地闡述了懲處原則。按照這種方式實施處分應注意以下事項。

(1)立即燃燒

當碰到火爐時，立即就會被燙，火爐對人，不分貴賤親疏。管理制度也應如此，不分職務高低，適用於任何人，一律平等。所以，如果要進行處分，必須在錯誤發生後立即採取行動，這樣才會使員工明

白處分的原因。如果不及時處分，隨著時間的推移，他們會覺得自己並沒有錯，從而在一定程度上削弱了懲罰效果。

圖 4-10-1 「熱爐」懲處原則

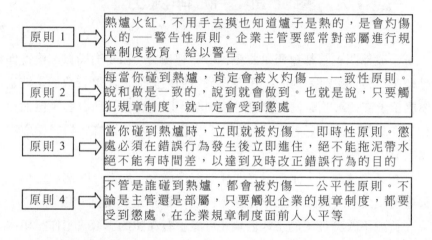

原則 1 ⇨	熱爐火紅，不用手去摸也知道爐子是熱的，是會灼傷人的──警告性原則。企業主管要經常對部屬進行規章制度教育，給以警告
原則 2 ⇨	每當你碰到熱爐，肯定會被火灼傷──一致性原則。說和做是一致的，說到就會做到。也就是說，只要觸犯規章制度，就一定會受到懲處
原則 3 ⇨	當你碰到熱爐時，立即就被灼傷──即時性原則。懲處必須在錯誤行為發生後立即進住，絕不能拖泥帶水絕不能有時間差，以達到及時改正錯誤行為的目的
原則 4 ⇨	不管是誰碰到熱爐，都會被灼傷──公平性原則。不論是主管還是部屬，只要觸犯企業的規章制度，都要受到懲處。在企業規章制度面前人人平等

(2)提出警告或忠告

熱爐外觀火紅，不用手去摸，也可知道爐子是熱得足以灼傷人的。為讓員工趨利避害，部門主管就要經常對部屬進行規章制度的教育和宣傳，以警告或勸誡員工不要觸犯規章制度，說明罰款的種類和額度。如果你平常把規章制度藏在抽屜裏，誰都不知道裏面規定了什麼內容，等到員工違規後，才拿出來作為處罰的依據。這樣做，顯然不能服眾。

春秋時期，齊國著名軍事家孫武攜《孫子兵法》拜謁吳王闔閭。吳王為試其才，要求其現場操練，孫武允諾。吳王再問：「用婦女來操練可否？」

孫武說：「然」。

吳王遂召集 180 名宮女。孫武將其分為兩隊，令其每人持長戟，並用吳王最寵愛的兩個妃子為隊長。隊伍站好後，孫武說：「我

說前，你們就看前方，說左就看左邊，說右就看右邊，說後就看後面。」

眾人曰：「是」。孫武使人搬出鐵鉞(古時刑具)，三番五次向她們申戒，說完便擊鼓發出向右轉的號令。誰知眾女兵不但沒有依令行動，反而哈哈大笑。孫武說：「是我解釋得不夠明白，命令得不到執行，是指揮官的責任。」於是把前面的「規則」又詳細說了一遍。當他再次發出「左」的命令時，宮女們還是笑著不動。這次孫武不再自責，道：「解釋、交代得不清楚是將官的責任，交代清楚而不服從命令就是隊長和士兵的過錯。」遂命令左右把隊長推下行刑。

吳王大驚：「且慢，她們是我的愛妃，請不要殺她們。」

孫武答：「我既受命為將軍，將在軍中，君命有所不受。」最終堅持把吳王的兩名寵妃「正法」，又命兩位排頭的為隊長。這時，大家無論是向前向後，同左向右，甚至跪下、起立等複雜的動作都認真操練，再不敢兒戲。吳王闔閭遂拜孫武為大將，滅楚降齊，霸於諸侯，成為當時的強國。

(3)公平：給予一致的懲罰

不管誰碰到熱爐，都會被灼傷。部門主管應該是處罰制度最直接的體現者，對自己宣導的制度更應該身體力行。如果「刑不上大夫」，那麼處罰制度有不如無，甚至比沒有更糟糕。

馬謖是諸葛亮很喜歡的一員愛將。諸葛亮在與司馬懿對戰街亭時，馬謖自告奮勇要出兵守街亭。諸葛亮雖然很賞識他，但知道馬謖做事未免輕率，因而不敢輕易答應他的請求。但馬謖表示願立軍令狀，若失敗就處死全家，諸葛亮只好同意給他這個機會，並指派王平將軍隨行，並交代馬謖在安置完營寨後須立刻回報，有事要與王平商量，馬謖一一答應。可是軍隊到了街亭，馬謖執

意紮營在山上，完全不聽王平的建議，而且沒有遵守約定將安營的陣圖送回本部。司馬懿派兵進攻街亭時，在山下切斷了馬謖軍的糧食及水的供應，使得馬謖兵敗如山倒，蜀國的重要據點街亭因而失守。面對愛將的重大錯誤，諸葛亮沒有姑息他，而是馬上揮淚將其處斬了。

(4)對事不對人

處罰應該與特定的過錯相聯繫，而不應與違犯者的人格特徵聯繫在一起。也就是說，訓導應該指向部屬所做的行為而不是部屬自身。例如，一名部屬多次上班遲到，應指出這一行為如何增加了其他人的工作負擔，或影響了整個部門的工作士氣，而不應該責怪此人自私自利或不負責任。記住，你所處罰的是違反規章制度的行為而不是個體。一旦實施了處罰，你必須盡一切努力忘記這次事件，並如違規之前那樣對待該部屬。

(5)不受個人情感左右的燃燒

處分應該是不受個人情感影響的。熱火爐會燒傷任何觸摸它的人——不帶有任何私心。

一家企業根據「熱爐規則」制定了嚴格的規章制度，但在第一次實施中就遇到了難題。一位中方女員工由於本人的疏忽，給公司造成了損失。按規定應該懲罰，但中方管理人員戰戰兢兢，不敢決斷，因為那位女員工是外方經理的妻子。在中國文化中，人情重於原則，主管人員覺得實在難以拿經理妻子「開刀」，但如果不處罰，以後員工就不會服從——員工本來就覺得這種鐵面無私的規章是擺門面的，如果真的實施起來，會得罪人的。在人情與原則的衝突中，主管把情況彙報給經理，沒想到經理對他彙報這件事感到很驚訝：「這麼簡單的一件事，你直接按規章辦不就可以了嗎？不用請示我了。」主管如釋重負地走出了經理辦公室。

燙火爐是不講情面的，誰碰它，就燙誰，一視同仁，對誰都一樣，和誰都沒有私交，對誰都不講私人感情，所以它能真正做到對事不對人。當然，人畢竟不是火爐，不可能在感情上和所有人都等距離。不過，作為管理者，要做到公正，就必須做到根據規章制度而不是根據個人感情、個人意識和人情關係來行使手中的獎罰大權。

儘管熱爐方式有一些優點，但它也存在不足。如果所有懲罰發生的環境都是相同的，那麼這種方式將沒有任何問題。但是，實際情況往往差別很大，每項懲罰都涉及許多變數。例如，企業對一名忠誠工作了 20 年的員工的處分，和對一名來到企業不滿 6 週的員工的處分能一樣嗎？因此，你往往會發現在進行處分的時候，不可能做到完全的一致和不受個人情感影響。因為情況確實是各不相同的，此時就可以採用下面介紹的漸進式處分。

2.處分員工的步驟

當你需要處分員工時，採用以下的重要步驟。

(1)說明當前的情況，簡略覆述以前討論的要點

要求要明確，同時要簡略覆述要點。首先是澄清問題，你要指出：

①上次討論後，員工已經做了什麼，或有什麼應做而未做；

②事情已經嚴重到必須立即採取紀律處分了。

如果你以前曾經與他討論過，就簡略地覆述有關的問題、雙方同意了的計劃及已經執行的行動。如果員工的表現有改進，即使做得不夠好，你也應該表示注意到他的改進。

「在上兩次的討論中，你同意以後要準時上班，並訂下具體的計劃使自己準時。但上次討論後，你在 19 號星期二仍遲到 15 分鐘上班，25 號星期一又遲到 20 分鐘。雖然你已經有少許改善，但仍未能使人滿意。」

要儘量明確，引用手頭上的資料，說明問題的嚴重性。批評員工

的工作態度，只會引起員工的反感。針對事實可以維護員工的自尊，鼓勵他們積極參與討論。

(2)詢問導致問題產生的原因

詢問時採用開放式的問題，讓員工解釋他的情況，請他幫忙找出問題的原因。採用開放式的問題去搜集具體資料，但注意不要像盤問一樣。

「我想聽聽你的意見，究竟是什麼原因，令你的工作水準無法達到標準呢？」你要顯示你希望聽到員工解釋，這可以維護他的自尊心。

(3)專心聆聽，表示瞭解對方感受

要專心聆聽，嘗試瞭解員工的感受。員工在這次討論中可能會激動起來，你要專心聆聽，表示瞭解他的感受，讓他發洩不滿的情緒。儘管員工每次的解釋都是一樣，也請不要過早下判斷或表示不信任；你不需同意所聽到的解釋，但你可以表示理解，同時保持堅定的立場。

在採用重要步驟 4 之前，總結員工提供的資料，確保雙方都明白所討論的問題。

(4)說明你必須採取的處分和原因

說明時要明確、不威赫。說明你要採取的紀律處分和原因（如果這是第一次討論，則指出事件的嚴重性），闡述員工不解決問題的後果，有可能被解僱。集中討論事件本身，有助於維護員工的自尊。

「我要把你停職三天。你所犯的錯誤非常嚴重：危險操作機車及損壞公司財物，應受到這樣的處分。如果再有同樣的事情發生，我將會解僱你。」

讓員工明白紀律處分是立即生效，一般情況下你還要向員工發出書面通知。如果員工變得生氣或不安，請專心聆聽，保持諒解的態度。你要表示瞭解他感受，但立場堅決，要強調是因為他未能解決問題，你才需要採取行動，並清楚指出只要他有所改善，就可以避免以後的

處分。儘快採用第 5 項步驟，商討解決問題的辦法。

⑸協定具體行動及跟進日期

你的目標是解決問題，你要表示願意提供協助。清楚講解員工必須達到的標準，並請他找出可以幫他達到這些標準的方法，以他的意見為基礎，協助他克服障礙。如果員工變得生氣或不安，請保持冷靜，再次指出他必須達到的標準，並向他解釋他必須想辦法達到這些標準。

訂下適當的日期與員工討論他的進展，這既表示你態度認真，希望解決問題，也表示你願意支持他的努力。

⑹表示對員工有信心

態度要誠懇，即以肯定的態度結束討論。除了少數頑劣的員工不接受幫助外，一般員工經過幫助後，都可以納入正軌。你要再次向員工解釋，這次討論是解決問題的機會，向員工表示你對他有信心，可以增強他的自信，使他更積極地解決問題。

注意：如果這是你第三或第四次與員工進行紀律處分討論，而你又認為極有可能需要解僱員工，則可以不必理會該重要步驟。

🔊 第十一節　主管應具備督導能力

1. 何謂督導能力

(1)督導的定義

所謂督導，通俗地講，就是監督、指導。作為基層一線管理者，在企業中被稱為班組長、線長(Leader)、櫃組長等，肩負著重要的督導職責，他們處於企業的最基層，扮演兵頭將尾的角色，是企業完成整體目標和工作績效的最小單位的主管。

目前，企業的絕大多數督導人員都是「半路出家」者，他們多是由基層一線的優秀員工和技術骨幹轉變而來。一線優秀員工通常只要具有以下特徵：業務技術熟練、工作積極主動、人際關係和諧、有一定的溝通能力等，就有可能被提拔為督導人員。

(2)督導的地位

在企業的組織體系中，管理人員大致可以劃分為三個層次：經營、管理和執行。

圖 4-11-1　企業縱向管理層次

經營層指企業最高決策層，如總經理、董事長，負責企業戰略的制定及重大決策的拍板。

管理層指企業中間協調人員，如廠長、處長、部長、科長、工廠

主任等，負責各層級組織和督促員工保質保量地完成經營管理層制定的各項生產任務。

執行層是指企業基層幹部，也就是一線的管理者，如課長、股長、組長、班長、工段長、隊長、領班，負責具體執行企業的各項規章制度和命令，監督指導基層員工完成工作任務。

無論未來企業的組織如何變革，執行層級的督導職責永遠是非常重要的，而且其重要性還在與日俱增。組織的扁平化趨勢讓決策者逐漸傾向直接與基層人員溝通，這將使一線管理者的督導責任更加重大。同時，他們也可能是最接近顧客的一群管理人員，其素質高低將會直接影響到企業的聲譽好壞。

2.認真履行監督職責

對其他機構和同事進行監督是企業每個部門的職能之一，作為職能機構的負責人，你要帶領部屬認真履行好這一監督職責，做好對他們的工作品質、工作效率的監督、審查和評估，為企業把好關。

把自己當成上一環節職能機構的客戶，把他們當成你的供應商，按照企業的管理規範認真地對他們的工作品質和效率進行監督、審查和評估：

⑴嚴格遵照企業的管理規範，而不是走形式、走過場。

⑵把工作職責與人情關係區分開，不要因為同事情誼而放鬆標準。

⑶態度友好，解釋清晰，在嚴格把關的同時讓同事感受到你的尊重。

⑷面對人情要控制好自己的心態，不要違規放行。

⑸面對同事的爭執要沉得住氣，不要放鬆，更不可放棄職責。

⑹不要憑藉手中的權力故意為難同事，不要讓同事感受到「門難進，臉難看，話難聽」的官僚氣氛。

企業裏，各部門之間在協作中遇到的主要困難、引發矛盾和衝突的主要原因，就是監督，因為認真負責地履行監督職責是要得罪人的。你的監督可能會使某些人不能蒙混過關、以次充好，沒有機會假公濟私，無法逃避困難和推卸責任。為此，有人會說你不懂人情世故、不會做人，也有人會說你為人不善、心術不正，通過打擊同事來顯示自己，等等。面對這些冷嘲熱諷，你要堅強，不要妥協、放棄，因為這是你的職責，是你應該承擔的責任和壓力。作為企業員工，尤其是中層管理人員，你的善良首先要體現在對企業、上司、部屬、同事的認真負責上。

假如你不能承擔起這份責任，你雖不會得罪少數人，但你會對不起更多的人，包括你自己。道理很簡單，放鬆對其他職能機構工作品質和效率的監督，實際上就是破壞企業的制度，放鬆對企業系統的工作品質和效率的控制，最終可能導致企業蒙受重大損失。因為你的職責是企業系統的一部份，不是獨立的。如果你負責的職能機構不能有效發揮作用的話，就會出現很多問題，可能導致企業系統整體的運作效率降低、成本增加，企業這條船就可能漸漸地沉下去。一旦出現這樣的局面，企業裏的每一個人都不會有好的結果。

認真履行你的職責，認真做好那些會得罪人的事，不要礙於人情，這是對他們負責，也是對你自己負責。

要履行你的職責，不僅要嚴肅認真，而且要坦誠，不要模糊——認真負責不是錯，不是見不得人的事，不要把這份純粹、高尚掩飾起來。坦誠地公開你認真負責的態度，不僅可以減少同事對你的誤解、減少矛盾和衝突，還能得到其他同事的理解。這不是妥協，而是一種積極的應對之策。

一天下午，小張和部屬在檢驗中又查出了幾件不合格產品，這回他沒有像以前那樣簡單地退回，也沒有直接開具處罰單，而

是把那幾件產品與品質優異的產品擺在一起，讓部屬去請那幾個產品合格率比較低的同事到質檢部，請他們來看一看，談一談。

首先，小張請他們比較一下那幾件產品與其他同事生產的產品品質，並詢問他們，如果他們處於這個位置，該如何處理。那幾位同事面面相覷，看著那幾件出自他們之手的劣質產品，支支吾吾地不知道該說些什麼。這時小張對他們說：「我們是同事，每個人都有自己的職責，都要保住自己的飯碗。我們之間無冤無仇，質檢部的職責就是檢驗產品品質，防止不合格的產品出廠。

如果不合格的產品出廠後引發客戶的不滿，導致投訴和拖欠貨款等問題，會很麻煩，甚至會使得我們丟掉飯碗。我們希望和你們做朋友，而不是敵人。我們不會故意刁難你們，但也不能把不合格的產品輕易地放出去。希望幾位理解質檢部的工作，把我們當成朋友，最起碼是工作認真的同事，不要把我們當成敵人，不要搞什麼小動作。」

看著自己的「作品」和其他同事的優質產品，聽了小張一席真誠的表白，他們的臉上一陣紅一陣青。互相看著對方，沉默了半天，終於，一個「老油條」說：「張經理，我們錯了，對不起您，也對不起質檢部的同事。以後我們一定改，我們也會像其他同事一樣，認真做好工作，保證產品的品質，不讓您為難。」

隨後，小張又問他們在生產過程中有什麼困難，並就具體的常見品質問題向他們提出注意要點和改進建議。他們也把自己的難題提出來，請教小張怎麼解決。經過大約兩個小時左右的交流，彼此之間的隔閡基本消失。在隨後的日子裏，那些工人不僅不再跟質檢部的同事作對，而且產品品質也在不斷提升，很快達到了正常的水準。

小張是一家公司的質檢部經理，責任心很強，對產品的品質檢驗

工作非常認真負責。為了保證產品的品質，小張和部屬經常會得罪生產工廠裏的一些同事。雖然感覺有些彆扭，但小張並不在意，面對一些人的冷言冷語依然認真工作。然而，隨著時間的推移，一些經常受到質檢部批評和處罰的人漸漸走到了一起，經常一塊發洩對質檢部的不滿，還聯合起來利用一些機會使絆子，報復質檢部對他們工作品質的嚴格監督。

是置之不理，繼續嚴格監督，還是放鬆一些要求，給自己減少麻煩？小張陷入了迷茫之中。認真考慮一段時間後，小張選擇了第三條路——嚴格監督，同時努力與那些同事做好溝通，化解他們對自己的冷漠甚至是敵視情緒。

3.督導角色認知

角色認知是組織行為學裏的一個概念，意思是指每個人都像生活在一個大舞台上，都在扮演著一定的角色，在這個舞台上你是什麼角色就唱什麼調，絕不能反串。在實際工作中如果出現反串，就屬於角色錯位。為了提高管理水準，一線主管應認清自己的督導角色，主動地提高這方面的能力。

角色認知包括三個層面：

‧ 對督導角色的規範、權利和義務的準確把握；

‧ 瞭解上級的期望值；

‧ 瞭解下級對督導的期望值。

①企業第一線的指揮官：負有督導職責的一線主管是兵頭將尾，是最靠近員工的一線指揮員，是員工的榜樣和楷模，是貫徹、落實公司戰略和上級意圖的最終執行者。

②企業專業知識與技巧的教導者：面對基層員工，擔當起教導者的角色。對於剛進公司的新員工，要進行崗前培訓、實操訓練、技能考核，按照其技能水準分配適當崗位，做到能位匹配、人盡其才。對

於業績較差的員工，也需要進行技能輔導與幫助。

③承上啟下的維繫者：公司高層是決策層，好像人的大腦和心臟；中層主管是計劃組織者，好像人的中樞神經和脊椎，傳輸所有信息；一線主管則是傳輸信息的末端環節，好像是收集瞭解一線信息的神經末梢，是承上啟下的最後維繫者。

④企業穩定成長的奠基者：一線主管所管理的班組、科室、小隊是企業經營管理的最小單位，企業的成長和發展依賴於每一個班組的成長和進步，如果沒有督導，基層單位的進步難以為繼，企業整體的穩定成長只是一句空話。

⑤企業安全衛生的守護者：作為一線指揮官，一線主管要督導在一線，親臨現場，身在一線，維護現場的基本秩序，指揮員工進行安全生產，創造公司績效。

⑥人際溝通的潤滑者：一線主管身處基層團隊，處在企業雙向溝通的中間地帶，向下傳達信息，向上傳遞信息。對於團隊內部的衝突和矛盾，督導的職能是進行溝通協調，和諧員工之間的人際關係，形成團隊的凝聚力。

⑦企業政策的實踐家：企業政策包括制度、規範、流程等。企業要用制度規範員工的工作行為，用企業文化來無形約束員工的日常行為。督導功能同樣體現在企業文化、公司政策的傳播和宣傳上。

4.不同管理層的督導技能權重比例

按照縱向層次劃分，企業的管理層可分為高層（總經理、董事長一級）、中層（工廠主任、課長一級）和基層（一線主管一級）。對於不同的管理層而言，三項督導技能所佔的權重也各不相同。

對於高層上級而言，理性決策所佔的權重最高，高層主管需要制定政策、預見未來、指引方向；專業技術所佔的權重最低，對於技術，高層主管並不一定要是專家，只要懂得就可以。高層主管的主要精力

應放在理性決策方面。

表 4-11-1　管理者的督導技能要求及權重

單位：%

	理性決策	人力資源管理	專業技術
高層（總經理、董事長一級）	47	35	18
中層（工廠主任一級）	31	42	27
基層（一線主管一級）	18	35	47

　　對於中層主管而言，人力資源管理所佔的權重較高，其他的技能次之。中層上級在實際管理中應發揮柔性平衡管理的作用，激勵培養與檢查監督互相補充。

　　對於基層管理人員而言，專業技術所佔的權重最高。作為一個兵頭將尾，一定要是業務尖子，行家裏手，如此才能說話有分量、有權威。當然督導人員的人際協調能力也應較強，所佔的權重是 35%。理性決策所佔的權重最低，實際上督導人員也需要一些理性決策，只不過它可能是一般的工作決定，而與戰略性決策無關。總之一線主管的工作精力主要應放在一線督導上。

　　有一個炊事老班長跟著將軍快 10 年了，眼見著後來入伍的新兵一個個被提拔當官了，心裏很不是滋味。他找到將軍說：「將軍，我跟著您都快 10 年了，沒有功勞也有苦勞，可以提拔我當個官了吧？」將軍聽後笑笑，指著一頭騾子說：「喏，這頭騾子跟了我也快 10 年了，要不提拔它當個團長？」

　　故事告訴我們，作為一線主管需要不斷提高理性決策能力和人力資源管理等管理技能，才有可能逐步晉升管理職位，成為真正的職業經理人。

第十二節　制定本部門工作計劃

關於產品是否持續被消費者接受，生產成本是否具有競爭力，品質是否需要改善，是否能產生利潤等，這些都是部門主管最為關心的問題，但它們都不是能夠通過一天、一個月的努力就能產生立竿見影的效果的。它要求部門主管必須合理制定出部門年度計劃，根據目標的重要程度分清主次和先後，抓住重點工作，合理組織部門活動，合理配置部門資源，從而完成部門目標。那麼如何做出你的年度計劃呢？

1. 年度工作計劃的制定

(1)決定日常管理的改善項目

所謂日常管理的工作項目是指各個部門中的例行性工作項目，是不管那一個工作年度都一定要進行的業務。例如，獎懲的統計、員工個人資料的建檔、新進人員的招募、每月工資的發放、績效的評核等是人事部門的日常管理工作。這些日常管理的工作項目是維持部門運轉的主要工作，也是評定部門工作有無效率的參考要素。改善與提升日常例行性的工作效率是部門主管另一項責無旁貸的工作。每一個新的年度，部門主管也可能會隨著需要(如環境變動、客戶要求等)而必須做出一些動作，作為本年度需要特別改善、管理的項目。

(2)決定各項工作的目標

任何一項工作都需訂立明確的工作目標，目標要明確部門應完成什麼工作，由誰負責及何時完成。有了明確的目標，才能擬定部門達到目標的行動計劃。

為了能客觀地評價目標的完成情況，目標一定要能量化。例如銷售額、銷售量、生產量、完成期限、產品不良率、退貨率、投訴件數、週轉、賬款回收天數、成本降低金額、加工費用遞減率、提案件數、意外傷害件數、經銷商開拓數目、新客戶開發數目等。明確的數量化目標能方便部門經理管理及評價部下執行各項工作的進度及成果。

⑶決定年度重點目標

在評估公司內外環境、參考公司的遠景、中期目標及年度方針後，要訂出年度的重點目標。年度重點目標決定了部門在一年中要做什麼、要做多少、要做到什麼程度；重點目標是從公司整體觀點發展出來的，並要結合部門的具體情況。相信每一位有經驗的主管都清楚，每一個公司的不同部門(生產、銷售、財務、研發、人事)都有不同的績效標準與價值觀，因而每一個部門都會特別強調特定的目標及衡量績效的尺度，例如：

生產部門：強調降低成本、產能充分發揮、控制生產進度、降低庫存及品質穩定。

銷售部門：滿足客戶的不同需求、市場佔有率、顧客關係及品牌印象。

研發部門：創新、設計完美及生產技術可行性。

財務部門：利潤、投資報酬率和現金流動性。

人事部門：員工滿足、前程規劃、員工福利、組織穩定。

當然，上述的部門觀點都是合理的，每一個觀點對公司都有好處，但是想要同時達到所有的目標是不大可能的。因此年度重點目標制定，必須從公司整體的觀點做選擇，決定相對的重要性，決定優先順序。只要公司年度的重點目標能夠達到，公司的整體目標必將能達到。

對於年度重點目標，以下的內容也是部門主管應當掌握的。

① 年度重點目標的表現方式

重點目標可用下面的一些方式表示：

- 效率（成本下降 5%、應收賬款完成全省電腦連線作業、庫存週轉率不超過 3 天）；
- 市場（市場佔有率 25%，新開拓 50 家經銷商）；
- 客戶滿足度（客戶滿足度自 75%提升至 85%）；
- 員工的滿足度（薪資水準比同業高 10%，收入的 1%作為員工培訓）；
- 提供給客戶最好的服務（導入新服務制度）；
- 營業收入（個人生產值增長率 20%以上）；
- 營業收入組合（傳統事業 70%，新事業 30%）；
- 社會責任（編列環保預算）；
- 強化及發展獨特的能力（如成本降低能力、短縮產品開發期間能力）；
- 產品領先競爭者（研發費用，佔收入的 5%～7.5%）。

② 年度重點目標的設定原則

- 數量化（如品質達成度、成本下降率等）；
- 無法數量化的目標可用要求完成的期限作目標，並提醒自己注意，期限目標的達到並不表示事情的實質內容一定能合乎原先的期望。

2.年度工作計劃的展開

　　部門的工作計劃，就是要使部門主管清楚該部門在本年度將要完成那些工作。根據任務完成要求的不同，部門工作計劃可以分為以下幾類：

(1)功能性計劃

　　每一個部門為了要完成部門的主要功能（function），都會做出

一些部門功能性的計劃，如每月銷售計劃、促銷計劃、每月生產計劃、人員招聘計劃、庫存計劃等，這些計劃可以說是部門的工作計劃。

(2)專案計劃

公司為了解決一些特定的問題，如士氣提升專案或舉辦一些特定的活動，如公司創業十週年慶祝專案。這些活動的進行往往需要跨部門的人員共同完成，通常被稱為專案計劃。

每個專案計劃的主題內容不同，但是計劃過程的思考步驟卻是大同小異的，一般而言，可遵循下列的步驟進行：

步驟1：設定目標。

步驟2：如何做？

步驟3：設定多種選擇方案。

步驟4：估計需要的經費。

步驟5：做出行動。

步驟6：回饋情報的取得及評估。

(3)實施計劃

實施計劃是我們產生具體行動的計劃，因此它必須明確地指出何時（when）、何地（where）、用什麼資源（which）、期望完成什麼（what）、如何完成（how）、誰負責（who）。

再好的計劃若不去執行，也不會產生任何功效，還浪費了投入制定計劃的時間、精力及金錢。計劃貴在能有效地執行，實施計劃正是將計劃付諸實施的最好手段，因此任何計劃（遠景、策略、創意等），我們都須將它轉換成實施計劃，讓它實現。

第 5 章

部門主管的管理技巧

🔊 # 第一節　管理的五大功能

作為管理者，主管要履行自己的職責，要扮演好自己的角色。為此，主管必須明白管理的基本功能是什麼。

「麻雀雖小，五臟俱全」，主管作為管理人員的一部份，職位雖低，管理工作的複雜性並不低。

主管的工作，包括以下五個基本方面：計劃、組織、指導和訓練、控制、協調。

1. 計劃

什麼是計劃？簡單地說，計劃就是確定目標、並規定實現目標的路線、途徑和方法的管理活動。因此計劃就是做兩件事情：一是確定目標；二是執行，規劃如何實現目標。

計劃是管理的首要職能。如果沒有計劃，就沒有了前進的方向，不知如何到達目的地。對部門主管而言，沒有計劃的管理工作會引發

許多問題，一到晚不知自己在忙些什麼；沒有目標，沒有步驟，工作不分主次，往往「撿了芝麻丟了西瓜」，瑣事纏身，工作混亂，人、財、物不能有機結合，無法實現目標。

2.組織

制定計劃的目的，就是要實現計劃，達成目標。

實現計劃需要相關的資源，組織就是安排工作所必需的資源，包括：人力、物力、設備、財力、資訊、知識和技巧等。具體來說，主管的組織功能包括：

· 在內部出現人員空缺，具體參與人員的聘用工作。

· 把自己的部門建設成一個高效的團隊。

· 妥善配置部門所需要的資源。

· 創造一種內部環境，使每個人都能高水準完成工作。

· 明確每個職工的位置和作用。

· 改進工作方法和流程。

3.指導和訓練

不少管理者把「命令」和「領導」作為管理的重要功能，認為管理就是「管」，管人、管財、管物，從而也導致許多管理者「官」味十足，把部屬看成是他可以任意擺佈的棋子，喜歡發號施令。

其實，管理是「設計並維持一種良好環境，讓員工在企業內高效率地完成既定目標的過程」。管理者則是設計並維持這種良好環境的人。

對主管而言，管理的重點是引導員工完成部門的目標。因此主管必須對員工進行必要的指導和訓練，幫助員工掌握相關的知識和技能，共同實現部門目標。

指導和訓練是有區別的兩個概念。前者是管理者的一種支援性行為，其目的是幫助員工界定和解決個人問題或者是那些影響工作表現

的組織因素；後者是管理者的指揮性行為，其目的是訓練員工，使員工適應工作場所的真實情況。

圖 5-1-1　指導和訓練的區別

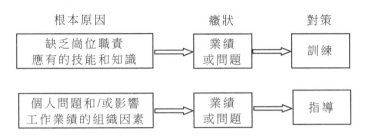

4.控制

有了目標與計劃，有了進行活動所必須有的資源，業務活動就可以進行了。但是，如果員工不能按規定做事，如果不能有效地控制成本與質量，就無法達到目標。這就需要控制。

控制是指為了實現目標，將實際執行情況與標準之間進行比較，發現偏差，分析偏差原因並糾正偏差的管理。有效的控制活動包括：設立標準、衡量實際表現、發現並分析偏差和糾正偏差。

(1)設立標準

進行控制首先要有標準。如交叉路口的紅綠燈及馬路中間的黃線，這是保證交通順暢的交通規則；體育比賽也要有遊戲規則。這些交通規則和遊戲規則就是控制的標準，企業執行活動，也先要設立標準。

(2)衡量實際表現

透過觀察、測量、評估等方法，對實際的執行情況進行衡量，以瞭解工作的狀況。

(3)發現並分析偏差

將執行情況與標準進行比較，找出偏差，並分析偏差產生的原

因，為糾正偏差行動提供依據。

(4)糾正偏差

如果實際表現符合標準，即不存在偏差，則不必作後續處理，依原定標準執行卻可；如存在偏差現象，則需要分析原因，找出糾正偏差的方法，並採取行動糾正偏差。

5.協調

協調是指主管為順利執行工作，對某一特定問題與相關人員的溝通，彼此交換意見，藉此保持雙方的均衡，協調包括與上級的協調、與有關單位的協調以及部門內部的協調等。

第二節　主管的領導風格

1.三種不同的領導風格

因個性、管理重點不同，主管可能會呈現不同的領導風格：

(1)專制型領導

獨自制定政策和規程、界定和指派任務，而且通常要監督工作完成情況，這種領導型人物稱之為專制型領導。如果你與專制式領導共事，部屬就是追隨者，你被告知做什麼、什麼時候做以及如何做，都已經幫你規劃好目標，這種類型的領導是很少徵求你的觀點和想法。

專制型領導者，領導的範圍極為廣泛，他們堅持從設計到生產到市場營銷的每一個方面進行監督。

專制型領導者獲得成功是因為本身的能力，他們以自己對目標的判斷力使公司具有活力。專制型領導者能夠預見未來的發展，並把自己的預見明確地傳達給部屬，使部屬瞭解並讚同他的預見，因而能夠

把組織的目的當成他們自己的目的。

這種類型的優點是能使組織成員的行為有整體性和可控制性,由於專制避免了爭論不休,影響決策效率。部屬按照領導的指示去行動,不需要自己去分析和決定在什麼情況下應該採取什麼行動,以免因經驗不足導致錯誤。

然而,它的缺點也是非常顯著的。例如,專制型領導者通常過於相信自己的經驗和判斷,不易採納別人的意見,而一人獨裁極易導致決策失誤;員工由於沒有自主權,在工作中沒有積極性,容易對領導產生依賴心理,不會主動工作而是等著上級下命令,對組織的發展漠不關心;另外,專制式領導對民主決策體系是一個嚴重的打擊,成員感到自己的意見不被重視,或根本就沒有發表意見的權利,極易引發不滿和挫折。

(2)民主型領導

民主型領導方式通常被認為是最理想的。民主型領導會鼓勵你參與管理的過程,民主型領導會徵求你的觀點、思想和解決方法,民主型領導承認,每個人都有好的思想,他會吸收每個部屬的思想,民主型領導的部屬很自信。

民主型領導可能會提出一些特定的政策、過程、任務,這種類型的領導允許團隊進行決策,歡迎你提出自己的思想和觀點,積極參與決策過程,以及表達自己的態度。

民主型領導不會讓你完全自由地工作,你必須要參與並提出看法,幫助解決問題,以及成為工作團隊中的重要成分,在這種環境下,部屬會有合作性,富有同情心和參與意願。

如果你相信自己的看法正確,喜歡為組織獲得成功而貢獻自己的思想,你將喜歡與民主型領導相處。

如果你認為自己僅僅對組織有責任,只能做特定的工作,而不願

為制定決策承擔責任，民主型領導並不是你的選擇。

相比於專制型，民主型領導風格更為人性化，它所提倡的民主決策體制，使整個團隊能夠針對一個問題集思廣益，避免了一人獨裁可能造成的失誤，大大地降低了決策風險。更重要的是，團隊成員感到自己受到了尊重，他們更願意將自己的意見和建議反饋給民主型領導，以求共同討論和改善。領導和員工的關係比較融洽，有助於創造和諧的團隊工作氣氛。同時，這種領導方式給予員工更多的自主權，讓他們根據實際情況自行決策，容易使員工對工作和團隊更為關心。

但是，民主型領導也有其弊端，就是決策時間長，效率低，甚至於，有時大多數人的意見可能是錯誤的，「真理往往掌握在少數人手裏」，而這些少數人沒有決定權，他們也是愛莫能助。

⑶放任型領導

東方的傳統觀念，認為「放任型」領導風格是最理想的，也就是所謂的「無為而治」。中國的管理理念，是憑藉對人性的反省與思考，突出人的社會價值，結合人的感情需要，運用共同的價值觀念和社會責任感去實現管理並推動社會的發展。

因而，認為領導不違背人的自然屬性，「為無為，則無不治」，「功成事遂，百姓皆謂‘我自然’。」《道德經》以無為而治為最高境界也就很自然。

這種領導者對部屬採取放手政策，他只在部屬需要的時候才提供資訊、觀點、指導和其他需要的東西，這種類型的領導者設定目標，然後讓個人或工作團隊決定如何實現目標，依賴於不同的工作或部屬的水準，個人或工作團隊可能會決定政策、任務、過程、工作團隊成員的角色，甚至還有評估。

這種領導風格適合於那些要求員工創造性的企業環境，這些企業需要員工在一個自由和開放的環境中工作，在廣告公司、研究機構、

設計公司中都可以發現自由放任型領導風格。

放任型領導風格的最大優點，就是給了員工最大限度的決策和行動自由，有利於培養員工獨立分析、判斷和解決問題的能力，使員工得到了極大的鍛鍊，自由的發展也更有益於充分發掘團隊成員的潛力，發現和培養人才。

其缺點也較為明顯。首先是團隊的行動缺乏可控制性，容易出現失去統一的目標指引，各個成員各自為政，造成團隊的分裂。其次是領導的權威性受到很大的挑戰。再者，把權利完全下放對有目標有能力的員工固然有益，但是對於缺乏經驗的員工卻弊大於利，由於缺乏指導，他們在遇到問題和意外時往往不知所措，放任型領導風格的成本和風險是巨大的。

2.主管要瞭解自己的領導風格

在實際管理當中，多數的部門主管，所採取的領導風格是一種混合型風格。

比較三種不同領導風格發現，放任型領導風格下的工作效能最低；專制型領導風格下，雖然通過嚴格管理使群體達到了工作目標，但群體成員的消極態度和情緒顯著增強；民主型領導風格的工作效率最高，所領導的群體不但達到了工作目標，而且取得了成功，即成員們表現得更為成熟、主動，並顯示出創造性。

這類研究的總體結果是，多數群體願意有民主型領導風格。在專制型領導風格下，群體成員或者極度服從，或者非常有攻擊性，並且很可能離職；當受到密切監管時，他們的工作效能最高，領導人不在場時，這些群體肯定會怠慢工作甚至會停止工作。

領導風格各有不同，也各有利弊，雖說沒有絕對最好的，但是有絕對最合適的，部門主管如何選擇、培養適宜的領導風格尤為重要。

要選好真正適合自己的領導風格，就必須對自己在一個組織中的

角色做個準確的定位。以下是常見的部門主管領導角色。

(1)作為「團隊教練」的部門主管

指揮性行為偏高，支持性行為也偏高。教練採用的就是一種高指揮、高支援的方式。在球場上踢球的時候踢什麼陣型是教練決定的，而且當隊員球踢得很好的時候，教練也會給他支持，給他激勵，所以他一邊指揮，一邊激勵。一邊調整員工的技能，一邊提升員工的工作狀態，這就是所說的教練的方式。

你適合指導什麼樣的員工呢？高指揮對員工的能力有幫助，高支持對員工的意願有幫助，有的員工能力不足，所以需要指揮，工作的意願相當缺乏，需要大量的支援。所以，要用高指揮高支持的教練風格和方法來帶動這些員工。首先要幫助部屬確定問題，部屬可能還不知道問題出在那裏。第二，要幫助部屬設定明確的目標。第三，務必說清楚決策的理由，同時也要試圖聽一聽部屬的想法，促進一些新的意見的提出。必要的時候要支持和讚美部屬的任何意見和建議。但是在決策的過程中，領導者依然是最後的決策人。

(2)支持部屬的部門主管

支持者角色的部門主管，已經從目標為導向慢慢地轉向了以人際為導向。因為這種類型的主管，經常給予部屬一些認可、鼓勵、支持。支持式風格的領導者適合指導誰呢？

高支持對員工工作的意願有幫助，低指揮對員工的工作能力沒有什麼幫助。正好適合指導能力較高但信心不強的員工。由於能力較高，不需要去指揮他，他已經有了相當的經驗，但是他的意願還不明顯，總是舉棋不定，面對一個舉棋不定的員工，自信心不足的員工，主管就要對他提供一些支援，提供一些激勵。如果領導者告訴他這個問題你都不願意去做，那麼公司可能就沒有人做了。只要用這種支援性的語言，員工就會受到鼓勵，提高工作的積極性。

⑶作為改革家的部門主管

這一類型的領導，指揮性行為較高，但又不同於教練型領導。

作為革新者，他們對舊的制度有強烈的批判性，力圖通過自己的努力，爭取到盡可能多的支持，使新的方案能順利推行下去，帶來部門的新氣象。對與他們一樣有創新性或願意接受變革的員工，他們的支持性行為也較強，而對於反對者則相反。

有一位曾長期領導多個創新型團隊的部門主管說：「作為一個創新型團隊的領導，我的任務是必須同時生存在兩種文化中，一種是創新、學習的文化，這是我認同的文化；但我也要適應更大範圍的非學習與創新的文化。我要瞭解那些與自己思維不同，那些不理解我們的想法的員工，他們還用數字來評價我們的業績。我必須使用他們的語言來與他們溝通。」這種部門主管為數不多，但他們都是成功的領導。

⑷作為「社交家」的部門主管

這類部門主管的指揮性行為較弱，而支持性行為偏強。這些人想要確保的是小組內的每一個成員都能夠在這個集體中感覺良好。他們會關注小組內的人際關係，注意與組織成員溝通，消除潛在的衝突，讓小組的一切工作都在正常的軌道上運行。

大多數社交型部門主管，關注的是與他們共事的員工，而不是員工們所做的工作。有的社交型領導對外還扮演著公關人員的角色，通過自己的信譽、社會影響力和人際關係等等樹立企業形象，為自己的企業爭取到更多的支援和援助。

⑸作為任務分配者的部門主管

與此相應的是授權型的領導風格。這些人會對小組內的所有活動作出計劃，並且確保整個小組的成員都忙於他們各自的工作。他們指揮性行為偏低，支持性行為也偏低，當員工的能力高時，不需要你再指揮，員工的意願良好，也不需要你支援，所以授權型的領導風格和

方法適合指導這些員工。領導方式少支援，少指導，決策的過程委託部屬去完成，明確地告訴部屬希望他們自己去發現錯誤，糾正工作中的問題。授權式這種領導風格會允許部屬去進行變革。

領導者根本不需要給他們太多的激勵，也根本不需要給他們太多的指揮，因為他們已經非常成熟了，少給指揮，少給激勵，但並不是不給指揮，不給支援，只是適當指揮、支援就可以了。

這一類型領導所要做的是使成員比以往任何時候更深刻地感到，領導已將權力交給了他們，從而使他們有一種「使命感」，組織成員一旦參與了管理，並且看到自己的成果，當組織成員尚未有參與的機會，尚未覺得自己也是企業的一分子時，而要求他們承擔有關的責任，那是不現實的。

將組織的前景變成現實的惟一途徑，是讓每一個人都以某些方式承擔起組織的責任。

3.根據任務需要培養自己的領導風格

選擇何種領導風格，或者把自己培養成那種風格的領導，是根據實際工作來確定的。

企業需要兩種形態的領導者：第一種是執行性的領導者，是那些有能力帶出具體管理效果的領導者；另一種是啟發性的領導者，是那些少數能創新、有遠見、能開發新領域、帶領我們走向未知未來的領導者。

養成良好的領導風格是當好一名主管的必備素質。那一種領導風格最直接有效，應視具體情況而定。良好的領導風格也不是一成不變的，而是根據具體情況，運用最能發揮作用的領導方式。

有些民主型領導風格主管，有時也會專制地下命令，要求部屬按時按質完成和執行；有些專制型領導風格的主管，有時遇到難題，也會和員工一起討論、協商，充分聽取並樂於採納員工的不同意見。

表揚和批評、鼓勵和訓斥、獎賞和懲罰是一名優秀主管手上的「雙刃劍」，恩威並施，運用得當，分寸適度，則進退自如，有異曲同工之奇效。權力在某種程度上意味著能力，同時它又是壓力。部門主管要會用權力，善用權力。

第三節　主管如何使用時間

1. 主管的時間不夠用

主管的時間不夠用，如何有效而充分使用時間，是主管共同的心聲。

對於主管而言，時間永遠不夠用；尤其是新上任的主管，甚至會懷疑「新加上的主管頭銜」，擔子太重了！

時間管理是主管的一項基礎工作。所有管理者都對金錢、人員和時間三種類型的資源進行管理，但在三者之中，時間是最難的，因為時間匆匆流去，從不做任何停留。

聰明的主管懂得如何有效使用時間，甚至於透過眾多部屬同步去完成某項工作，有如創造時間。

但對於新上任的主管，時間似乎永遠被下列問題佔滿了：

⑴你的上級會要求你報告本部門的運轉情況。

⑵員工們會帶著各種問題紛紛而至。

⑶老朋友會期望得到特殊待遇和幫助。

⑷新的工作完全超乎你的想像。

⑸每隔一會兒就要做出一個決定。

⑹在最不該出現問題的地方，不斷出現麻煩，它們都希望你馬上

去關注。

所以，新主管會覺得一天工作 8 小時的日子沒有了，要想集中精力對付一件事是很困難的，因為有那麼多事情會分散你的注意力。因此，主管要儘早學會的一件事就是管理時間。

2.主管的時間消耗在何處

在瞭解「主管時間不夠用」之後，下一步是「到底時間耗用到那兒去了呢？」

在訪問幾百個不同企業的主管後，我們得到一些答案，總結得出主管時間大多消耗在下列項目上：

· 任務的耽擱拖延(你應該在計劃、執行做些改善)。
· 不斷的電話(把電話先篩選一下，儘量只接一些重要的，如果可能的話，在體力最不濟的那段時間回所有的電話)。
· 文件的錯置(找人幫忙內務歸檔)。
· 不速之客。
· 等候來訪者(這段時間你仍可繼續工作，或者找些事情來做)。
· 沒有把工作分派給別人去做。
· 不必要的會議(你要考慮一下你在那些會議中充當什麼角色，然後再決定是否有參加的必要)。
· 不必要的通信。
· 做部屬的工作。
· 改正錯誤。
· 找東西。
· 溝通錯誤。
· 內部爭議。

另一份資料，顯示主管的時間因為使用不當，而有以下狀況：
· 每天大都在解決燃眉的急務，而非最重要的事項。

- 小事花冗長的時間討論，大事卻草草了事。
- 一天的工作時間中，只有10%～30%的時間是有效率的。
- 職位愈高，時間越不易掌握。
- 由於忙碌非常，反而重視當前的短期方案，而未能有長期規劃，而短期作法卻又帶來很多的後遺症。
- 主管工作時經常被打擾，自己所能控制的時間大都零散不整。
- 辦公時間常無創意或良好的工作改善對策。
- 工作時間越長越無效率。
- 可控制時間常被打擾而失去控制，以致惡性循環。
- 開會經常拖延，不按時散會。

3.時間失控的原因

　　許多主管都反映自己很忙，忙得披星戴月、暈頭轉向。這些主管應該暫時停下匆忙的腳步，審視一下自己的時間，審視一下自己在時間中的角色，尋找一條更為有效的途徑，去實現自己的目標，去追求自己的人生價值。

　　時間的失控是多方面的造成的，主要有六個方面的因素：時間觀念問題、缺乏計劃問題、缺乏組織問題、用人不當問題、缺乏控制問題和時間虛耗問題。

圖 5-3-1　時間失控的原因

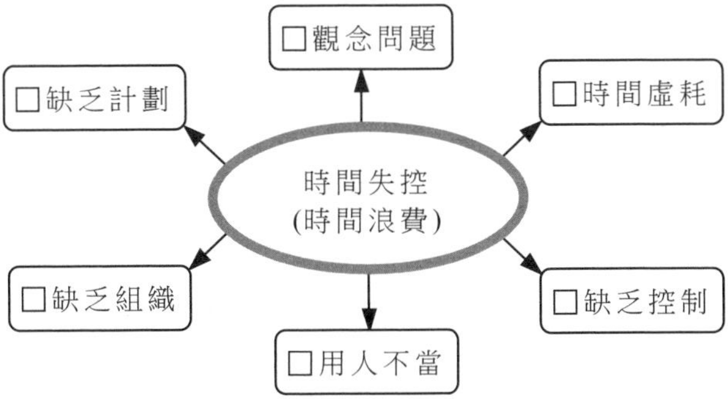

(1)觀念問題

主管要完成工作,首先要有正確的時間觀念。時間是有限的,工作卻是很多的。沒有時間,計劃再好,目標再高,能力再強,也是空談。時間是最寶貴的,它可以一瞬即逝,也可以發揮最大的效力。因此,主管要有效利用時間,首先必須有一個正確的時間觀念。

(2)缺乏計劃問題

主管往往會發現自己需要同時完成多項任務,而這些任務又都有一定的難度和完成期限。如果不能制定一個計劃,作一個全面的安排,往往會被任務搞得焦頭爛額,窮於應付,最後可能一無所獲。

(3)缺乏組織問題

主管的重要工作之一就是將工作任務分配給部屬,並與其他部門進行合作。如果分配任務時,沒有考慮部屬的達成能力,或者未能與其他部門進行有效的合作,部屬在執行任務時就會出現問題,主管就需要耗費時間去協調解決這些本可以避免的問題。

(4)用人不當問題

部門主管在給部屬分配任務時,必須事先知道部屬心中的期望及要求、部屬所具備的技能、經驗程度如何、部屬的弱點、辦事的困難程度。

只有充分瞭解部屬的能力及狀況,進行適當的授權,才能使部屬順利完成工作。否則,就必須親自解決問題,浪費主管自己和部屬的時間。

(5)缺乏控制問題

每項工作都是有時間限制。如果主管在分配任務後不能跟蹤工作進度和成效,很可能在期限到來前才發現工作不能按期完成,或者是在完成後才發現工作方向不對、工作細節不符合標準,導致重做,既浪費了時間,又延誤了工期。

(6)時間虛耗問題

主管可能由於個人的工作習慣，或自我約束力差，或應酬活動太多，造成時間的大量流失，影響實際的可用工作時間。

4.主管使用時間要分配正確

為自己列一張圖表，要包括你的所有工作活動，也要包括你工作之外的活動。如果你的活動挺有規律，那麼列一張每日的活動時間表；如果你的工作時時不同，那麼列一張週表，把一週裏每天要做的事排一排，這樣工作起來，就不會忙亂而無序。

時間表裏要列出你一天大致上要做的事，這傳達給你這樣一個信息：你應該減少一部份工作，而多留一點休息時間給自己。

在你的時間表裏，讓你每項活動所佔用的空間儘量與它所佔的時間接近。例如，如果你睡 8 小時，它就會佔去你三分之一的空間。

看一看你的時間表，它會告訴你為自己做了多少，是多還是少；還會告訴你，你從中得到了多大的滿足，是大呢還是小。如果你的大部份時間都花在那些大耗能量的工作上，你就會負荷不了，從而使你的工作不再那麼有效率。

主管的時間被分割得支離破碎。他和別人之間的交流總是很簡捷，而要做的事情是各式各樣、無奇不有。換言之，你不會有長時間的、可預見的、不被打岔的整段長時間。

主管接受這樣的一個事實，是很重要的，即支離破碎的時間是主管工作的一個層面，所以，新主管必須要學會利用零碎時間完成工作。如果想等到有一長段時間時才開始一項工作，你也許就得永遠等下去了。另一個重點觀念是，主管每天的工作計劃必須妥善安排，才能充分發揮時間績效。

主管最能發揮魅力的地方，在於每一天都能安排當天的工作計劃。

「一天之計在於晨」，在一天開始的時候，就列好一張表，把你在那一天中要做的事都列出來，把你首先要做的事用紅筆註明，用綠色的筆把你接著要做的註明，而用藍色的筆把那些可以留待明天再做的註明。

今天用藍筆劃的，也許就是明天要用紅筆劃的，也有可能會一直用藍筆劃而最終被劃掉了。可以制定你自己的計劃體系，其實，你必須要有一個計劃體系，否則，你不會知道什麼已經做完了，什麼還沒有做。把你作過標記的表裝訂存檔，這樣，當上級評價你工作的時候，它們可以放在你手邊以便查閱。

注意一下你是不是做了許多緊急、救火的工作，這意味著你總是忙於應付危機，而不能完成你那些計劃好了要做的工作。如果確實如此，你就得安排一下時間，試著儘量避免發生這些危機。這麼做，也許包括要瞭解一下事情的模式，何時、何地、何人？這些問題是不是總和同一個人有關？原因是什麼？你該和那些相關的人士開個會，以避免危機的出現。

5.主管一定要去做嗎

主管必須為自己安排時間的耗用，充分使用時間，發揮績效，問自己：

· 那件事確實需要做嗎？
· 能不能用別的方式來做它？
· 能讓別人來做它嗎？
· 如果以不同的方式做，會有什麼後果？
· 如果由別人來做，會有什麼後果？
· 你是不是有更合適的時間來做那些並不讓人喜歡的工作？
· 如果不做，會有何後果？

事情有「輕重緩急」，這件事是否一定要由「主管」去做嗎？這

是主管首先要思考的重點。

6.主管使用時間的技巧

時間無法貯存，只能有效運用；工作必須完成，卻不一定都由主管本人親自去執行。

任何人都不能在某個天國的銀行裏，把分鐘、小時、天加以存起來，等到用的時候再支取出來，我們能做得只能是有效的使用這些稍縱即逝的小精靈。下列方法是有效使用時間的一些技巧：

(1)確定優先性

決定今天應做、最重要的事情，然後著手去做。不應因為今天發生了許多別的事，而分散了自己的精力或轉移了方向，更不應有別人確定的優先性來代替你的優先性。

(2)不要拖延

今天的事今天完，拖延某事會擾亂日程，並意味著在日後形成更大的延誤或中斷。在一天剛開始的時候最好先解決重要、困難的事情，把容易的事情留在後面。

(3)對於一天將發生的事情做好準備

許多問題是可以預期的，預測什麼環節會發生問題，然後做好準備對付它。

(4)儘快做出決策

信息永遠不會是完全的，決策延誤了，行動也會延誤。

(5)一次只做一件事

如果一次把事情做完，工作就會做得更快、更有效率。克服障礙解決問題，是新主管的必經之路。如果你喜歡把事情分成一小份一小份地去做，那麼就把大的工作分割成小的任務，按順序處理每件任務。從最困難的任務開始做起，把困難的事情先解決掉，會使餘下來的工作變得簡單，並且減少了焦慮感，工作的完成也會給你帶來許多

成就感。

⑹放下手中的權力

你的辦公室是否總有人在等著你做決定。給部屬一些決策的責任,使他們也使你自己有一些自由的時間。

⑺清理你的辦公桌

你的辦公桌上如果堆滿了備忘錄、電話記錄、報告、信件、散頁的紙張、文件,時間就會在你尋找某個需要的東西時浪費掉。

⑻建立一個簡單適用的文件管理系統

有多少時間是浪費在尋找重要文件的過程中,把文件收好,放在容易查找的地方。

⑼不要追求完美

在一個過程中總是吹毛求疵,直到每件事都絕對完美無瑕,是對時間的巨大的浪費;完美就是沒有效率。

⑽對錯誤承擔責任並加以改正

承認錯誤比試圖隱瞞它,花費更多的時間。簡單的承認錯誤,不會發展成為大的災難。

⑾對過去的做法質疑

僅僅因為某項任務總是以一個特定的方式去做,不意味著它就必須一直照著它的方式去做,可能有一種更好的方法,實際上,幾乎肯定存在一種更好的方法,主管一旦找到它會節省許多時間。

7.主管自己如何節省時間

一天只有 24 小時,即使你最會使用時間,仍然無法改變「一天24 小時」的命運。因此,「有效使用時間」之外的另一個絕招是「如何節省時間」。

下列是主管最常使用到的節省時間方法:

· 除非絕對必要,否則絕不要在壓力下做出決定。

- 多徵求別人的意見。
- 不要想著事事都要佔著先機。
- 不要怕做出的決定是錯誤的。
- 要認識到不是所有值得做的事都要做得完美無缺，你用不著面面俱到。
- 作完一個決定之後，馬上接著開始做別的事。
- 按事先預定的方案安排每一天的時間。
- 按事情的輕重緩急，制定你每天的計劃。
- 把你每天要做的事情列成一張表。
- 如果你有秘書可用的話，儘量把可由她來做事的，分配給她做。
- 注意經常地看看你的計劃表，注意不斷地對事情的緩急作一些調整。
- 問問你自己，「現在我最好做什麼？」然後動手。
- 把一件事分成幾個部份來做，所以你就不需要用一整塊時間來做它了。
- 當你要做的事情實在太多時，告訴你的上級什麼事你打算先擱下不做，什麼事你打算分派給別人做，徵求一下他的意見。

剛提升為主管時，也許你在一些並不重要的問題上浪費了不少時間。但下一次遇到這些問題時，你就知道如何迅速處理它們，或是不必優先考慮它們了。

下列判斷問題重要性的方法，主管應該很好掌握：

- 問題來自何處？如來自上級或客戶的訂單，就需優先考慮。如來源不很重要，就可延遲一下。
- 辦事的思路系統化，準確確定日期，到期必辦。
- 控制打電話的次數與時間。可讓他人回覆的，就讓他們做；可通過內部辦公郵件傳送的，不必打電話；另外要警示自己不要

成為「電話迷」。

· 要記錄下應該記住的事項。為保險起見，可運用一個有助記憶的系統，如檔曆、袖珍筆記本或一張小紙片，將應該記住和必辦的事寫上，隨時翻閱，及時處理，以免忘掉誤事。

· 限制閑談的時間。制定時間預算，即：日常的檢查、處理回信和文件；固定工作的督導、培訓、評價等；特殊任務；創造性工作，都怎樣既有序又交錯進行合理安排。

· 在每個工作日開始制定一項計劃等等。為了防止不必要、無實效的活動會消耗掉個人時間，需要進行自律和有意的控制。浪費時間就是浪費金錢、浪費生命。

8.主管要教導員工節省時間

主管對部屬交待任務，卻發現沒有如期完成任務，其原因可能是既非部屬偷懶，也不是部屬愚蠢，只是令人難以置信的缺乏條理，難以達成目標；當中最主要的原因之一，是部屬不珍惜時間，不重視運用時間的績效。

身為部門主管，一個重要任務是培訓部屬，尤其是教導部屬如何善用時間、節省時間。

一位主管能夠給予員工關於時間重要性的基本訓導，這種技巧方面的教導與專業工作訓練、提高技能的教導等等相比，具有毫不遜色的價值。

任何時間管理計劃的第一步就是教育員工關於時間的價值。確保員工們理解分分秒秒都是昂貴的商品。一旦被用掉，它們就永遠不會回來。

主管：「公司非常關心辦公品的費用支出。我想讓你做一個計劃把我們的費用降低 25 個百分點。我要求你兩週之後交一個報告。」

部屬：「兩個星期！我不知道該從那裡開始。」

主管：「好吧，仔細地考慮一下。按照邏輯順序，我們該從那兒開始呢？」

部屬：「我不知道。我看起來我們應該知道我們現在的情況。」

主管：「好極了。找到我們當前確切的花費是多少，這是一個好主意。下一步，審查一下那些部門在使用辦公用品。看一看誰正在超量使用。」

部屬：(有了主意)「我想知道員工們是在徵得同意後使用辦公用品，還是只取用他們所需要的東西。」

主管：「好的。發現那一點不正當使用，我們也許正在為員工的孩子們支付學習用品的費用。下一步怎麼辦？」

部屬：(現在真正地提起勁來)「審查一下我們的採購程序。檢查一下我們所購買的辦公用品的種類，看看我們是否購買了超過我們需要的數量。調查一下我們供應商的價格表，也許我們得到的與所支付的質量不符。再調查一下其他的供應商。」

主管：「聽起來是個不錯的計劃，把剛才提到的步驟和其他可能突然想到的東西都寫下來。記住，我在兩週之後要這些結果。」

部屬：「很容易做到的。」

主管通過幫助部屬，確定完成任務的先後順序。主管不僅幫助他組織好了工作，而且還給了他完成工作的信心。

看完例子後，主管對部屬的教育可採用下列善用時間的方法：

· 樹立一個好的榜樣。向員工們顯示時間對你來說非常珍貴。

· 指出浪費時間的行為（「為什麼要給我遞交一份 3 段話的報告來告訴我影印紙快用完了？本來一個 2 分鐘的電話就可以完成同一件事。而且，我已經給你權力，讓你在影印紙快用完的時候去訂貨。你其實根本不用讓我知道」）。

· 制定截止日期。截止日期會強迫提高速度。

· 不要命令每個人都來找你做決定。這不僅浪費時間，而且會讓
  員工們在等你的時候游手好閑。

· 使會議儘量簡短。事前要做好充分的會議議程安排。高效率地
  開會向員工們展示了你對時間管理是十分重視的。

· 向員工們徵求關於如何縮短花時間的建議和想法。詢問公司的
  那些程序浪費了他們的時間。

· 要求員工們像你做過的那樣，填一張表格記下他們 一天的每
  個小時是如何被用去的。讓員工們一起重溫一下填好的表格，
  然後再一起制定一個更有效的日程。

· 當眾表揚那些很好地利用時間的員工。

· 在安排任務的時候，要求員工們制定工作的優先順序以完成那
  些任務。

🔊)) 第四節　主管要排列優先順序

　　在時間管理是按照工作的輕重緩急排序，在工作分配當中，可以
假設有重要和緊急兩根軸，在這個坐標系上劃分出 A、B、C、D 四個
象限，分別代表不同級別的待做工作：既緊急又重要的為 A，也就是
通常被稱為突發事件的工作；重要但不緊急的為 B；緊急但不重要的
為 C；既不重要又不緊急的為 D。

　　突發事件 A 應當優先處理，D 可以延後甚至不去處理，這沒有爭
議，問題在於 B 和 C 應該優先處理那一個。如果 B 的工作一直拖延沒
有完成，時間久了它就會以突發事件 A 的方式出現；而 C 的工作如果

不去完成，卻一般不會朝 A 的方向發展，因為它雖然緊急，但是不夠重要，即使不完成 C 會有損失，也不會造成太大影響。假設在一定的時間段內只能完成 B 和 C 其中一個的話，則應當選擇首先完成 B。因此在實際工作中，要優先處理 B，而不要為 C 耗費太多時間和精力。

有人認為，從理論上講可以先處理完 C 工作再來完成 B 工作，這樣就能夠兩全其美，統籌安排。然而在實踐中卻是行不通的，因為 C 往往是無窮無盡的，不可能一次性處理完，而人的精力是有限的；當有限的精力陷入到無窮盡的 C 之中時，就必然沒有時間去完成 B。從而將大部份時間都用在了不能獲得高效益的工作當中。這也是一線主管在時間管理問題上最容易犯的錯誤。

如圖 5-4-1 所示，為什麼會出現那麼多的 A 類突發事件？是因為 B 類的重要卻不緊急的工作沒有做好。所以，在時間數量的分配上，應該把重點放在這一象限：花費 65%～80%的時間去做重要不緊急的事情，而緊急又重要的 A 類突發事件應該有效控制在 20%～25% 左右，C 類的緊急卻不重要的工作任務應該控制在 15%左右，D 類不重要又不緊急的事情可以放棄，不去做。

圖 5-4-1　時間分配比例表

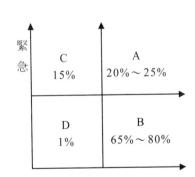

把大部份的工作時間聚焦於重要不緊急的工作，創造更高的價值

和生產力，這就是管理界常說的「第二象限工作法」。

對於各類工作的具體處理，管理者應當怎樣區別對待呢？

圖 5-4-2　艾森豪原則

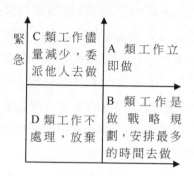

⑴對於重要又緊急的突發事件，需要管理者本人親自處理，而且要立刻處理，當然必要時也可以適當授權。

⑵對於重要而不緊急的工作，則要管理者本人花最多的時間去做，例如進行戰略規劃、員工教育訓練等，一般不可以進行授權。

⑶對於緊急而不重要的工作，首先需要減少這一類的工作，減少對其所花費的時間，也可以酌情委託、授權給下屬、別人去處理，實在需要本人處理的，可以放在午飯後低效率的時間段來做。

⑷對於不緊急也不重要的工作則可以不去處理，全部放棄。

緊急但不重要的 C 類工作有很多種，有些是可以委託給下屬處理的，但也有些雖然瑣碎，意義也不大，卻是不得不由主管親自去完成的，對於這種工作，可以避開精力充沛、反應敏捷的亢奮期，選擇精力處於相對低潮的時候去完成。

第五節　主管的會議技巧

主管藉著會議，可以集思廣義，貢獻智慧，解決問題，感情交流，建立瞭解與共識；然則，會議弊病是「會而不議，議而不決，決而不行，行而不果」，主管如果會議時間耗費太久，便是管理不良的症兆。

一、主管的會議技巧

1.會議前

⑴研究是否有不必要開會或取代開會的辦法。

⑵限制或減少自己的出席。

⑶減少出席人數，通常人數以 7～12 人最佳。

⑷配合大家的時間，選擇最適當的開會時間。

⑸選定最適當的開會地點。

⑹會議目的應公開，且要有明確的議程。

⑺估計會議成果，培養與會者的成本意識。

⑻限制開會時間及各議題的時間。

2.會議中

⑴準時開會。

⑵指定專人記時和記錄。

⑶必要時不妨考慮「站立開會」，以免長篇大論，浪費時間。

⑷單刀直入，儘早進入主題。

⑸防止其他事妨礙會議的進行，儘量避免干擾。

⑹以達成目的為主，讓大家有開會目的意識。

⑺將會議結論及任務覆述一次，以加深大家的瞭解。

⑻準時結束會議，使大家能安排其他的時間。

⑼不妨發送一份會議查核表，調查大家對會議的評價，應改進的方向與做法。

3. 會議後

⑴儘快編妥會議記錄，且在 24 小時內印妥分送。

⑵有關會議決定應確實執行，並應有進度報告。

⑶定期追踪，查詢任務是否圓滿達成。

二、避免無效會議

會議對每個企業來說都是日常事務，每一個企業每週都要開幾次會議，每次開會的時間短則 20 分鐘，長則 3～4 個小時。

這些會議有些是討論公司計劃，有些是協調工作。但許多企業開會都有「會而不議，議而不決，決而不行」的毛病，大家都會在會中信口開河，無的放矢，說者唾沫橫飛，聽者昏昏欲睡，等到該說的都說完了以後，主席宣佈散會。於是大家帶著滿腦子空白，打個哈欠，作鳥獸狀散去。

這是一般企業開會的通病，也是經營者浪費時間的重要原因。

在現代的企業經營過程中，開會是司空見慣的事情。常見的有例會、總經理辦公會議、部門工作會議、全體員工會議等形式。會議是時間管理的重要內容，主管一定要給予足夠的重視。

1. 不開沒有目的的會議

嚴格來說，只有兩種情形需要開會：一是總經理有重大事項需要宣佈；二是動腦性質的企劃或業務會議，由部門主管主持。在開會前

先明確會議目的，以便與會人員做好準備，並防止開會跑題。

2.要有事前的準備

有些公司規定在沒有經過以下四個階段之前，不得提出議程。

①謹慎深入檢討議題。

②研究問題的原因。

③想出可能的解決對策。

④準備建議案。

在這個公司裏，不僅是開會上，電話的使用情形也適用這個原則。他說：

「由於這個方法，使我們再也不會被瑣碎的事情佔去太多時間，而且我們也漸漸瞭解許多事情根本不需要開會，個人在私底下商談便可解決問題了。」

3.安排會議日程

應該準備一份議程，給每項議程設定討論時間。在召開會議之前把議程分發給各個參會者。

4.合理安排與會人員

合理確定參會人數，參會人數過多不利於討論，過少則起不到效果，一般 5～10 人的會議效果最好。同時，一定要找對人，確保會議內容與參會者有關。

5.防止外界干擾

告訴與會者，最好是制定規則，除了真正緊急的事情之外，任何人不得干擾會議；或者開會時就聲明會議需要的時間，請各位把手機調到靜音，或者關機，避免干擾。

6.防止討論脫離主題

主持會議的人或會議主席應該控制好會議局面，讓與會者進行良好的溝通、避免對會議產生抵觸情緒。

7. 會要有議，議要有決，決要有行

討論應該圍繞會議的主題，確保大家達成一致，提醒與會人員要做的工作及會後必須完成的任務。

8. 追蹤會議決議的執行

在下次開會的議程一開始就把上次會議決議事項執行的情形做一介紹，並要求大家定期上交進度報告，直到這個工作完成為止。

造成會議耽誤時間的原因有：

- · 事前沒有準備或沒有目的；
- · 沒有會議日程或時間安排；
- · 開會找錯參加對象，參加的人太多或太少，關鍵人沒到會；
- · 開會沒有計劃；
- · 會議過多或時間過長；
- · 不能準時開會或散會；
- · 開會時有外來干擾；
- · 討論脫離議題而浪費時間；
- · 會議沒有結論，甚至會而無議；
- · 沒有追蹤會議的執行情況。

職業經理人應該重視會議的時間管理，掌握會議時間管理的技巧，大大提高工作效率。

三、減少冗長的會議

很多管理人員每天都陷入無數會議之中，因會議效率低下而常常分身乏術，導致很多重要的事情都無暇顧及。對於這樣的處境，有什麼破解的好方法呢？

日本企業在開會方面的做法非常值得我們借鑑。日本人最講究開

會效率，絕不開無用的會議。每次開會前，他們都會在會議室裏張貼有關本次會議的成本、參加人員、會議時間、每小時工時費用等方面的詳細情況，使會議主持人和參加者人人都心中有數，切實做到開短會、開高效率的會。他們的會議室也十分簡陋，不僅無煙無茶，還沒有椅子，開會的人都要站著。這種客觀條件也起到了控制會議長度、提高開會效率的作用。

作為與會者，我們可以從會前、會中、會後三個階段提高參會的效率。在會前先要瞭解此次會議的議題，需要做那些準備工作；在會議進行中，要集中精力、快速思考、踴躍發言；會議結束後，該辦的事就得辦，不要拖遝。提高會議效率的要點：

①要預先告知與會者會議事項的進行順序與時間分配。

②要嚴格遵守會議的開始時間。

③要簡潔說明議題的主旨。

④在會議進行中要注意如下事項：

· 發言內容是否偏離了議題？

· 發言內容是否出於個人的利益考慮？

· 是否全體人員都專心聆聽發言？

· 是否發言者過於集中於某些人？

· 是否有從頭到尾都不發言的人？

· 是否某個人的發言過於冗長？

· 發言的內容是否朝著結論推進？

⑤應當引導參會者在預定時間內作出結論。

⑥在必須延長會議時間時，應徵得大家的同意，並確定延長的時間。

⑦應當把整理出來的結論交給全體人員表決確認。

⑧應當把決議付諸實行的程序整理出來，加以確認。

第六節　主管的授權技巧

　　成功的主管，都明白授權不是權力的喪失，他透過授權，目的在於讓別人做決定而替他完成工作。

1. 為什麼要授權

　　授權不僅是提高管理效率的一個有效方式，而且也是提升領導藝術的一個有效途徑。主管適度授權，做到「大權集中，小權分散」，在控與收之間遊刃有餘，在無為無不為中體現主管對全局的隱形調控。這樣既能分身有術，又能充分歷練下屬的能力。

　　授權是使主管「分身有術」之道，它一方面可使主管減輕工作負擔，提升決策層次；一方面則可讓部屬站在主管的角度思考問題。這是磨煉成長的絕佳機會，同時也因感受上級器重而有甚大的激勵效果。故授權是上下關係間的大事，也是主管發揮「績效」的捷徑。

　　善用授權，功用無窮，授權不是「零和競賽」一得一失之意，而是「你行我也行」的制度設計，故主管若能善用授權，好處實在多，諸如：

- ‧ 主管可專心於重要事項。
- ‧ 培養企業未來所需的管理人才。
- ‧ 有機會發現部屬的能力與潛力。
- ‧ 借重部屬專長，提升其工作情緒。
- ‧ 可使工作順利進行，因有職務代理人，工作的安排與設計更富有彈性。

2.為什麼主管不願意放下權力

許多新主管不瞭解授權的重要性，往往趨向於做每一件事，儘管他們已超負荷運轉，還反覆檢查每個細節，直到確實沒有差錯為止。如此疲勞、操心，以至於無法很好地面對更大的挑戰。

作為主管，不願意授權給部屬，往往也很難得到部屬的尊敬與合作。而你的上級也會認為你缺乏團隊精神，不考慮你的提升，反而失去了許多升職的機會。

有效利用部屬的才能，充分授權，是主管展示管理才能的極佳方式，對你自己、團隊和部屬都有好處。

優秀的主管其實應學會利用資源，把權力下放給部屬。這樣做，主管就會有更多的時間處理棘手問題，尋找更有意義的目標，進一步促進企業發展。

新主管不願意下放權力給部屬有許多理由，例如：

(1)擔憂

害怕部屬的能力壓過他們，不願意給他們表現的機會，以免自己的光彩被掩蓋。甚至認為部屬表現比自己好，有可能會取代自己的危險。

(2)負罪感

感覺把工作分給手下人去幹，是在增加他們的工作負荷，害怕部屬認為自己在推卸責任。

很多主管之所以無法完成有效的授權，是因為在他們的心裏有很多顧慮，如果這些顧慮和疑問得不到解決，包袱放不下，授權就無法成功進行。

(3)下屬能否值得真正信任

作為主管，在具體的工作中，做不到不去過問下屬是如何開展工作的，甚至把一些關鍵的環節留給自己親自操作。這就在自己的心裏

打了個很大的問號，自己的下屬會像自己一樣盡職盡責嗎？

⑷失去對任務的控制怎麼辦

很多主管之所以對授權特別敏感，是因為害怕失去對任務的控制。一旦失控，後果很可能就無法預料了。問題是：難道非得把任務控制在自己手中嗎？可不可以透過合適的手段避免任務失控呢？只要能夠保持溝通與協調的順暢，強化信息流通的效率與效果，失控的可能性其實是很小的。

⑸下屬能做得很好嗎

有些主管認為，教會下屬怎麼做，得花好幾個小時；自己做，不到半小時就做好了，還不如自己做更省勁。但是如果能夠教會下屬，就會發現，其實下屬也可以做得和主管一樣好，甚至更好。

⑹自己的組織地位是否會被削弱

如果把自己的權力授予別人，會不會影響自己對於組織的重要性，從而削弱自己在組織中的地位呢？答案顯然是否定的。如果能夠讓下屬更加積極、主動地處理問題，就會充分發揮團隊的力量，將任務完成得更多、更快、更好，從而使自己的地位有機會得到進一步的鞏固或提升。

⑺授權會不會降低靈活性

透過授權把具體的工作分派出去，讓自己從一個更高的層面來統帥全局，思路往往會更加靈活，同時也有更多的時間和精力來處理那些棘手的問題和突發性的事件。

⑻下屬瞭解組織的發展規劃嗎

很多主管都說自己的下屬不瞭解公司的發展規劃，為什麼呢？因為沒有告訴他們，更談不上去贏得他們的深刻認同；然而，下屬無法分享組織的發展規劃，又怎麼會關心它的未來呢？

總之，主管一定要學會正確有效地授權，才能避免瑣事纏身，並

且可以透過創建一支高績效的團隊，及時有效地完成各項工作目標。

3.成功授權的原則

主管做到要授權，就要依據部屬能力，工作性質，加以彈性運用，一個良好的授權，對部屬授權，必須考慮到：

- ・任務細節。
- ・受權部屬的詳細資料。
- ・受權者是否需要培訓。
- ・受權者應有多大的權限。
- ・與你溝通的方式及頻率。
- ・你自己的角色及職責。

有關授權，其內容如下：

(1)有目的授權

授權要以本部門的目標為依據，分派職責和委任權力時都應圍繞這個目標來進行，只有為實現本部門目標所需的工作才能設立相應的職權。其次，授權本身要體現明確的目標。分派職責時要同時明確部屬要做的工作是什麼，達到目的標準是什麼，對於達到目標的工作應如何獎勵等。只有目標明確的授權，才能使部屬明確自己所承擔的責任，盲目授權必然帶來混亂不清。

(2)因事設人，視能授權

主管要根據待完成的工作來選人。一個高明的主管主要從任務著眼來考慮授權，但在最後的分析中，人員配備作為授權至關重要的一部份，是不能被忽視。被授權者或受權者的才能大小及知識水準高低、結構合理性是授予權力的依據，一旦主管發現授予部屬職權而部屬不能承擔職責時，主管應明智地及時收回職權。

(3)無交叉授權

如果你管理的部門下邊還有多個部門，而各部門都有其相應的權

利和義務，那麼在授權時，不可交叉委任權力，那樣會導致部門間的衝突，甚至會造成內耗，形成不必要的浪費。

(4)權責相應的授權

授權解決了部屬有責無權的狀態，有利於激起部屬的積極性。要防止有權無責或權責失當的現象。

(5)逐級授權

授權應在主管同其直接部屬之間進行，不可越級授權。例如，局長直接領導處長，就應向處長授權，而不能越過處長直接向科員授權。

(6)適度授權

授予的職權是主管職權的一部份，而不是全部，對部屬來說，這是他完成任務所必需的。授權過度等於放棄權力，授權的客觀合理程度以工作所需為界。

(7)信任原則

授權，必須是主管人員和部屬之間相互信任的關係為基礎，一旦你已經決定把職權授予部屬就應該絕對信任，不得處處干預其決定；而部屬在接受職權之後，也必須盡可能做好份內的工作，不必再事事向主管請示。我們可以把這種信任原則看成是「用人不疑，疑人不用」精神。

(8)有效控制原則

授權不是撒手不管，撒手不管的結果必然是導致局面失控，而失控會抵消授權的積極作用。後果是不堪設想的。

· 授權之前要先決定好授權工作的範圍、權限與責任。
· 授權要物色適當人選，給予訓練、支持及鼓勵。
· 授權要協助部屬克服工作過程的障礙。
· 先設計好授權後如何進行追蹤考核。
· 授權應公開而非私相授受。

．盡可能避免反授權，且要培養部屬接受授權的能力與意願。

4.主管進行授權的流程

圖 5-6-1　主管授權的流程

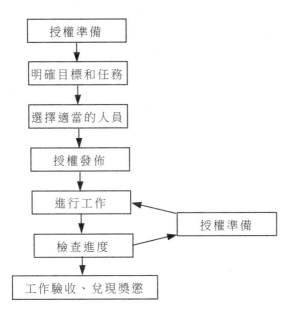

（1）授權準備

進行授權以前，首先必須有正確的授權態度，建立授權意識，製造適合授權的氣氛，掃除授權過程中可能遇到的障礙，並制定授權計劃。

（2）明確目標和任務

目標是一個人意志的體現、努力的依據，也是鞭策向前邁進的動力和源泉。

主管要想通過授權激發部屬的積極性，一定要讓部屬看清楚最終的目標，只有清楚的目標才能使部屬有強烈的欲望，並更快、更好、更有動力地去工作。不明確的目標形同虛設，既起不到任何激勵作

用，反而會導致部屬對主管的意圖進行揣測。

(3)選擇適當的人員

根據部屬的能力、心態和所需要完成的任務，挑選合適的人選。

許多主管常常感歎：「我非常想授權，但手下沒有將才！」事實上，這完全是主管的責任。他們太想做「伯樂」了，對「馴馬師」卻不屑一顧。主管如果希望大部份工作都能找到能力相當的合適的部屬去做，就必須放下「相馬師」的架子，首先做一位「馴馬師」。

「主管應該有一個授權就能馬上接受任務的部屬，如果沒有，就要培訓出這樣的部屬。」

(4)授權發佈

與部屬進行最後的協商，宣告授權啟動，明確任務及許可權，給予相關的資源，制定考核標準。

(5)進行工作

主管放手讓部屬完成工作，通常情況下不要去干預部屬工作。

(6)檢查進度

保證工作的順利進行，給部屬適當的壓力，讓其感到責任，保證工作的完成。

(7)授權控制

注意部屬行為偏離計劃的傾向，杜絕授權產生負面作用。

(8)工作驗收、兌現獎罰

評價工作的完成情況，按預定的標準實施相應的獎懲。

5.授權的案例說明

我們嘗試以「展銷會」這樣一項可以授權的工作，說明其操作過程：

(1)組織展銷會應具備的知識和能力

①思考過程：擬定計劃方案。

②工具與活動：組織、領導能力。

③與他人關係：互相合作與協調配合。

(2)考核員工能力

考核員工能力，確定最合適的授權對象應該是那一位員工。

(3)說明任務前的開場白

①「我想由你來安排一下這次的展銷會。」—— 說明做什麼。

②「我們希望能借此向顧客有效地介紹我們產品的性能。」—— 說明為什麼。

③「展銷會是我們推銷工作的重要環節，是不可忽視的，我們可以從中瞭解顧客的意見，改善產品性能和質量。」—— 說明重要性。

(4)具體細節討論

①「你負責展銷會的全部過程，包括事前客戶名單的擬定、產品介紹說明、場地安排等。」

②「你可以參看以前展銷會的資料，熟悉我們的顧客。」

③「向別人介紹時，你可說明自己負責本次展銷會全部工作，他們可直接與你聯繫。」

(5)相關的背景介紹

①過去展銷會歷史；那些順利、那些失敗，原因何在。

②慣用形式：「開始時我們先有個簡短的產品介紹，然後讓顧客提問，我們予以解答。」

(6)工作要求說明

①質的要求：顧客意見及時得到反饋，無一遺漏。

②量的要求：通過展銷，儘量將銷售額提高 10%以上。

③時間要求：最終報告可在本月底之前交給我。

④成本要求：不超過去年展銷會費用。

(7)隨時監察各方面進度，促使工作正常進行。

⑻對員工及時完成工作後的肯定與讚揚。

⑼展銷會結束後的總結。

6.授權後的控制

如果授權不會帶來控制權的放棄，沒有人會拒絕授權，但事與願違，授權經常會失去某種程度的控制權。

當你親自做某件事情時，你對工作的進度、能否按期完成工作、工作的結果如何等問題，都會有完全的掌握。而授權意味著放棄部份控制，因此，當你授權以後，如果你意識到不能確切地掌握部屬時，就需要通過其他途徑獲得必要的資訊。

一位主管為使工作更有效率而進行授權，而授權後會失去控制的恐懼，又會阻止他授權，這兩種力量的平衡，決定了你的授權程度。

第七節　主管的計劃工作

古人說：「凡事預則立，不預則廢。」這就是說，做事事先必須制定計劃，才能使事情向既定的目標發展，完成預期的任務。

作為一個部門主管，制定計劃，並付諸執行，是一件相當重要而常用到的工作。我們分成二部份，「計劃」與「執行」分別加以說明。

所謂計劃，是為了實現預定的目標，在行動之前，進行自覺地、週密地籌劃、安排和部署。這個簡單定義，包含有四個要素：其核心是實現目標；目的是指導行動；主要內容是籌劃、安排；著眼點是未來。如果缺一項就構不成一個良好計劃。

計劃的預見性是指做計劃時一定要想到可能發生的事情，並針對可能發生的事情想好解決的辦法。

計劃的可行性來源於它的科學性,即計劃要結合實際。有人做了這樣的計劃:八點鐘做什麼、九點鐘做什麼、十點鐘做什麼、十一點鐘做什麼,排得滿滿的。這樣的計劃看似科學,但如果中間有其他事情的干擾,整個計劃就無法進行下去。可見,這種計劃的可行性根本就不高。

那麼怎樣才能提升計劃的可行性呢?方法就是上午和下午各留半個小時到一個小時的空餘時間,用這些空餘時間來應付意外情況的發生。

提高計劃的可行性還有一個前提,就是計劃要行得通。有的計劃聽上去很宏偉,但不切實際,會因為資源、人員不夠根本不可能完成。

1.計劃的關鍵是分清輕重緩急

人的時間和精力是有限的,所以做好計劃的關鍵是要分清事情的輕重緩急,並逐一處理。那麼,如何才能做到這一點呢?就要用到四象限法則。

所謂「四象限法則」,即按照事情的重要性和緊急程度將其分為既重要又緊急、重要但不緊急、既不重要也不緊急和不重要但緊急四種。

圖 5-7-1 四象限法則

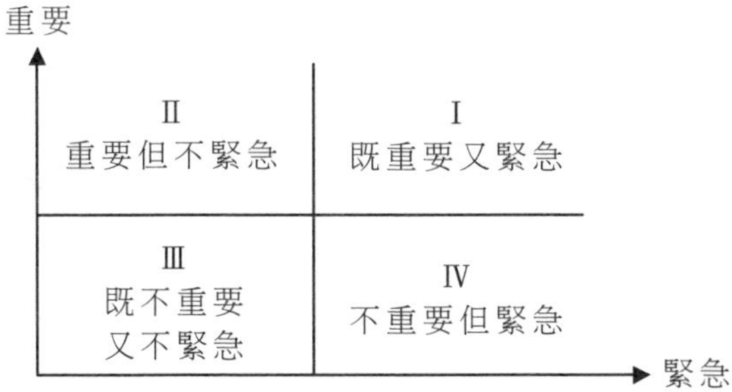

管理者最應關注「第二象限」。不管是基層、中層，還是高層的
管理者，最應關注的是第二象限的工作，即重要但不緊急的工作。但
大多數生產管理者卻將主要精力放在了處理既重要又緊急的工作
上，即救火類工作上。如果生產管理者只關注這一類的事情，他只能
被稱為「救火隊隊長」或者「優秀的消防隊員」，而不是一個合格的
管理者。

管理者還面臨著一個問題：自己要處理的事情千千萬，應該怎麼
樣對它們進行分類呢？

圖 5-7-2　用四象限法則對工作進行分類

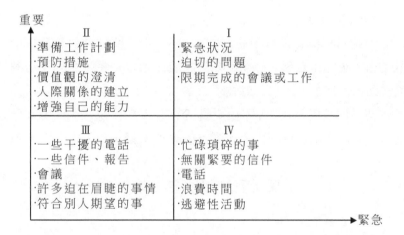

如上圖所示，在第二象限中，制訂工作計劃被列為首要工作。如
果不做計劃就盲目做事，等做到一半才發現做錯了，這時候再從頭開
始，只能是事倍功半。

管理者在工作中凡事都要先做計劃，做到先瞄準再開槍，才能把
所有事情安排得井井有條，工作效率才會高。

2.主管的工作計劃包括那些

作為部門主管，你的工作計劃具體包括那些呢？工作計劃就是為你管理的那些員工們設立的計劃。作為部門主管，為員工們制定計劃是日常工作中最常見的一項工作，尤其是對於那些對計劃的作用持肯定態度的人，計劃一定會使他們大大提高工作效率，促使他們合理地利用時間。舉個例子說，你看看小王的能力，你希望幾年之後他能接替老張的位置，那麼，從現在開始，你就應制定一項具體的計劃，具體體現在用什麼方式可以安排老張退休，小王具體要接受那些方面的訓練等。

作為部門主管，為自己制訂計劃是日常工作中最常見的，尤其是對於那些對計劃的作用持肯定態度的人，計劃一定會使他們大大的提高工作效率，促使他們合理的利用時間。

3.防止計劃欠妥所造成的浪費

曾經有人詢問著名的巴頓將軍，他之所以能在戰場上如此成功，有什麼秘訣。他回答：「第一，計劃。第二，完整的計劃。第三完整而可行的計劃。」巴頓將軍把計劃放在最重要的位置，對計劃的重視可見一斑。對於企業管理來說，重視計劃的制定同樣也是極其重要的。

計劃不妥做事就可能走錯方向，分不清事務的輕重緩急，遇到事情手忙腳亂。長時間下去，不僅浪費時間，而且浪費人力、物力，給企業造成損失。

4.主管如何做計劃

從本質上來說，計劃就是決定一些問題：WHO（誰去幹）、WHY（為什麼幹）、WHERE（何地幹）、WHEN（何時幹、何時完成）、WHAT（幹什麼）、HOW（怎麼幹）。計劃工作是在我們所處的地方和我們要去的地方鋪路搭橋，重要性是不言自明的。

主管要如何做計劃呢？主管例行工作的制定計劃，其步驟可分為

四個步驟：做好預測，再來是設定目標，制定工作進程，編制預算。
說明如下：

(1)做好預測

這需要一個週全的思路，把各種可能的情況都要想到，這個工作期不妨長一些，即使是在日常的生活中偶有靈感，也最好趕忙記錄下來。

①考慮經濟形勢的變遷。

②以考慮可能遭遇到的困難為著眼點。

③想到事態本身的因果關係。

④預測有機械性與分析性兩種類型。

機械性的預測——是純憑感觀的因果關係來預測。這種預測應該是十分簡單，但也許因角度的不同而得出不同答案。

分析性的預測——是從計劃觀點、心理觀點、統計觀點來分析。這應該說是一種綜合性的方法，所以駕馭難度也較大，但準確率較高。

(2)設定目標

目標是動力也是出發點，所以制訂計劃前，先確定一個長遠目標是必要的。

①目標是將來業務發展的指標。

②設立目標要根據預測——目標不是憑空捏造的。

③目標要簡單明確。

④設定目標時要使本部門的員工參加。群策群力會使目標制定得更完善，同時也是對員工們的一種激勵和壓力。

(3)確定工作的優先順序

確定優先順序是所有管理工作中最能提高效率的方法。可以根據重要性和緊急性把事情分為 A、B、C、D 四類處理。

⑷把計劃變成文字

很多人認為自己的記憶力很好，心裏有計劃卻沒落實到文字上，但是，真正做起來卻往往丟三拉四，慌了陣腳，也沒了優先順序，讓我們記住那句話「好腦袋不如爛筆頭」。

⑸制訂進程

這部份實際上就是你將要貼在辦公桌上的核心內容了。根據你的業務需要，編成一套有秩序的措施，運用人力、財力、物力的步驟，能很有效地執行。但所制訂的進程，必須根據政策不斷修正，予以標準化。

⑹編制預算

①必須有效運用可用資源。

②設定績效標準和衡量尺度。

以上就是制訂計劃中必須注意的幾點原則，不要忘記在制訂計劃的時候，廣泛地徵求上級、員工們的意見，多與他們進行溝通，因為你是在為整個部門制訂計劃，而不是某個人。

5.設定目標是計劃的第一步

如何設定目標是計劃的第一步，如何使目標明朗化呢？更清晰的目標，會導引出工作更有績效，如果沒有目標，計劃就沒有意義。目的地決定了路線。我們要時時問自己一個問題：這是不是我們真正想去的地方？

對於主管來說，設定目標就是問幾個基礎問題：

⑴部門的使命是什麼？

⑵誰是部門的「顧客」？每一個部門的顧客不一定都是處在公司外部，他們可能是公司的另一個部門。比方說，在大多數公司裏，資訊處理部門是服務於公司內部其他部門的需要。

⑶這些顧客需要什麼？我們如何滿足他們的需要？

⑷我們的所作所為會影響那些項目？那些人和部門會影響我們？

⑸那些是我們的優勢？

⑹那些領域需要改進？

⑺我們希望變成什麼樣？

回答了上述問題，目標馬上就會變得清晰明朗。

6.工作檢核表

要實現計劃，首先是明確目標，然後是計劃出達到目標的路線，按照既定路線行動，並且監督工作進展。

主管如何確定將你的計劃工作安排妥當呢？下列的檢討重點可提供你參考：

⑴清晰地定義目標。

⑵弄清設定目標的原因。不要盲目地接受別人設定的目標，弄清楚它們的重要性何在。

⑶取得高級管理層對目標的贊同和支持。

⑷找到實現目標的最直截、最快捷的路線，把它畫出來。

⑸向部門內的員工們傳達有關目標的情況，並向他們咨詢有關如何更好實現目標的意見。

⑹確保員工們知道他們在一起工作的原因。他們必須明白自己對於實現目標負有什麼樣的責任。

⑺對於實現目標，建立一個時間日程表，確保它是合理的，並且考慮到了「瓶頸」問題。

⑻擬妥備用的計劃，以便於在出現問題時採取行動。

⑼在員工的能力範圍內，進行任務分派。

⑽確立衡量標準，以測量目標完成進度。

⑾確定公司內與實現目標有關的人所應承擔的責任。

(12) 確定外在供應商所應承擔的責任,他們的產品或服務對於實現
　　 目標是必要的。

(13) 確保主管在實現目標的過程中表現出了責任感。

(14) 確保為部門內的員工們注入了同樣的責任感。

🔊)) 第八節　形成有條理的工作風格

　　就像樂曲一樣,有時樂曲節奏快、有時節奏慢,節奏快的,對應
的效率也高,節奏慢的,對應的效率也低。每一個講效率的職業經理
人,都應該在組織內培養有節奏、有條理的工作作風。

1. 保持適當緊張

　　適度的緊張不但有助於強調時間觀念,而且有助於集中精力,從
而取得良好的效果。如果自己在工作中表現的鬆鬆垮垮,就會把這種
氣氛帶給週圍的員工,使週圍的員工工作也拖拖拉拉。要知道,職業
經理人的言行影響著「全軍的士氣」。

2.形成工作規律

　　規律是經過實務驗證的經驗總結,人類正是掌握了各種規律才使
得效率大幅度提高。有效的做法是制定工作制度,形成明文規定,使
自己和員工自覺遵守,形成節奏感,久而久之就形成一種工作規律。
當目標清楚了,任務明確了,大家馬上就明白應該怎麼做。

3.養成良好習慣

　　根據一項統計,一般公司職員每年要花費 6 週的時間浪費在尋找
東西上。漫無目的的會議、電話通常是工作效率的主要殺手。通過養
成條理的工作習慣,例如快速找到自己的物品、快速閱讀、快速處理

資訊、快速舉行會議等等，習慣成自然，可以大大減少因為這些因素而浪費時間的現象。

要改變自己和員工的固有工作模式通常是困難的，可以用以下兩種方式：一是制定制度，讓大家自覺遵守，直到這種模式深入人心轉正是利用獎懲辦法逐漸形成一種新的行為模式。

4.經常鼓勵自己和下屬

快節奏的工作需要動力作為支援。為了使自己有動力，可行的做法是想像一下成功以後的喜悅，想像一下與親人朋友共用您的成功的情景。心理學研究表明，一個人在不瞭解自己工作業績的情況下，很容易喪失工作熱情；如果能清楚地知道工作進度與成就，往往能提高自己的積極性。

訓練有素的士兵常常能夠取得戰爭的勝利，在企業內形成什麼樣的工作作風，不僅反映了企業員工整體的素質狀況，而且也反映了一家企業的企業文化狀況。

第 **6** 章

部門主管如何解決問題

🔊 第一節　主管要有問題意識

一、主管要有問題意識

　　問題意識是指一種探求事物真相，尋求並解決問題的心理狀態。沒有問題意識的主管，根本不會發現問題，更不用說主動地去發掘問題、分析問題和解決問題了。只有具有問題意識的主管，才會不滿足於現狀，積極覺察問題所在，進而產生解決問題的慾望。負責任的部門主管，要有問題意識並具備排除問題的能力。

　　什麼是問題？簡單說來，問題就是「現狀」與「應有的狀態」之間的差距。所謂「應有的狀態」是指計劃、指令、標準、法令、想法等。如工作結果未達到計劃的目標，在規定的時間內沒有完成任務，產品或工作不符合規定的要求，違反相關法令，工作未達到預期的水準，這時就存在著差距，而這些差距就是問題。

一般而言，主管所遇到的問題可以分為兩類：

(1)異常問題

異常問題，是指現實狀態與應有狀態之間存在的差距，解決這類問題，可以使事情回覆到現有的標準狀態。如一瓶香水其標準容量是 $50\pm5ml$，在生產的過程中，如果所裝香水的數量在此範圍內，那麼它的生產過程是正常的，沒有問題，如果所裝香水的數量達到 57ml 或 44ml，超出了 $50\pm5ml$ 的正常範圍，這就是問題，這種問題就叫做異常問題。解決這類問題，就是要使其所裝香水的數量恢復到正常的 $50\pm5ml$ 的標準之內。

(2)工作改善

改善問題就是現有標準(現有的狀態)與理想標準(應有的狀態)之間的差距。

解決這類問題，可以使現有的標準狀態得到提升。如一個企業產品質量合格率的現有標準是 99.9%，但企業認為現有標準已經不能滿足市場競爭的需要，故將產品質量合格率的標準提高到 99.9997%，這時，兩個標準之間的差距，就是改善問題。解決這類問題，就是要將產品質量合格率提高到 99.9997%。

圖 6-1-1　改善問題

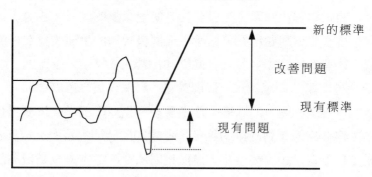

異常問題與改善問題

二、主管發現問題的技巧

發現問題，是解決問題的前提和基礎。

在企業的經營過程中，問題總是會出現的。問題一旦發生，或多或少都會帶來損失，因此，與其等問題發生以後，再採用應急的方式去解決問題，不如事前加強管理，避免問題的發生，或者在問題還不嚴重時，及時採取措施解決問題，避免問題嚴重化。

有些問題難以發現，要發現它，一方面需要主管有敏銳的觀察力；另一方面需要掌握發現問題的方法。

(1)要有敏銳的觀察力

敏銳的觀察力，是指主管能夠發現被一般人所忽視的小徵兆。要培養這種觀察力，需要注意以下幾點：

①保持問題意識

一個沒有問題意識的人，是不會有敏銳的觀察力的，因為他根本就不想去發現問題，即使問題就擺在眼前，他也會視而不見。

保持問題意識，首先是一個觀念的問題，其前提是部門主管對工作要有強烈的責任感，對實現目標有強烈的慾望和信念。

②有發現各種問題的知識和經驗

一個沒有經過實務鍛鍊的主管，即使他掌握了大量的管理理論知識，也未必能發現管理中存在的問題。因此培養敏銳的觀察力，既需要掌握相關的專業知識，也需要積累豐富的實務經驗。

③有廣闊的視野

培養敏銳的觀察力，需要有開闊的視野。主管應該從多個方面去觀察，如果單從一個角度看，就無法發現他在其他方面存在的問題。因此，拓寬視野對發現問題是極為重要的。

(2)發現問題的方法

發現問題需要有敏銳的觀察力，還需要制定發現問題的方法。下列是幾種簡單實用的發現問題方法。

①三不法

表 6-1-1　三不法檢查表

項　目	三不狀況		
	不合理	不均衡	浪　費
人力			
技術			
方法			
時間			
設備			
工具			
材料			
產量			
存貨			
地點			
思考方式			

三不法(3U)是指通過檢查工作中的不合理(Unreasonable)、不均衡(Uneven)、和浪費(Uselessness)現象來發現問題。

② 5W1H 法

5W1H 法是指通過檢查人物(Who)、事件(What)、地點(Where)、時間(When)、理由(Why)和狀況與程度(How)六個方面來發現問題。

事件——要做什麼？已經做了什麼？應該完成什麼？還能做什麼？還該做什麼？產生了那些 3U？

人物——事情是誰執行的？誰正在執行？誰應該執行？還有誰能執行？還有誰該執行？誰正在做導致 3U 的事情？

地點——需要在那裏做？應該在那裏做？還可以在那裏做？在那裏做會導致出現 3U？

時間——什麼時間做？什麼時候完成？應該什麼時間做？應該什麼時間完成？為什麼在那個時候做？為什麼在那個時候完成？在時間上是否存在 3U？

理由——為什麼要做？為什麼是他做？為什麼要在那裏做？為什麼那樣做？是否存在 3U？

狀況和程度——要如何做？是如何完成的？應該如何完成？完成這件工作是否還有其他方法？這種方法可以用在別的地方嗎？

③ 4M1E 法

4M1E 法是指通過對工作中的人(Man)、機(Machine)、料(Material)、法(Method)、環(Environment)五個方面進行逐項檢查來發現問題。

人員——部屬是否有足夠的經驗和能力完成工作？他是否按照作業標準在工作？他的工作效率能否達到要求？他是不是負責人？

機器——生產的產品能否達到質量標準的要求？生產能力能否滿足要求？機器是否正常運轉、機器的精密度如何？

材料——材料的質量、數量、品牌、規格等是否符合要求？是否存在材料的浪費？材料的保管有否問題？

作業方法——現有方法能否保證產品的質量和工作的高效率？現有方法是否存在資源的浪費？現有方法是否安全？現有方法是否可以改進或被更好的方法所替代？

環境——現有工作環境能否滿足生產的需要？是否存在安全隱患？現有環境是否會影響到部屬的積極性？

④六大任務法

六大任務法是指根據企業管理的六大任務——即質量、成本、交貨期、生產率、安全和士氣，逐項檢查工作中是否存在問題。

質量——產品的不合格率是多少？返工率是多少？有無出現異常情況？

成本——材料費、人工費等各是多少？這些費用合理否？

交貨期——能否按期交貨？是否經常出現延誤？

生產率——生產率如何？半成品庫存、成品庫存是否合理？

安全——是否出現安全事故？是否存在安全隱患？

士氣——部屬的出勤率如何？團隊的意識狀況如何？部屬離職率高不高？

⑤三不法與 5W1H 法組合

表 6-1-2　三不法與 5W1H 法組合

三不法	5W1H 法					
	事件	人員	地點	時間	理由	如何
不合理						
不均衡						
浪　費						

⑥三不法與 4M1E 法組合

表 6-1-3　三不法與 4M1E 法組合

三不法	4M1E 法				
	人員	機器	材料	作業方法	作業環境
不合理					
不均衡					
浪　費					

⑦三不法與六大任務法組合

表 6-1-4　三不法與六大任務法組合

三不法	六大任務法					
	質量	成本	交貨期	生產率	安全	士氣
不合理						
不均衡						
浪　費						

　　發現問題有很多種方法，作為主管，只要注意培養自己的觀察力，並採用一些合適的方法，就一定會發現問題。

第二節　主管解決問題的技巧

　　解決問題是一項系統工程，往往需要遵循一定的流程，特別是問題比較複雜或者該問題的影響比較大時，更需要嚴格按流程進行。

1. 解決問題的流程

　　一般而言，解決問題可以採用問題解決的四步法：發掘問題、問題分析及確認、問題解決和標準化。

圖 6-2-1　解決問題的流程

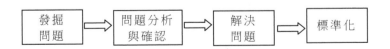

(1)發掘問題

　　解決問題的第一步是要發現問題，即確定是否存在問題，包括異

常問題和改善問題。

(2)問題分析及確認

發現問題後，需要對問題進行確認，分析問題產生的原因及其主要原因，分析解決問題的著重點。

(3)解決問題

擬定可行性方案，對方案進行評價，選擇解決方案，實施解決方案，並對實施情況進行追蹤，確認實施效果。

(4)標準化

對成功的經驗進行總結，並將其標準化，避免以後發生相同的問題。

2.主管解決問題的技巧

找出問題所在，也明確了問題的原因之後，就是如何解決問題了。為了有效地解決問題，需要創造性地解決問題的技巧。

創造性地解決問題，需要遵循下列基本原則：

(1)解決正確的問題

管理哲學家：「我們失敗的原因，多半是因為嘗試用正確的方法解決不正確的問題，而不是用不正確的方法解決正確的問題。」不管你解決問題的方法有多好，如果你用他解決不正確的問題，是根本解決不了問題的。

(2)講求效率

如果問題是正確的，接下來就是要考慮，什麼方法能有效地解決這個問題，在有效解決問題的前提下，選擇有效率的方法可以更快速、更容易地解決問題。

(3)需要發揮團隊精神

團隊可以解決個人解決不了的問題。要相信團隊的每一個成員都是有創造力的，充分利用團隊的創造性。

⑷進行創造性的思考

在公司裏，或者在一個部門裏，不同部門之間、部屬與部屬之間，常有衝突問題，解決這些問題，有時就需要拋開傳統的、僵化的思維模式、借鑒各方面的知識和經驗，創造性地解決問題。

主管在創造性解決問題的過程中，需要靈活地面對和分析問題。尋找解決方案，要避免鑽牛角尖。

⑸創造性解決問題的方法

①腦力激盪法

腦力激盪法(Brain Storming)是利用團隊的思考，使想法相互激盪，發生連鎖反應以引導出創造性的思維方法。是一種在短時間內獲得大量構想的方法。

採用腦力激盪法要注意的問題：

· 參加會議的人數以 5～10 人為佳；時間一般為 30～60 分鐘；
· 會議進行中不要受到其他事情干擾；
· 準備一面大的黑板和白板，將創意不斷寫在上面，讓與會者都能看到；
· 最好設會議主管和會議記錄員各一名；
· 在會議進行中，會議主管要避免會場出現冷場；
· 類同的創意提出來也寫下來，不要對其進行批評；

會議結束後，對所有的創意進行分類整理和評價，能否發展出具體的方案。篩選好的創意，可以讓腦力激盪小組自己來選出，也可以由評價小組來選出。選擇的標準有兩個：一是該創意要能夠達到目標；二是該創意必須是符合現實的。

腦力激盪會議的基本原則：

· 進行的途中不得有批評；
· 鼓勵大家勇於創造；

· 意見越多越好，儘量將別人的思想組合和改進。

②成本收益分析法

企業在解決問題時，一定要考慮解決方案的成本與收益。

成本收益分析法是一種比較技巧，即比較解決問題的成本與所獲得的收益，來確定解決問題的方案。

【例】

購買電腦的成本收益分析

成本(元)	年　份					總計
	2000	2001	2002	2003	2004	
購買成本	5000	—	—	—	—	5000
維修成本	—	100	100	100	100	400
培訓費用	400	100	100	100	100	800
購買軟體	800			200	—	1000
總　成　本	6200	200	200	400	200	7200

收益(元)	年　份					總計
	2000	2001	2002	2003	2004	
節省人工費	3000	4000	4000	4000	4000	1500
減少消耗費	400	800	800	800	800	3600
總　收　益	3400	4800	4800	4800	4800	22600

分析：

成本收益率＝22600/7200＝313.89%

2000～2004 年的收益分別為：-2800,4600,4600,4400,4600。

年均收益＝(22600－7200)/5＝3080(元)

成本收益分析的應用流程：

· 確定成本收益分析的時期；
· 界定可能產生成本與收益的所有可能要素（可採用腦力激盪法）；
· 評估每個因素的成本或收益，並匯總所有的成本和收益；
· 進行成本收資本輸出分析（計算成本收益率、每年淨收益、年平均收益等）。

收益成本收益率＝總收益／總成本
每年淨收益＝年收益－年成本
年平均收益＝（總收益－總成本）／計算年限

第三節　問題解決後的標準化

1. 什麼是標準化

解決方案付諸實施後，要注意實施的效果，進行檢查，是否達到了理想的效果，是否發生了難以想像的問題。

工作標準化，就是將成功的解決方案進行總結，並將其標準化，以後遇到類似的問題，就可以按照標準化的流程解決問題。

某個解決方案在實施後，經過最終確認，如果該方案能夠有效地解決問題，就有必要將其標準化。

在標準化的過程中，需要注意以下幾個方面：

· 標準化要有具體的作業方法，可操作性要強。
· 應盡量將解決方案簡單化、流程化、並盡可能用圖表表示出來。
· 標準化的內容要以作業為重點，同時要說明需要注意和必須遵守的事項。

· 要有自我檢查以及異常狀況的處置方式的說明。

· 不能與相關的標準相衝突。

2.標準的制定流程

在標準制定的過程中，一般來說可以按照以下步驟進行(參見下圖)：

圖 6-3-1 標準化的制定流程

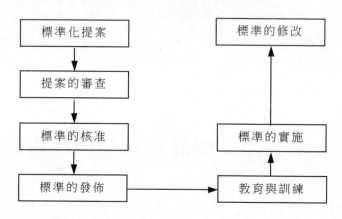

(1)提出標準化的提案

標準化提案可以是由某個部門提出的，也可以是由某人提出的。

(2)提案的審查

由負責部門對提案進行審查，審查的內容包括提案內容的準確性、可行性，提案是否與其他標準相矛盾和衝突等。

(3)標準的核准

經過審查後，核准標準。

(4)標準的發佈

在相應的範圍內發佈標準，使大家瞭解新的標準。

(5)教育訓練

採用新的標準後，可能需要對相關人員進行培訓，使其掌握新的

標準。

(6)標準的實施

正式採用新的標準。

(7)標準的修改

在新標準使用的過程中，可能會存在一些以前沒有發現的問題，或者由於環境和條件的變化，導致標準不合時宜，就需要對標準進行修改。

第四節　部門主管要設法改善工作

一、企業需要改進

主管的工作有兩項：一是維持，二是改善。對於不同崗位的人來說，工作的側重點是不一樣的（見圖 6-4-1）。

圖 6-4-1　改進與維持的關係

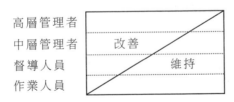

作業人員的絕大多數工作應注重維持，少部份需做改善；督導人員即班組長有六七成工作是做維持，三四成工作做改進；中層部門管理者做改進的工作更多一些，高層管理者需做改進的就更多一些。可見，級別越高越要多做改進的工作。也就是說，級別越高的人越要有

創新精神，沒有創新精神就不可能企業進步。現在的市場競爭十分激烈，大多數的企業都處於「紅海」之中，不做改進就沒辦法生存。

　　不同級別的主管都要做改進的工作。談到改善，大家會聯想到另一個概念創新，但創新與改善是有區別的，創新的動作比較大，改善的動作則比較溫和，更容易被人接受。

　　持續不斷的努力可以產生小步的改善，最後累積成大的突變，這就是改善的作用。

二、工作改善

　　改善，從字面上看，表示兩個行為，即「改」及「善」。所謂「改」，就是將過去的功能、動作或行為加以變更，所謂「善」，當然是表示比以前做得更好、更輕鬆。

　　人人都希望能做得更好，但另一方面卻又安於現狀的惰性心理。企業是眾人的結合體，任何一項改善的活動都會觸及到一部份人的利益。基於人的「安定心理」，在推動改善行動時，往往會有以下障礙因素的干擾：

　　工作改善方法是指有助於使現有勞力、機器設備及原材料有效運用，達到最高效率，同時提高生產效率和產品品質的方法。

　　這裏所說的工作改善，並不是指大規模的機器、設備的改善或配置變更等，而是謀求活用身邊現有的勞力、機器、材料等資源，消除浪費，使工作更加有效地進行，工作改善有四個階段：

1. 第一階段──工作分解
· 完全按照現行的工作方法，對作業進行工作分解
· 把分解出來的細目列舉出來

　　工作改善的第一步，就是通過工作分解，將現行作業的實際狀

況，正確地、完整地加以記錄，掌握與作業有關的所有事實。如果工作分解做得很完全，可以說改善效果已達成了一半。

2.第二階段──就每一個細目作核檢

・核檢下列事項/5W1H

為什麼需要這樣做？

這樣做的目的是什麼？

在什麼地方進行最好？

應該在什麼時候做？

什麼人最適合去做？

要用什麼方法做最好？

・下列事項亦應一併核檢

材料、機器、設備、工具、設計、配置、動作、安全、整理整頓

為了成功地進行工作改善，首先應該抱有問題意識，其次需要具有解決問題的能力。這裏所謂的能力，是指知識、技能加上想要改善的意念以及態度。

現狀在大多數情形之下都是有缺陷的。我們在對現狀瞭解得非常透徹之後，就要對所掌握的情況從各個角度來進行核檢，然後將檢查的結果以及所引發的思考加以收集整理，這就是工作改善第二階段要做的事情。

三、一定有令人改善的餘地

當別人的工作方法非常沒有效率時，我們很容易看出這一點來，但換作是自己，大多數都不能清楚的察覺出這一點。為何如此呢？其最重要的原因就是：我們是習慣的動物，我們往往無視於週圍狀況的變化，以及照著習慣的一成不變的做法；而另一個原因就是：工作的

內容因沒有計劃化、合理化，於是混亂地膨脹；第三個原因是，只做自己想做的事，而無法做的工作也因別人的強制而不得不做。

製作了職務記述書，把自己該做的事情毫無遺漏地記入腦袋之後，下一步必須要做的就是，將這些工作合理化地實行——也就是把它組織化的意思。要將工作可遵照以下之步驟來進行。

1.篩選工作

首先，把對自己的工作之目標全無幫助，或者是貢獻度很少的工作篩選除掉。再來，把雖有價值，但也可以交給其他人做的工作選出來。之後，將挪到後面再做也沒有任何妨礙的工作除掉。

2.改善工作的方法

第一項所說的是把不必要的工作全部省去的辦法，但改善工作的方法也是將工作組織化之一種方式。針對此有以下六種方法，可以單獨使用，也可以配合著使用。

①削除、②結合、③重新排列、④變更、⑤代用、⑥標準化。

消除某些步驟是一種簡單之改善方式。如果這個步驟毫無用處，當失掉它時也不會覺得有任何損失。

而結合數個步驟，也可以得到與消除同樣之效果。例如，雖有不同之處，但也有一些類似點之兩個方法，如果相互之間有一些關係，那麼實質上也是針對著相同之目的，可以將此兩個形式方法結合而為一，便能節省一倍之勢力。

所謂重新排列，是指著變更步驟的順序。想一想那一種順序才是最合理的。

而變更是指改變其做法。雖然終究是做同樣的事情，但也可以用不同的方法來處理。

代用是指把某一要素與他種要素替換之意。例如，把每週訪問一次改成為隔週訪問一次，而沒有訪問的一週改用電話來替代。

　　標準化是指共通化。把常常需要做的工作安排成每一次都可以用同樣的方法處理的情況。例如，在做記錄時利用共通之記號能使其單純化，對於常常碰到的詢問，應事先套好共同之回答等。

　　當然，你不必要把這些方法全應用在你的工作上。應該只要限於非常需要花時間的、常常發生的、需要一些麻煩的、會影響其他工作的……等重要的事項上。

第 **7** 章

部門主管如何提高工作效率

)) 第一節　主管如何執行工作

在實際工作中，每個人在不同的時段的生產力，是不同的。人的時間就像電視節目一樣，有黃金時段，如果在這段時間裏安排處理最重要的工作，效率最高。

1. 計劃工作

受生理時鐘所控制，每個人的習性都不一樣，一般人在上午 11 點左右，交感神經最緊張，上午 8 點左右，荷爾蒙分泌達到高峰，之後逐步減少。交感神經緊張、荷爾蒙分泌多的時候，是最適合工作的時間，因此，工作最好在上午就完成，至於下午，大多數人只能延續上午剩餘的精力，做些輕鬆的工作。

⑴有效制定計劃表

合理利用時間可以有效地提高主管的工作效率，因此，主管須制定一個可行的、適合自己的事情計劃表。

計劃表應有以下特點：

· 有效制定計劃表一定要簡單明瞭，只要看看，就能明白需要做什麼事情。

· 制定計劃表的事情不能太多。每個人的精力都是有限的，用有限的精力去做過多的事情是不可能的。事情太多，會導致過度疲勞，在極度疲勞的情況下，很容易犯錯誤。

· 待辦事情計劃表儘量採用圖文並茂方式，或用不同的顏色，標出代表有不同優先順序的事情，如用紅色代表有 A 級優先權的事情，用黃色代表有 B 級優先權的事情，用綠色代表有 C 級優先權的事情，可一目了然。

(2)適時檢查計劃表

有了計劃表，是否嚴格執行了？那就需要適時地進行檢查。

對已經完成的事情，及時從計劃表中去掉；對尚未完成的事情，檢討未完成的原因，及時督促計劃表的按時執行。

(3)推進計劃的執行

為有效推進計劃，應該注意以下幾個方面：

· 合理分配你的精力。不同事情的重要程度，完成的難易程度都不同。因此，在確定了需要做的事情以後，要先做好最重要的事情，然後，再處理那些較不重要的事情，不要讓你的時間被一些瑣碎的事情所佔據。

· 一鼓作氣完成最重要的工作。做一件事情時，中間儘量不要被其他事情打斷。

· 想像計劃完成時的喜悅。對要完成的事情一定要有信心。經常想像計劃完成時的喜悅，可以幫助你不斷強化自己的潛意識，這樣更有利於計劃的完成。

2.立即行動

立即行動，有助於達成。需要注意以下幾點：

(1)克服拖延

拖延是造成工作進度落後、工作績效極差的重要原因。

許多主管對付一些令人討厭的事情、一成不變的事情以及一些比較困難的工作，常常採用拖延的戰術。但是，拖延不是長久之計，簡單的事情拖延不做，會變成難做的事情；難做的事情拖延不做，會變成不可能完成的任務。部門主管克服拖延的方法：

- · 檢討並克服自己浪費時間的壞習慣。如花太多的時間看電視、上網聊天、打電話聊天等。
- · 把一件事情分成幾個部份來做。任何看起來似乎很艱巨的事情，可以劃分成幾個部份、幾個階段或幾個層面，化整為零，變複雜為簡單，事情就好辦了。
- · 改變思維方式。拖延是深植於內心的一種思維方式：「這種任務必須履行，但是它令人感到不愉快，因此儘量予以拖延。」倘若主管能將以上的思維方式改為：「這種任務是令人感到不愉快的，但是它必須完成，因此應立即做完它，以便儘早忘掉它。」則拖延之壞習慣將可望獲得矯正。

(2)一次就把事情做好

許多主管有一種錯誤的觀念，認為事情沒有做好沒有關係，可以重來。事實上，既浪費了時間、缺乏效率，也會造成金錢的損失。因此，要培養一種觀念，第一次就把事情做好。

(3)避免時斷時續的工作方式

浪費時間最多的是時斷時續的工作。因為，停頓本身需要時間，待重新工作時，還需要時間來調整情緒、思路、狀態，才能承接上工作。

第二節　主管如何提高工作效率

1. 工作的優先順序

對大多數的主管而言，每天都有無窮盡的工作。因此，主管應進一步確認那些事情是必須做的，那些事情應該透過部屬去做，那些事情是可以不做的。對於自己必須做的事情，則要進一步分清輕重緩急。

(1)工作整理

工作整理，就是要對每天所要做的工作進行細分，區分出那些工作是自己必須做的，那些工作是自己不能做的，那些工作是可以授權或委託給部屬或同事來做的。

(2)分清輕重緩急

經過工作整理，對那些需要自己做的工作，需要進行進一步的分析，那些工作應該先做，那些工作可以稍慢一些。

一般而言，確定工作有兩個重要指標：

· 事情的緊急性。

· 事情的重要性。

作為主管，在安排做事次序時，應先考慮事情的「輕重」，然後再考慮事情的「緩急」。根據這個見解，各級管理者值得考慮採取的辦事次序應該是：

重要且緊迫的事→重要但不緊迫的事→緊迫但不重要的事→不緊迫也不重要的事。

圖 7-2-1　事情的重要程度

		重要程度高	重要程度低
事情的性	緊急	第一位的處理目標	第三位的處理目標
	緩	第二位的處理目標	第四位的處理目標

①重要且緊迫的事情

這類事情是必須立刻做的事情，是主管的關鍵事務，如約見重要客戶、管理性指導、限期必須完成的任務、能帶來優勢獲成功機會的事。毫無疑問，這類事情應馬上處理。

②重要但不緊急的事情

這類事情是應該做的重要事情，但並不是很緊急。如可以提高公司業績的事。對這一類工作的注意程度，可以反映出一個管理者的辦事效率的高低。

一般情況下，大多數的重要事情都不是很緊急的，可以現在就做，也可以往後拖。儘管很重要，但是如果你不採取初步的行動，它們往往會被無限期地拖下去，直到最後成為緊急的事情。

③緊急但不重要的事情

這類事情表面上看來緊急，需要立即採取行動，但是，如果客觀地分析一下，往往就可以將其列入次優先順序。

例如，某人要求你參加一個討論會，儘管這個討論會對你並不重要，但是人就站在你的面前，等你回答，等你去參加會議，你想不出拒絕的方法，只好去參加會議。例如，一個遠方朋友的突然到訪，你不得不放下其他事情來接待。

④不緊急也不重要的事情

這類事情往往是比較容易做到的事，但此類事情的價值也較低。

許多主管往往在此類事情上花費大量的時間。事實上，這類事情往往都是可以被忽略的，或者是可以拖後處理的，或者是可以抽空處理的。如看電視，作為一種調節，抽空看看即可，沒有必要整天看或者定時天天看。

總之，要想使時間有價值，首先是要做對的事情、重要的事情，而不是把事情做對。

2.主管要設法提高自己的工作效率

(1)培養提高工作效率的意識

提高工作效率首先是意識的問題。如果根本不想提高工作效率，則無論多麼有效的方法都不會發生作用。因此，有意識地提高自身素質、提升工作能力是主管充分利用時間、提高工作效率的關鍵。

(2)考慮時間的使用成本

如果能夠對事件的使用成本，進行計算，會對此有更深刻的體會，從而使主管養成自覺遵守紀律的習慣，提高工作效率。

(3)把工作加以標準化

解決一個問題，通常需要經過確認問題、對問題進行分析、選擇解決方案等一系列過程。進行這一過程的每一個環節都需要時間。對於經常要做的事情，可以把具體情況和處理辦法記錄下來，作為今後處理同樣問題的範例。將這些範例逐步修訂，進而把它標準化，以後若有相同的問題，只要按標準的作業流程進行就可以了，大大簡化了工作的複雜性，從而在使工作規範化的同時，節省大量的時間。

(4)有效利用零星時間

主管每天都要處理很多需要整塊時間的工作，如開會、寫報告、拜訪客戶等，但在一天中也會存在大量的零星時間，即一些不連續的、兩件事情之間的空餘時間。

部門主管有效利用零星時間，可以增加工作密度，加快工作節奏。

(5)有效利用節約時間的工具

有時利用一些有用的工具，可以幫助我們節約時間，提高效率，如個人備忘錄、檯曆、工具書、電腦、電話、傳真、電子郵件等。

3.主管要提高部屬的工作效率

一般情況下，部屬實際的工作效率只有達到 40%～50%。主管要提高部屬的工作效率，除了要明確工作職責和實施良好的激勵政策，還要注意以下幾個方面：

(1)讓部屬參與決策

部屬參與決策一方面可以使部屬對所做事情有更深刻的理解；另一方面，由於部屬參與了決策過程，因而有一種成就感：我參與了決策，我有責任把事情做好。

(2)要讓部屬有一定的工作壓力

部屬有一定的工作壓力，工作能力的提升會比較快。因為部屬為完成任務，會不得不尋找最有效的工作方法。

(3)充分發揮現代辦公設備的作用

現代辦公設備如電話、電腦、電腦網路、傳真機、影印機等的使用大大提高了辦公的效率，因此要充分發揮其作用。

(4)注重工作成果而不是工作過程

要提高部屬的工作效率，在制定相關的制度時，應當以成果為導向，而不應是以過程為導向。有些部屬工作很辛苦，但工作卻達不到預期的效果，作為主管，我們可以表揚他的這種精神，但不能將其作為部屬學習的榜樣。否則，可能就會有人將原本簡單的工作複雜化，甚至做表面文章，來顯示自己的辛苦，以獲得表揚和獎勵。

(5)工作成果共用

在企業裏，經常有這種情況：一個人辛辛苦苦、悶頭做一件事情，等他做完才發現，別人已經做過同樣的工作，而且其方法更有效，如

果當時向別人諮詢、請教，可能會減少很多麻煩。

在企業中推行標準化，一個很重要的目的，就是將一些成功的經驗、知識和技巧標準化，使企業內各成員都可以共用這些成果。

⑹給部屬思考的時間

在企業中，高層管理者制定決策，但具體執行決策的人，是主管和企業部屬。為保證部屬能夠更好地執行，必須讓其理解整個計劃，讓其樹立做好事情的意念和壯志。為此，必須鼓勵部屬在開展工作過程中多動腦筋、多思考。

第三節　主管要工作積極，每天改善

1. 每天進步一點點

不少人會說：「做個好員工，這還不容易！不就是遵守紀律，團結同事，好好幹活嗎！」是的，這沒錯。但是，第一，要做好這幾點，並非易事；第二，做好這幾點，還遠遠不夠。我們一定要認認真真地思考一下，為什麼要做一個好員工，這對於我們的人生、我們的生活有什麼幫助？有的人可能從來都沒有仔細地想過，只是過一天算一天，大概過得去就行，至於生活的品質有沒有提高、整個身心是不是更趨健康和完善、對生活的理解是不是更加全面和深刻等問題常常抱著一種無所謂的態度。想要成為一名優秀的領導，必須先做一名出色的員工。

從「差不多還過得去」到變成「一個好員工」，其實你只需要每天多付出一點點，然而，你卻會因此得到很多，你的生活以及整個人生都會因此而發生改變。

記住，我們所說的是「每天」多付出一點點，而不是那天心血來潮了，就多做一點，做好一點，第二天熱情一過，又回歸原樣。

再看看我們身邊的例子。在我們的週圍，有許多人，他們每個人都是很平凡的人，他們與別人不同的原因僅僅是他們願意每天都多付出一點點，一年 365 天，天天如此！

還有一部份人，情況就不一樣了，因為他們不願意多付出一點點，不懂得多付出一點點能得到很多很多，總認為偶爾犯點小錯無所謂，所以他們身上老是會出現這樣那樣的問題。有些人上班往往扣住那一兩分鐘，不願提前一點，所以經常遲到；有些人怎麼也改不掉隨地亂扔垃圾的習慣，所以廠區道路上、宿舍窗台下、食堂附近等地方，總有零星的垃圾；有些人就是不願意多彎一下腰，多一點耐心細緻，去撿起回料筐裏的紙屑、塑膠袋和其他雜物，結果造成回料污染，給公司帶來許多的麻煩和損失；有些人總是疏忽大意和漫不經心，所以總是毛病不斷，要麼沒戴工作牌，要麼沒戴帽子或髮網，要麼忘了剪指甲，要麼上洗手間出來忘了洗手，要麼上班穿拖鞋，要麼工作服皺皺巴巴，要麼動作粗魯造成工具器具損壞；有些人就是無法克制自己，上班時間任意離崗，隨意在工作區域吃東西，甚至忍不住要睡覺。諸如此類，舉不勝舉。

多付出一點，多克制一下，對工作多一點喜歡，對公司的事物多一點關心，對公司的財產和利益多一點愛惜，對公司的文化和各種規定多一點認同，對每天和你相處的同事多一點尊重，你就能從一個有時「有點問題」的或大致「過得去」的員工開始變成一個「好員工」，與此同時，你還能逐步養成好習慣和形成正確的生活態度。然後，你的心地會變得善良、積極、健康、潔淨，私心少了，怨氣少了，牢騷少了，沮喪和消沉沒了蹤影，挫折感和失敗感也沒了蹤影，你的工作也會隨之更加順利。

2.保持積極的工作熱情

曾經有這樣一個實驗。

該實驗是由兩位水準相當的教師分別給兩組學生教授相同的內容。所不同的是，其中一位教師被告知：「你很幸運，你的學生天資聰穎。然而，值得提醒的是，正因為如此，他們才試圖捉弄你。他們中有的人很懶，會要求你少佈置作業。別聽他們的話，只要你給他們佈置作業，他們就能完成。你也不必擔心題目太難。如果你幫助他們樹立信心，同時傾注真誠的愛，他們將可以解決一切棘手的問題。」另一位教師則被告知：「你的學生智力一般，他們既不太聰明也不太笨，他們具有一般的智商和能力。所以我們期待著一般的結果。」

到該學年底，實驗結果表明，「聰明」組學生比「一般」組學生在學習成績上整整領先了一年。其實被試學生根本沒有所謂「聰明」的學生，兩組全都是一般學生，唯一的區別就在於教師對學生的認知不同，導致了對他們的期望態度也不同，從而以不同的方式對待他們。其中一位教師把這些一般的學生看做是天才兒童，因而就作為天才兒童來施教，並期望他們像天才兒童一樣出色地完成作業。正是這種特殊的對待方式，使得一般學生有了突出的進步。另一位老師把這些一般的學生看做是一般兒童，因而就導致了學生們沒有長進的結果。

心理學家威廉伯特·洛西斯曾做過一個有趣的實驗。被試者包括三組學生和三組白鼠。

他告訴第一組的學生：「你們非常幸運，你們將訓練一組聰明的白鼠，這些白鼠已經經過智力訓練且非常聰明了。」

他告訴第二組的學生：「你們的白鼠是一般的白鼠，不很聰明，也不太笨。它們最終將走出迷宮，但不能對它們有過高的期望。因為它們僅有一般的能力和智力，所以它們的成績也僅為一

般。」

他告訴第三組的學生說：「這些白鼠確實很笨，如果它們走到了迷宮的終點也純屬偶然。它們是名副其實的白癡，自然它們的成績也將很不理想。」

後來學生們在嚴格的控制條件下，進行了為期六週的實驗。結果表明，白鼠的成績第一組最好，第二組中等，第三組最差。有趣的是，所有作為被試的白鼠實際上都是從一般白鼠中隨機取樣並隨機分組的。三組白鼠的實驗結果差異顯然來自於實施執行者的差異。簡而言之，由於學生對白鼠具有不同的偏見，便產生不同的態度，從而以不同的方式對待它們。正是由於不同的對待方式導致了不同的結果。學生們雖不懂白鼠的語言，但白鼠卻「懂得」人們對它的態度，可見態度是一種通用的語言。

無論何時，我們做每一件事情都不要以消極的態度來對待，因為這種態度決定了你不能出色地完成工作。我們應該以積極的態度來對待工作，只有這種態度才能使你出色地、超乎尋常地完成本職工作，從而使自己在事業上取得更大的進步。

3.儘早排定明天的工作計劃

若想使工作組織化，必須在當天（晚上）就擬定隔天的計劃。明天該做的事情將它做成備忘，如果拖到明天再想，往往細節的東西都忽略了。如果能夠在今日擬定明天的計劃，則明天的工作一定會運行得相當順暢。

(1)儘早開始

早到公司十分鐘與晚到十分鐘，當天的工作效率就有差別，我想你也有這樣的經驗吧！

在家裏，由於大可將不重要的事情省去，至少可以節省十五分鐘時間。報紙盡可能略讀，不要賴床、也不要看電視看個不停，這些都

是應有的心得。

　　在公司，儘早著手進行工作。不要一早就與人閒聊，或熱衷於昨晚的球賽。

(2)在控制下的進度完成工作

　　以長遠的眼光來看，凡事太匆忙比起以一定的進度進行工作得付出相當高的代價。

　　首先，省去一些不太重要的步驟或洽談。再來，如果覺得有非常恰當的步驟，就按照這個步驟來工作。一旦習慣之後，可再增加一些工作量，如果覺得步驟上有不妥的地方，則停止追加。再回到原來的情況重新開始，或進行檢討。

第四節　部門主管的好習慣

　　習慣是什麼？習慣是經過長時間做某一件事而形成的一種不自覺的或自發的行動。如每天洗臉刷牙，飯前便後洗手等等。

1.主管的七個習慣

　　良好的習慣使辦事有條理，不會手忙腳亂。因此，良好的習慣是一種財富。良好的習慣可以歸結為下列：

(1)習慣一：積極主動

　　積極主動就是採取主動，為自己過去、現在和未來的行為負責，並根據原則和價值觀，而不是根據情緒或外在環境來作決定。積極主動是要發揮人類的四項獨特的稟賦：自覺、良知、想像力和自主意志，以由內而外的方式來創造改變，積極面對一切。

(2)習慣二：以終為始

所有事物都要經過兩次創造：先是在頭腦裏醞釀，其次才是實際的創造。做任何事情都要先擬定出一個願景和目標，並據此來塑造未來，執著地去實現目標。而願景和目標本來是追求的終點，但卻是以此為始點。

(3)習慣三：要事第一

每天都有做不完的事，其目的是要實現最終的願景和目標。所以，事情應有先後順序，無論迫切性如何，主管都應針對要事而來，永遠把要事放在第一位。

(4)習慣四：雙贏思維

雙贏思維是一種基於互相尊敬、互惠互利的觀念框架。雙贏既不是損人利己，也不是損己利人，更不是損己不利人，而是一種利己利人的模式。雙贏思維鼓勵從互利互惠、互相依賴的角度思考問題、解決問題，是一種資訊、力量、認可與利益的共用。

(5)習慣五：知彼知己

當傾心聆聽別人的心聲時，能夠進行有效的溝通，增進彼此之間的瞭解。對方獲得瞭解，會感覺受到尊重與認可，進而放鬆心理防線，坦誠相待。但是，知彼需要仁慈心，需要誠信。而知己則需要勇氣。只有將知彼和知己結合起來，才可以大幅度提高溝通的效率。

(6)習慣六：統合綜效

統合綜效就是集體創新，既不是按照你的方式，也不是按照我的方式，而是採用遠勝過個人之見的辦法。

統合綜效是互相尊重的結果，並在相互尊重的基礎上，獲得 $1+1>2$ 的效果。即令雙方放棄敵對的態度（$1+1=1/2$），不以妥協為目標（$1+1=1$），也不止步於簡單的合作（$1+1=2$），而是進行創造性的合作（$1+1>2$）。

(7)習慣七：不斷更新

不斷更新就是不斷磨礪自己，不斷學習，不斷提高自己。

這七個習慣是相輔相成、密不可分的。一個人越是積極主動(習慣一)，就越能掌握人生方向(習慣二)，進而有效管理人生(習慣三)。能夠不斷磨礪自己(習慣七)的人，方懂得如何瞭解別人(習慣五)，尋求圓滿的解決之道(習慣四、六)。

大部份人努力奮鬥，希望有朝一日自己能夠成功。想要達到這個目標，必須瞭解培養良好習慣的重要性。如果沒有刻意去培養好的行為習慣，就會不經意地養成壞習慣。想要成功，要設法勉強自己去做一些自己不喜歡或不擅長的事情，只有養成這樣的習慣，才能夠進步。

2.簡單易行的辦法

主管可以用三種簡單的辦法，去培養良好習慣：

第一個是「我做得到」

培養良好習慣，首先是要有強烈的願望和自信。如果主管認為，現在的工作方式我已經習慣了，我不願意也做不到對時間進行科學的管理，那麼他就絕對不會成為一個有效的部門主管。

第二個是「我要去做」

有了培養良好習慣的願望和自信，主管還必須堅持不懈，必須不斷克服原有不良習慣的慣性，因此部門主管必須有堅強的毅力。

第三個是「我不得不做」

有時需要制度和規範來對人的行為進行約束。如某企業早上8：00上班，企業要求主管必須提前30分鐘上班。如果沒有任何約束，僅僅依靠主管的自制力，很難保證每一位主管都能按時上班，如果企業制定嚴格的考勤和考核制度，並嚴格執行這些制度，這樣就可以幫助主管養成提早上班的習慣。

通過上述三種方法，你就會漸漸養成成功者的習慣。但是，一定

要注意，作為部門主管，要刻意去培養好習慣，常常提醒自己「我做得到」和「我要去做」，而且「每天做」。

3.主管立即培養的優秀習慣

習慣是一種恒常而無意識的行為傾向，反復地在某種行為上產生，是心理或個性中的一種固定的傾向。成功與失敗，都源於你所養成的習慣。著名的成功學大師拿破崙·希爾說：我們每個人都受到習慣的束縛，習慣是由一再重複的行為所形成的。因此，只要能夠養成正確的習慣，我們就可以掌握自己的命運，而且每個人都可以做到。許多事情反反復複做就會變成習慣，人的許多行為習慣都是做中養成的。對習慣進行管理，簡單地說就是用新的良好習慣去破除和取代舊的不良習慣。要改掉壞習慣，關鍵是明確什麼是好習慣。有些習慣是具體的，有些則是模糊的，但好習慣是可以描述出來的：

(1)強調時間管理

對於公司的主管來說，面對飛速變革的環境給公司帶來的重重壓力，和來自公司高層越來越苛刻的目標夾擊，如何抓住時間，有效管理好時間，成為關鍵。

現代管理學大師彼得·德魯克認為，有效利用時間是完全可以後天學習的，其關鍵是：首先，為成效而工作，而不是為工作而工作。先要考慮「我期望得到的成果是什麼？」，而不是一開頭就考慮做些什麼工作，採用什麼技術或手段；其次，把主要精力集中於少數主要的領域。制定優先的工作次序，並且堅持已經決定的工作重點，有條不紊地安排工作。巴萊多定律（「二八定律」）告訴我們，在任何一組事物中，最重要的只佔其中一小部份，約為 20%，其餘 80%雖為多數，卻是次要的。最重要的事情（重要的少數）先做，而不是先做那些次要的事情（微不足道的多數），那將一事無成。

(2)日清日畢，絕不拖延

主管每天都會接到來自高層的工作指令，來自其他部門的協作要求，以及來自部屬的工作請示等，事情很多。在這種情況下，做到「日清日畢」就很有必要。規定當日完成或在一定時間內完成的工作要儘量按時完成，否則拖拉的結果必然是影響今後的工作計劃。長此以往，就會形成一種惡性循環，總會有事情做不完，總會有事情打斷手頭的工作，工作效率必然大受影響。

(3)講究協作，強調授權與信任

很多人認為，在時下「個人英雄」產生的概率已經微乎其微，越來越多的人開始崇尚團隊合作。為順利地實現工作目標，主管需要習慣與人合作，而不是單打獨鬥。

與人合作就包括與其他主管合作，也就是部門間的合作。對主管而言，所要完成的工作就是實現公司戰略，要做到這一點，僅靠某個部門是不可能實現的。所以，主管之間需要加強合作。

此外，主管還要學會對部屬授權，要信任和接受部屬。常言道：用人不疑，疑人不用。當然，授權不等於放任不管，主管要對部屬進行適當的指導和控制。

(4)時常反思，學會總結

主管總是被大量的工作所包圍，他們每天只能埋頭被動地完成來自高層的任務，日復一日年復一年，這樣的結果令自身能力的提升速度大大降低。

養成反思的習慣，可以總結更多的經驗和教訓，同時也能不斷地修正今後的工作，這樣就可以清楚地看到自己邁出的每一步。反思應該是一種持續不斷的過程，而不是事到臨頭才去抱佛腳。只有這樣才能很好地把握自己要做的任何事情。

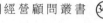 ## 第五節　如何對上級的彙報

　　學會認識上級，瞭解上級，才能得到上級的認同和尊重，才能讓自己在日益激烈的競爭中得以生存和發展，為自己的前途打下一個良好的基礎。

　　態度決定一切。如果能讓上級肯定您的工作態度，那麼您就能贏得他的青睞，獲得更多的機會。獲得態度認可的具體實施辦法如下：

　　會管理時間的人才會工作。制定一個嚴格的工作進度表，把時間單位儘量細化到一週，甚至一天。經常向上級反映工作進展，讓他感受到您對時間的充分利用，對工作的認真和投入。

　　只制定一個工作表是不行的，努力把自己的本職工作做好，才是對上級最好的交代。不必在意別人怎麼想，只要把注意力集中在如何把事情做好上就行了。

　　企業是最講求效率的。如果您做事慢慢吞吞，老是無法提高效率，那麼，無論您心地如何善良，或工作態度如何認真，上級也不會看重您。如果上級委託您辦的事，您能夠及時或提前完成，並且問上級：「還要我做什麼？」像這樣不斷地要求自己，相信上級一定會很看重您的。

　　報告力求簡潔有力，不要事無巨細都一一陳述。上級會知道您在它上面所花費的時間和精力，邀功請賞的描述只會讓上級對您產生厭煩情緒，並對您的能力產生低估：「這麼一點成績就讓他如此沾沾自喜，可見他也不怎麼樣。」

1.用心聆聽上級的指示

上級委派任務時，應該認真聆聽，並且真正瞭解上級的意圖和工作重點。如果你接收錯了工作指示，誤解了上級的意圖或要求，就只會浪費氣力。因此，你應該認真地接收上級指示，有助於制定自己的工作內容，你可以嘗試運用傳統的「5W2H」方式，快速而準確地記錄工作要點。

- ‧WHAT：做什麼事？
- ‧WHO：誰去做？
- ‧WHEN：什麼時候做？什麼時候結束？
- ‧WHERE：在什麼地方做？
- ‧WHY：為什麼要做？
- ‧HOW：怎樣去做？
- ‧HOW MUCH：要花多少錢？

接收了上級的工作指示後，馬上整理有關的記錄，然後簡明扼要地向上級覆述一次，主要檢查內容會是否有錯漏，或者是否有容易產生歧議之處，當獲得上級的確認後，再進行下一個環節。

2.扼要表明個人的見解

如果上級所委派的只是一項簡單的任務，你可以簡單地表明個人的態度，那就是請上級放心，你可以按時完成任務；如是一件較為困難及複雜的工作，你便應該有條理地向上級闡述開展工作的方法及預算的計劃內容，並且徵求上級的指導或建議。開展工作的時候，也需要繼續向上級彙報，提出工作所需的人手及資源調配、費用開支的情況等，以便獲得上級的答覆和尋求解決方案。

第六節　你如何聽取員工的彙報

1. 你給員工下指示，具體內容要 5W2H

沒有具體內容的命令，往往使員工無所適從。要麼不去做，要麼靠自己的發揮想像來做，必然導致結果出現偏差。那麼，怎樣下指示才能有效呢？

完整地發出命令要有 5W2H 共七方面的具體內容，這樣員工才能明確地知道自己的工作目標是什麼。只有 5W2H 明確了，執行人員就一定會按照指示要求將事做好。

表 7-6-1　主管下達指示的注意事項

序號	注意點	說明
1	方式選擇要得當	下指示時可用口述、電話、書面通知、托人傳遞等，但能當面談話的就不要打電話，能打電話的就不要書面通知(規定文書除外)，能書面通知的就不要托人傳遞
2	先詢問再指示	發出指示、命令之前，可以先從向員工詢問一些相關的小問題開始，透過員工的回答，把握其對所談話題的興趣度、理解度之後，再把你的真實意圖講出來
3	不做傳話筒	除了絕對機密情報之外，對員工應說明你發出該指示命令的原因，而且是在自己認識、理解之後發出去的，不要做一個傳話筒
4	讓員工覆述你的命令	在下達完後一定要讓員工當你的面將指示、命令覆述一遍。另外，最好是能將所發出的指示、命令在工作日記本上寫下來
5	指示更改時要說明原因	已發出的指示、命令，有時不得已要重新更正，應加以說明

2.聽取員工的彙報

部門主管在聽取員工的工作彙報時要注意以下要求：

表 7-6-2　聽取員工彙報工作時的注意事項

序號	要點	說明
1	應守時	如果已約定時間，應準時等候，如有可能可稍提前一點時間，並做好記錄要點的準備以及其他準備
2	要平等	應及時招呼彙報者進門入座。不可居高臨下，盛氣淩人，大擺官架子
3	要善於傾聽	當員工彙報時，可與之目光交流，配之以點頭等表示自己認真傾聽的體態動作
4	要善於提問	對彙報中不甚清楚的問題可及時提出來，要求彙報者重覆、解釋，也可以適當提問，但要注意所提的問題不至於打消對方彙報的思路。不要隨意批評、拍板，要先思而後言
5	不可有不禮貌行為	聽取彙報時不要有頻繁看表或打哈欠、做其他事情等不禮貌的行為。要求下級結束彙報時可以透過合適的體態語或委婉的語氣告訴對方，不能粗暴打斷
6	要禮貌相送	當下級告辭時，應站起來相送。如果聯繫不多的下級來彙報時，還應送至門口，並親切道別

第**8**章

部門主管如何應付壓力與挫折感

🔊)) 第一節　避免壓力過大的潰敗

　　造成主管們壓力大的一個主要原因就是他們總是馬不停蹄、夜以繼日地奔忙，而他們的工作往往又是不斷變化著的。要怎麼做才能避免這種情況？

　　在一整天都在持續的快節奏下工作之後，你就必須計劃著讓自己休息放鬆一下，例如，每隔一個半小時，就休息 5 至 10 分鐘，什麼也別幹，坐著想些事，放鬆、深呼吸、伸伸腿，喝杯茶或咖啡。別讓自己老是被人推擠著往前走，因為如果你不停下來休息的話，你的效率會降低。

　　擔任部門主管，免不了有壓力，隨時有挫折感，主管必須懂得如何避免壓力過大，造成筋疲力盡。什麼是筋疲力盡？這是因工作過度或壓力過大而產生的沮喪或精力的衰竭。

　　如果你在任何時間都很疲倦的話，就會感受到精疲力竭的滋味；

如果你對所做的一切全無興趣；

如果你覺得每件事都難以企及；

如果你覺得自己毫無目標；

如果你覺得精力無法集中或無法完成一項任務；

如果你總是把東西放錯了地方、忘記約會、聽不清別人到底在講些什麼、記不住別人剛剛和你談了些什麼；

如果你發現了自己總是重覆地在讀同一個段落；

如果你發現自己幹一件事花的時間比別人長

……

以上種種，全會讓你感到筋疲力盡，整個人好象被榨空似的。

休息一下，度幾天假或許會對你有所幫助，但同時，你也需認識到，你回來之後要面對的仍是相同的境況，所以，逃避並不是解決問題之法，最重要的是要改變這種情況。於是，問題又來了，你必須要決定，你可以把什麼授權給你部屬去做，怎樣合理地安排時間，以及怎樣使自己鬆弛一下。

你需要給自己充充電、加加油，就像一台機器一樣，你又可以獲得足夠的能量來充分發揮功用了。如果你不想讓自己筋疲力盡，那麼，和你朋友談一下，尋求一下這方面的專業人士的幫助，重新調整一下你的工作甚至於改變它，或許是很有必要的。

第二節　主管減輕壓力的步驟

　　主管幻想有一天在沒有壓力下工作是不可能的。沒有壓力，事實上也是一種壓力，壓力好像流水不斷，常常是剛卸下一個壓力的重擔，又得再挑起另一個重擔。

　　如何緩解壓力、變壓力為動力是主管人員最難做的一件事。為了減輕工作壓力，還應注意以下幾點：

　　· 不值得做的，千萬別做；

　　· 適時知難而退；

　　· 知道何時見好就收。

　　身為主管，必須承擔壓力，本身又如何減輕壓力呢？主管可使用下列 8 個步驟來減輕壓力。

　　第一步，減輕壓力的第一步就是要評測一下那些預期目標。

　　你需坐下來，制一張表，把那些你沒有達到或別人認為你沒有達到的預期目標都列出來，然後問你自己實際上能不能達到這些預期目標。預期目標是什麼？我能達到嗎？

　　第二步，對付壓力的第二步就是要在身體上、心理上、情緒上作好應付所有可能出現的問題的準備。

　　我們大家都知道要少吃些鹽和糖、多吃點水果、蔬菜和穀類食物，少吃豬肉，多吃牛肉和魚。食物是使我們前進的能量，而且，我們需要好的食物。差勁的營養會使我們虛弱，因而降低了處理壓力的能力。

第三步，接受鍛煉是去除不斷積累的過多壓力的一劑良藥。

當你確實感到沮喪時，你可以到室外走上幾圈；在你辦公室裏蹦上幾蹦；或者做一些伸展運動來除掉你肌肉裏積聚的緊張。定期鍛煉已經顯示了其在減少心肌梗塞及降低血壓方面的功效。

第四步，知道如何保持安靜和集中注意力同樣很重要。

沉思很易學，而且，對於在工作中感受到壓力的人而言，這無疑像個恩賜。為了沉思，可找出一小段安靜的時間來，在門上掛上一塊「請勿打擾」的牌子；然後，閉上眼睛反覆地說「哦」這個字大約 15 分鐘。當別的念頭閃入你腦海裏的時候，你仍然在沉思，而並不清楚閃過的是些什麼念頭。在你意識到有了別的念頭且有意識地去思考它們的時候，你的沉思就算結束了。「哦」這個詞在梵文中是「平靜」的意思，在一個安靜的環境中重覆這個詞可以完全地平復你的心情。當你做完了之後，給自己幾分鐘休息，然後再開始積極地行動。

第五步，發展一組可以支持你的人，這意味著你有了一群可以談話的人。

孤獨的人是承受壓力最大，而將生活處理得最糟糕的人。我們都需要有一個好友地來聆聽抱怨，而不對此作任何評價；在我們哭泣的時候，需要一隻有力的手來握著；在我們覺得不好過的時候，需要有個好過的人來安慰我們。

第六步，建立自己的「支援網路」。

主管可以向親人、朋友、同學傾訴，宣洩自己的情感，是最自然也是最有效的解壓途徑。如果長期「內忍」，只能忍出「內傷」。多交積極向上的朋友，讓自己身邊圍繞的都是健康樂觀的聲音，保持自己開朗放鬆的心情。良好和諧的人際關係有助於對抗壓力。

第七步，良好的生活習慣。

適度的運動，充足的睡眠，多吃抗壓食物，可以加強主管的抗壓能力。

運動可以促進血液循環，增進心肺功能，最神奇的地方還是在於運動會促使腦內釋放一種物質，這種物質可以說是天然的鎮定劑，可以幫助平衡心緒，可以給你好心情，所以不要忘了多運動，最簡便的方式就是每天堅持快步走 30 分鐘。

睡眠不足，容易侵犯人體的 T 細胞，人體的 T 細胞是負責對抗外來細菌的，而且疲憊的身心更容易產生壓力，一個有充足睡眠的人，一定比經常性失眠的人壓力耐受力大。

如糙米、燕麥、蔬菜、牛奶、瘦肉等含維生素 B_1 的食物和洋蔥、大蒜、海鮮等含硒較多的食物，每天補充一粒維生素 C。

第八步，最後，千萬別忘了給自己找點樂子。

參加那些給予我們歡樂、使我們歡笑的活動是最好的壓力緩解劑之一。

🔊 第三節　主管如何保持頭腦冷靜

　　若主管一天中能經常得到能夠緩解壓力的休息，那麼他們的工作效率將會高得多。

　　事實上，主管們通過休息來加快速度和改進工作，同時，通過轉移注意力，能從舊框框中解脫了出來，解放了他們的創造力。

　　重新控制思維的一種方式是停止工作，讓大腦得到休息。一旦你感到大腦有點僵化，不能集中注意力時，你要停止手中的工作，讓大腦得到片刻休息。站起來，走一會兒，喝杯水，跟別人交談幾句，坐在一張舒適的椅子上，看一些有趣的讀物，呼吸一些新鮮空氣，或者躲到一個安靜的地方，參加一項與你的工作毫不相同的活動，讓你的大腦完全沈浸在輕鬆有趣的活動之中。這麼做能打斷精神壓力所積聚的危險，緩和大腦的緊張程度，恢復你的大腦能力。

　　如果你經常坐在辦公桌旁，只要靠在椅背上，閉上眼睛，慢慢地做幾下深呼吸，或找空當兒活動，在辦公桌旁有多種簡單的健身運動可做，午後略做幾分鐘，即能緩解壓力、令你放鬆肌肉、精神煥發、恢復體力；又會使你的頭腦冷靜、清醒、恢復活力，從而能做好下一項工作。

　　一旦你感到精神上有壓力，趕快採取這種措施，不要一直等到回家，更不要等到週末。

　　主管要頭腦冷靜，以便克服壓力，除此之外，主管還要養成良好的工作習慣：

1. 把注意力集中在手頭的工作上

大多數人在做一件事時，大腦裏都會想著另一件事。

如果你的思維不可控制地會轉移到那些令人分散注意力的事上，那就說明你並沒有把你的注意力集中於你手頭上的工作，你的大腦在想一些其他的事。

這些令人分散注意力、產生壓力的想法（害怕、擔心、消極的想法）會使主管難以集中注意力，從而做出錯誤的決定，無法幹好工作。

把注意力集中於手頭上的事，能幫助主管清除大腦中產生壓力的想法，制止分散注意力的交談，並且使你重新得到對大腦的控制。

無論何時，你只要把注意力集中於手頭上的事，就能放鬆自己，你的思維就會專下心來，清晰起來。

把注意力集中於手頭上的事，會使你對自己的事感覺更舒服，在處理的時候更有效，心情更好。它能幫助你在每次做事時以一種集中注意力的方式來完成。於是你的效率就會更高。

2. 清除桌上的文件，只留下正要處理有關的東西

光是看見桌上堆滿了還沒有回的信、報告和備忘錄等等，就足以讓人產生混亂、緊張和憂慮的情緒，不但會使你憂慮得緊張和疲倦，也會使你憂慮得患高血壓、心臟病和胃潰瘍。

美國著名的心理治療專家威廉·山德爾博士，就讓一個病人用清理辦公桌的方法避免了精神崩潰。這個病人是芝加哥一家大公司的高級主管，當他初到山德爾博士診所去的時候，非常緊張不安，情緒很憂慮。他知道他可能要精神崩潰，他沒有辦法辭去工作，他需要有人幫助他。

「當這個人正要把他的問題告訴我的時候」，山德爾博士說，「我的電話鈴響了起來，是醫院打來的電話。」我沒有多討論這些問題，當場就下了決定，我總是盡可能當場解決問題。我剛

把電話掛上，鈴聲又響了。這是一件很緊急的事情，我花了一點時間討論。第三次來打擾我的是我的一個同事，為一個病得很重的病人徵求我的意見。當我和他討論完了以後，我轉過身去準備向我的病人道歉，因為我一直讓他在等著。可是他臉上表情完全不一樣，非常的開心。「不必道歉了，大夫」這個對山德爾說，「剛才的那 10 分鐘裏，我想我已經知道我的問題出在那裡了。我現在要動身回到辦公室裏，改一改我的習慣……可是在我走之前，你能不能讓看看你的辦公桌呢？」

山德爾博士打開辦公桌的幾個抽屜，裡面只放了一些文具。「請你告訴我」，那位病人說，「你沒有辦完的公務都放在那裏？」

「都辦完了」，山德爾說。

「那麼你還沒有回的信放在那裡呢？」

「都回了」，山德爾告訴他說。「我的規則是，信不回決不放下來。我都是馬上口述回信，讓我的秘書打字。」

6 週之後，那位高級主管把山德爾博士請到他的辦公室去。他整個地改變了，他的辦公桌也不一樣了。他打開辦公桌的抽屜，抽屜不再有還沒有做完的公務。這位高級主管說，「以前我在兩個辦公室裏有 3 張寫字台，把我整個人都埋在工作裡，事情永遠也做不完。當我和你談過以後，我回到辦公室，清出一大堆的報表和舊的文件。現在我的工作只需要一張寫字台，事情一到馬上就辦完。這樣就不會有堆積如山沒有做完的公務威脅我，讓我緊張和憂慮。可是，最讓我想不到的是，我完全恢復了健康，現在一點病也沒了。」

3.把注意力集中在令人愉快的事物上

放鬆 1 分鐘，擺脫精神上的壓力，然後花 3 分鐘或者更長的時間將你的注意力完全集中在某個具體、令人愉快、平靜的事物上。它可

以是任何東西，如一幅畫，一件擺設，一個溫和的詞，給人以安慰的
詞組，精神上的肯定，或者是一次愉快的經歷。你的頭腦將會變得清
醒，變得開放，接受能力強，富有創造性，並且運轉自如；別忘了，
在做這些事時，做幾個深呼吸。

這一方法能夠奏效是因為，儘管人的大腦十分複雜，但它在一段
時間內只能集中在一件事上。如果注意力集中在消極、產生壓力的想
法上，你在心理上、生理上都會感到有壓力。如果注意力集中在令人
愉快的事上，就會感到輕鬆。

翻閱你的相冊或雜志，找到一幅能讓你感到平和放鬆的畫，把它
放在你的辦公桌上。

或者花幾分鐘在腦海裏構造一幅畫，重溫一番愉快的經歷來恢復
你的活力，如一段真正輕鬆的時間，一個愉快的假期，春天第一個陽
光明媚的日子，等等。

4.按事情的重要程度來做

富蘭克林‧白吉爾是美國最成功的保險推銷員之一，他不會等到
早上五點才計劃他當天的工作，他在頭一天晚上就已經計劃好明天的
工作。

他替自己訂一個目標，訂一個在那一天要賣掉多少保險的目標。
要是他沒有做到，差額就加到第二天，依此類推。

如果蕭伯納沒有堅持「該先做的事情就先做」的這個原則的話，
他也許就不可能成為一個作家，而一輩子做一個銀行出納員了；他擬
訂計劃，每天一定要寫 5 頁。這個計劃使他每天 5 頁地繼續寫了 9 年，
雖然在這 9 年裏他一共只得了 30 幾塊美金的稿費。

5.碰到問題時，若必須做決定，就當場解決，不要遲疑不決

霍華在美國鋼鐵公司任董事長的時候，開董事會總要花很長的時

間，在會議上討論很多很多問題，完成的決議卻很少。其結果是，董事會的每一位董事都要帶著一大包的報表回家看。

最後，霍華先生說服了董事會，每次開會只討論一個問題，然後作結論，不耽擱、不拖延。結果非常驚人，也非常有效。所有的陳年舊賬都清理了，日曆上乾乾淨淨的，董事也不必帶一大堆報表回家，大家也不再為沒有解決的問題而憂慮了。

6.學會如何組織、分工負責和監督

很多新主管替自己挖了墳墓，因為他不懂得怎樣把責任分攤給其他人，而堅持事必躬親。其結果，枝枝節節的小事使他忙亂不堪。他覺得很憂慮、焦急和緊張。要學會分工負責，是很不容易的。如果找來的人不對，也會產生很大的災難。可是分工負責雖然很難，一個作主管的，卻非要這樣做不可。

📢 第四節　主管如何處理矛盾衝突

在一個單位中的部門之間、個人之間、群體之間，對某項任務、某個問題在利益和觀點上不一致，是常有的事，有時雙方甚至會劍拔弩張，搞到十分緊張的地步。

一、面對上級們的彼此矛盾

與上級在一起工作，由於觀點、氣質、風格、方法各不相同，容易產生分歧，甚至是重大矛盾。作為部門主管沒有必要介入到上級的矛盾中去，更不應該說三道四，擴散這種矛盾。

　　一個單位的兩位主要上級鬧矛盾，作為中層部門主管，必須以實事求是的精神，站在客觀公正的立場上，將一碗水端平，絕不可憑個人好惡、感情親疏、「勢力大小」，親一方、疏一方，維護一方、反對一方。只要不違背原則，兩位上級說的話都要聽，佈置的工作都應完成，即使工作很忙，一時難以完成，也要根據輕重緩急合理安排，做到統籌兼顧，不可厚此薄彼。當遇到兩位上級安排的工作彼此矛盾時，要善於動腦，通過認真思考和分析，對原則錯誤或雖無原則錯誤但在實踐中行不通的事情，不能盲從，是那位上級佈置的，就要坦誠地向其說明情況，解釋清楚，提出自己的看法和建議，當好參謀。解釋時，只談自己的看法，不可透露另一的不同意見。

　　因為部門主管把上級間的矛盾向外界散佈，會助長這種矛盾，使之公開化、表面化，它還會損害整個上級層的聲譽，使上級的矛盾暴露在幹部群眾面前，這對於做好工作是極為不利的，所以，部門主管一定要學會守口如瓶，保守秘密。但是，守口如瓶，並不等於什麼都不說，一問三不知，裝聾作啞；而是應注意加強自己的修養，採取積極的態度，謹慎地去對待。

　　通常兩位主要上級矛盾較深的單位，都程度不同地存在著矛盾雙方都想在自己週圍拉一幫人的現象。個別素質不高的上級，為達到某種目的，還可能會在你面前說別人的「不是」，或指責挑剔，或評頭論足，有的為討好拉攏下屬，甚至可能在下屬面前說喪失原則的話。遇到這種情況，中層部門主管只能「洗耳恭聽」，守口如瓶。當某一上級主動徵求自己的意見或要求你表態時，要對事不對人，只談自己的看法，不要涉及上級間的是是非非，更不可乘機挑撥離間，無原則地吹捧和投靠。總之，要超然於矛盾之外，不可陷入矛盾之中。

　　聽到某上級對其他上級不滿或說了貶低的話，絕不可把話傳給對方。傳的結果，只能是成事不足，敗事有餘，於事無補，而不傳本身

就是補事。

上級在氣頭上，你是不能再去火上澆油的。你可以自然地把話題引開，談點能使他高興的事情，也可以拉他下盤棋或打打撲克等，讓他消消氣。他氣消了再細想一下，也許不用別人提醒什麼，自己就明白了問題該如何處理。

二、如何處理我與上級的矛盾

在處理與上級矛盾衝突的過程中，堅持有限忍耐和合理鬥爭與自我保護相結合的方法，是靈活性和原則性相統一的有效策略。

所謂有限忍耐，是指部門主管從維護良好上下級關係的願望出發，在一定限度內對自己的慾望、情感和利益等方面所作的自我約束。

中層部門主管有時可能會與上級意見相左，其表現為：有時要終止對上級的支持，或與上級劃清界限，或公然與之對抗，不管出現那一種情況，你都會付出代價。特別是一些缺少安全感，而且容易記仇的上級，只要聽到別人建議他們檢討自己的行為或政策，立刻會展開報復的行動。

前者若是粗俗的主管，他們往往缺乏理智，凡事不能思前慮後，從而使自己與上級的關係危機就發生在頃刻之間。後者多表現在文雅者身上，他們能夠用理智戰勝感情，約束、控制自己，善於把自己的語言和表情控制在不激烈爆發的範圍內。

三、如何解決平行同事間的矛盾

同級中層主管之間是一種競爭與合作的併存關係，相互之間發生這樣那樣的衝突是十分正常的事。無論原因在何方，矛盾的產生並非

很可怕，可怕的是處理這些矛盾的時候方法不當，這樣不僅於事無補，很可能還會雪上加霜。

善於駕馭矛盾的人往往能把握住矛盾的本質和規律，知道如何對待矛盾、化解矛盾，並因此積累了豐富的經驗。

常言道：「對症下藥」，解決矛盾必須因人而異、因事制宜，針對人、事、物構成矛盾所表現的動態性、客觀性、特殊性、複雜性、反復性的特點，根據不同情況、不同對象、不同場合，恰當地運用批評、談心幫助、啟發反思、情理灌輸、組織措施等多種方式方法，讓鬧矛盾的雙方都能體會到自己有什麼錯誤，應承擔什麼責任，應明確什麼態度，真正使「忠言」順耳，「良藥」可口，解決矛盾，雙方口服心服。

有的中層部門主管依仗自己有後台、有靠山，不把同僚放在眼裏；有的則以為自己資歷深、年齡大，擺老資格，瞧不起比自己年輕的同級主管。這些人遇上糾紛時，少不了要發生頂撞現象，以為同僚奈何他不得。對待這種頂撞，既不要輕易地讓步，也不要針鋒相對地頂撞，而應從側面入手指出他的不對，言在此而意在彼，表面上我不氣不惱，但言辭話語中卻是非分明。這樣做，既不傷他的自尊心，又使他明白道理。

在化解矛盾的過程中應該注意以下幾個方面的問題：

矛盾和衝突發生後當事雙方要果斷處置，迅速控制事態，對於那些一目了然的矛盾，要快刀斬亂麻，速斷速決，而對那些情況尚不明朗，是非不清而又激化在即的矛盾要先暫時「冷卻」、「降溫」，避免事態擴大，然後通過細緻的工作和有效的策略適時予以解決。只要把握了解決矛盾的主動權，任何矛盾和困難都是可以解決的。

一般說，矛盾存在於衝突的雙方之中，可是，真實情況往往並不這麼簡單，經常是有一隻無形的手從中作梗，導致了矛盾的複雜化、

激烈化，從而難於化解。

　　這隻無形的手，就是俗稱的「小人」，因此，身為本部門主管，在與同僚發生衝突和矛盾時，一定要冷靜分析衝突的緣由，警惕某些別有用心的人乘虛而入，要以大局為重，採取息事寧人的態度，儘快弄清問題，緩解衝突，達到新的團結。

　　我們在和同僚的交往中，要好話好說，而不能個性太強，應表現出有教養的克制態度。

　　⑴對於同僚間的不同看法，最好以商量的口氣指出來。

　　⑵聽取對方的意見要耐心，不要自以為是進行反駁。

　　⑶心胸開闊，能體諒對方在過激情緒下的言辭。不過激和抓住對方不放。

　　同級中層部門主管之間只要能互諒互讓，有些衝突是可以避免的。同僚之間的矛盾也千變萬化，不同的矛盾應當採取不同的解決方式。

　　對於不知高低進退的人，必要時，你必須予以嚴厲的回擊。否則，不足以阻止其無休止的糾纏。和善不等於軟弱，容忍不等於怯懦。優秀的主管知道一個有力量的人在關鍵時刻應捍衛自尊。凡是必要的交鋒，都不能迴避。在強硬的主管面前，許多矛盾衝突都會迎刃而解。偉人的動怒與普通人的區別，就在於偉人理智地運用它。

第五節　主管如何解決部屬之間的矛盾

　　當下屬之間出現矛盾時，處理不當，矛盾終會導致「白熱化」，至此程度，作為主管的你也就很棘手了。

　　俗話說：「釣魚不在急水灘。」選擇風平浪靜的地方，選擇風和日麗的時間，才能有所收穫。當下屬間出現摩擦時，你首先要保持鎮靜，不要因此風風火火，甚至火冒三丈，這樣你的情緒對矛盾雙方無異於火上澆油。

　　不妨來個冷處理，不緊不慢之中，會給人以此事不在話下之感，人們會更相信你能公正處理。

　　雙方因公事而產生矛盾時，「官司」打到你的跟前，這時你不能同時向兩人問話，此時你不妨倒上兩杯茶，請他們坐下喝完茶讓他們先回去，然後分別接見。

　　單獨接見時，請他平心靜氣地把事情的始末講述一遍，此時你最好不要插話，更不能妄加批評，要著重在淡化事情上下工夫。

　　事情往往是「公說公有理，婆說婆有理」，兩個人所講的當然會有出入，且都有道理，你在一些細節問題上也不必去證明誰說得對。

　　但是非還是要由你斷定，當你心中有數了，此時儘管黑白已明，也不要公開說誰是誰非，以免進一步影響兩人的感情和形象。假如你公開站在一方這邊，顯然這方覺得有了支持而氣焰大漲，而另一方則會覺得你偏袒一方。

　　經過幾天的冷靜，雙方都有所收斂，你這麼一說，雙方有了台階下，互相道個歉，也就一了百了。

　　主管常常會遇到必須在兩個方案擇其一的情況，要採取甲案，還

是採取乙案，大家的意見各執一端而相持不下時，主管者可以回答：
「我正在傷腦筋。」

　　這種回答大家都能接受，沒有人會指責「模稜兩可」。因為甲案
也很好，乙案也不錯，不知道選擇那個，這是可以體諒的。坦白地說
出難以決定，這句話對那些相持不下的人，實在具有制止爭論的作用。

　　像這種既不贊成也不反對的意見，實在也是不得已。下這種結
論，誰也不能非難。以前的人常會批評這種意見的「八面玲瓏」，說
這種話的人，實際上是不瞭解事物具有多元性的道理。

　　要作決定，尤其是在會議席上要決定團體的意見時，如果還沒有
把握，還不確定那一邊比較好，就盲目地服從大多數人的意見，最後
常常會發生很大的錯誤。在會議中決定事情時，每個人的責任都不夠
明確，所以常會不由自主地附和多數。而既不贊成也不反對是很卓越
的表達方式，但是要說出來，就要靠貫徹自己想法的勇氣了。

　　贊成甲案，便意味著埋沒乙案，為表示慎重考慮而說：「我正在
傷腦筋。」這是參與開會的成員人人都理解的，也承認是很好的決定。
這時大家就能再一次地徹底研究甲乙兩案。

　　對雙方都不贊成，比贊成某一邊更需要勇氣。這種意見也是很好
的結論。

　　迅速的表決，看起來很乾淨俐落，很有決斷力、應付力。但是將
來是變化多端的，被我們認為很爽快的表決，總是會有後遺症出現。
因此「委決不下」，不急於下結論的做法，即使被認為缺乏果斷，仍
然是不可或缺的。也就是說，不必急於判別是非黑白，要認為不黑不
白也是一種很好的結論。

第六節　部門矛盾衝突的成因

　　部門內的員工之間產生矛盾如何處置，是擺在部門主管面前的一個棘手的問題。在處理這種矛盾之前弄清矛盾產生的原因十分重要。

　　在一般情況下，處於矛盾中的當事人不會輕易放棄自己多年的辦事作風，除非真正讓當事人雙方認清他們各自的方法對工作問題的解決是有利還是有弊，並且用實際行動告訴他們正確的處事方法將會帶來的巨大收益，這樣才有可能化解矛盾，消除摩擦。

　　處於「情緒激動」狀態的人，對於對方的任何辯解都是無法聽進去的，這時第三者的介入會把雙方的注意力引向一個共同的方向，為最終的諒解提供可能。

　　作為部門主管，你不能武斷地說某某的說法可行，而對某某的意見貶得一無是處。最好的辦法就是用事實說話，這樣做不僅會讓當事人雙方親眼看見彼此的優劣，而且也會為他們提供更好的方法去有效地解決問題。

　　你當然也可以讓他們各自試著去做一下，或者來個競賽，將任務分成若干部份，讓他們分頭處理，用最後的成效讓當事人心悅誠服。

1.責任歸屬不清產生矛盾衝突

　　個性和認識決定了一個人的處事策略，而每個人的個性和認識往往是不一致的，這些差異如果沒有得到有效調和，就會產生矛盾衝突。

　　部門的職責不明，或每一個職務的職責不清，同樣也會造成衝突。職責不清主要體現在兩個方面：一是某些工作沒有做，二是某些工作出現了內容交叉的現象。

　　許多人際關係方面的矛盾與責任，常常是混淆不清纏雜在一起的。也許矛盾的雙方對問題都負有責任，然而，主要責任還是應該由一個人來承擔。這也正是處理雙方矛盾的關鍵：明確責任的歸屬。

　　第一步就是要查明問題的真相，注意搜集有關的信息，在當事人有「矢口否認」之前，就用這些資料為當事人提個醒，以免他們以後尷尬。

　　在有了足量的信息，明確了責任的歸屬之後，第二步就是讓雙方都承認自己的責任所在，而後再將責任的所有權移交給那個應當負主要責任的人。最好把責任轉化為新的工作任務或問題佈置下去，這對問題的最終圓滿解決，對雙方握手言和至關重要。

2.個人情緒產生的矛盾衝突

　　因個人情緒因素產生的矛盾衝突相對而言是較難處理的。情緒矛盾有它的短暫性，正如情緒變化一樣，但若不認真對待，也會在人際關係的和諧上留下深深的劃痕。

　　在處理情緒衝突時，最好的方法是設身處地地替部門下屬著想。例如一位員工在一大早趕來上班時，由於急著趕車忘記拿傘，在路上忽然下起了大雨，被淋得全身都濕透了，更糟糕的是這位員工在擠車時又不慎丟失了錢包，雖然沒有什麼特別貴重的東西，但還是將半個月的薪資搭了進去。當他氣衝衝跑進公司時，已經遲到 10 分鐘了，顯然，這個月的獎金又懸了。這一切遭遇對一個性子暴烈的人來說，是很難容忍的，他要發洩，最終與同事發生了口角，矛盾產生了。解決這類情緒所造成的矛盾，你最好用愛心與同情心來處理。

3.對有限資源的爭奪

　　有限資源具有稀缺性，這種稀缺性導致人們展開了各種形式的爭奪。這種爭奪在一定程度上會導致衝突。對一個組織來說，其財力、物力和人力資源等都是有限的，不同部門對這些資源的爭奪勢必會導

致部門之間的衝突。

4.價值觀和利益不一致

價值觀和利益的不一致是衝突的一個主要成因。價值觀是一個人在長期的生活實踐中形成的，在短時期內很難改變，因此，價值觀的衝突也是長期存在的。利益的衝突體現在兩方面，一是直接利益衝突，二是間接利益衝突。例如待遇不公平就是直接利益衝突；而培訓機會、發展機會等問題引起的衝突，則體現為間接利益衝突。

5.角色衝突

由於企業的角色定位不明確或員工本人沒有認清自己的角色定位，也會引起衝突。例如，某部門經理未經授權就干涉其他部門的正常工作，兩個部門之間肯定會發生衝突。在企業中，角色衝突的根源在於企業角色定位不明確，由於管理者沒有進行有效的工作分析，有關企業的崗位職責等文件照抄照搬其他企業的模式，沒有認真考慮是否符合自己企業的實際情況，這樣做肯定會導致企業的角色定位不明確。

只有認清了這些矛盾產生的原因，在解決矛盾的過程中才知如何下手，進而讓自己獨立於矛盾的漩渦之外。

🔊 第七節　部門主管如何處理矛盾衝突

處理矛盾衝突主要靠主管發揮技巧，但其中也有基本的原則。這些原則是管理者有效處理矛盾的前提。

1. 深入調查以掌握真實的情況

部門主管要成功地解決員工之間的矛盾糾紛，必須首先進行深入細緻的調查研究。在調查中不能走馬觀花、浮光掠影。既要聽「原告」的，又要聽「被告」的；既要聽當事人的，又要聽旁觀者的。在深入細緻的調查基礎上，再對所掌握的材料進行系統的分析和研究。透過調查研究要掌握下列情況：第一，矛盾糾紛的起因、經過、現狀和趨向；第二，矛盾糾紛雙方的觀點、理由、要求和動向；第三，是無原則的矛盾糾紛，還是原則問題上的衝突；第四，矛盾糾紛產生的原因是認識上的分歧，還是利益上的衝突。掌握這些情況，便於部門主管對症下藥，成功地調解員工之間的矛盾糾紛。

2. 確定解決問題的標準

確定目標是解決意見不同之類矛盾的必要方法。當幾種意見蜂擁而至時，你需要向員工們明確部門的工作目標，這是你們實現「求同存異」的一個很好的方法。當員工發現正在與自己爭吵的對方原來也是為了同一個目的的時候，他的怒氣就會消去很多，也更樂於接受和聽取其他人的意見。

3. 保持公正客觀的態度

公正客觀才能促使矛盾衝突最終得以平息或化解，不公正的處理只能激化矛盾衝突。

實際上，我們都知道，部門主管積極調解員工之間的矛盾糾紛，是為了使員工之間消除積怨、放下包袱、振奮精神、加強團結，心情舒暢地投入到工作和生活中去，而不是抓住員工的缺點、毛病冷嘲熱諷、落井下石。部門主管在調解糾紛的過程中要以滿腔的熱情，做好耐心細緻的工作，堅持以理服人，以情感人，在調解員工矛盾糾紛的過程中要依據事實、對照政策、公道正派、合情合理。如果支持一方，打擊另一方；抬高一方，貶低另一方，這些都是非常錯誤的做法。公平正直是部門主管成功地調解員工之間矛盾糾紛的根本保證。

4.循序漸進地處理

在處理矛盾衝突的時候切忌急躁。如果你不耐煩於無休止的調解，以主管的身份去下達命令，反而會使情況更糟。也許員工們也在氣頭上，當你強迫他們去做他們本認為是錯誤事情的時候，往往會激起他們的反抗，而後果得不償失，既激化了矛盾又失去了人心。所以要時刻保持冷靜的態度看待問題，以商量的口吻與他人溝通，以寬容的心靈同別人對話。

5.善於利用最能解決問題的人

雖然你是主管，但最能解決問題的也許並不是你。很多時候必須借助那些最能解決問題的人，這些人可以是「各派」的首領，可以是某類問題的專家，甚至可以是你的上司或與這類爭端有聯繫的其他部門的主管。當你把這些權威們召集起來的時候，儘量讓他們陳述自己完整的觀點，開誠佈公地討論問題，以最直接的方法解決矛盾，盡力促成他們的互相理解與達成一致。這樣一來，矛盾可以說就基本解決了。因為下級員工一般都支持權威，一旦他們的領袖做出決定，他們自然也會跟著做出讓步。

6.採取對雙方都有利的措施

處理衝突的根本目的是為了化解宿怨，達到團結一致的目的。就

這一點而言，任何不利於雙方平息怨氣的行為都是失當的。首先，在具體處理過程中，不要把兩個人的工作表現和工作成績進行對比，這只能增加競爭和壓力，使矛盾更加突出。其次，要以整個部門的集體利益作為標準，保證雙方都獲得利益，這是促使他們各自做出讓步的好方法。站在別人的角度去思考問題，可以讓你在做決定的時候顧全到所有人的利益。

　　掌握好了這些原則，在處理矛盾時才能客觀、公正、公平，才能讓下屬易於接受矛盾處理的結果，也能樹立自己在員工中的威信！

第 **9** 章

與公司同步成長，確保升級

🔊 第一節　獲得晉升的十六個要素

　　同樣的學歷，同樣的經歷背景和能力，有的主管能步步榮升，有的主管卻在原地打轉轉，原因何在？訣竅在於能巧妙地將其能力與其他的條件——技能、對人的瞭解、做事方式等相結合，提高自己的能力效率。

　　1. 做好本職工作

　　一個人想要上進，就必須把自己的工作做好，不論任何工作，或者是多麼普通都無所謂。成功的人，都會以認真的態度使他的工作變得卓越。一名服務員要想自己開個餐廳，就必須先當個好服務員！

　　2. 懂得競賽規則

　　在單位裏爭取升級就跟賽球爭取勝利一樣，如果你希望步步高升，你就應該認真地參加比賽。第一步是瞭解比賽的規則，接受單位的組織機構，人事關係特點，可以有三項通用規律應付的。

⑴適者生存。每個單位的組織機構都如「金字塔」，高層職位少於中層職位，中層職位又少於低層職位，依次類推，層層之間存在著自然的抗衡力量，一層壓一層，一層離不開一層，無論如何要與之相適應；

⑵同級是你的天然盟友。如果你疏遠那些跟你同級的人，你在單位裏即使沒有對手，也無法獲得成功；

⑶適應系統。每一單位裏一定有一個人事系統，不管它是否理想，起不起作用，你都得瞭解這個系統，利用這個系統，圍繞著它進行工作，才能使你生存下去並工作順利。

3.創造長期印象

長期印象的意思是你在某些事情上成功或失敗，對你的影響並不如你想像的那麼大，如果你有一筆生意沒有做好，甚至一連串的交易失敗，或一項公務沒辦好，單位也未必就會開除你；反過來說，如果你長期僅在某一方面表現得很好，別人就可能懷疑你在其他方面是否一無所能。要想創造良好的印象，你還必須有耐心，等待適當的時機再好好表現一下。另外，你還應知道什麼時候應該出頭，什麼時候應該躲到一邊去。

4.不要旁若無人

有些人在工作崗位上的確表現得不錯，但他卻很喜歡張揚自己的缺點，像炫耀自己的長處一樣，好像他天生如此，覺得「我本來就這樣，一切你都看到了」，這種旁若無人的綜合症常成為有些人的一種護身符，事實上這正好使你走向反面，人們同樣視你無能。

5.不斷學會新招

許多人喜歡在單位裏耍些「花招」，或者是表現一些怪裏怪氣的作風，自以為能顯示出高人一等的才能。如：有的人喜歡誇大事情的難度，仿佛世界末日將要來臨，似乎只有奇跡出現才能擺脫困境，假

如沒有他超人一等的能力，沒有他最後的英勇奮鬥，這件事絕對無法做成；想讓別人覺得單位少不了他。其實這些作風往往都是非常膚淺的，時間一久就能讓人看穿，因而得到相反的效果。你不妨退一步觀察一下你自己的「招數」是什麼，或許會發現本來認為對自己有利的做法，其實完全達不到你的目的。要探求「新招」的方法是：別讓人摸透你的想法和做法，絕對不要讓你的上級有機會說「那傢伙又耍他那一套老把戲了」。

6.「請幫助我」

不肯請人幫助，是一種目光短淺、心胸狹窄的作風。請別人幫助，是一種學習的方法，能夠增加自己的見識及專業知識，並能提高你對單位的價值。此外，如果你願意請別人幫助，也表示你願意跟人合作；當然，請人幫助也有一定的限度，如果你一再請求別人幫助做同一件事，那便顯示出你在某些方面缺乏學習的能力；與請人幫助同樣重要的，就是懂得如何去幫助他人。那些不願意與同事、同行分享知識、經驗和成功秘訣的人，在需要他人給予大力支持時，也絕對得不到他人的支持。

7.切忌矇騙上級

在任何單位裏，言行與判斷上都很可靠的人，往往更能得到上級的信任，沒有人喜歡被別人玩弄，也沒有人會提拔作風不坦率、處處為自己打算的下級。如果你認為能獲得升級的惟一法術就是玩弄手段矇騙上級，你最好是能夠隱瞞得很漂亮，因為天長日久，別人總會有很多途徑來發現你的真面目。

8.切忌亂出風頭

要想在單位裏表現自己，你必須相當高明，其中的訣竅就是你必須先與他人取得一致的看法，瞭解應該在什麼時候融合在群眾中，卻同時能表現得比別人更為突出。你必須把個人的問題和單位或工作上

的問題分清楚，只有在時間、場合都很恰當的時候，你才能找機會出風頭。

9.遵守規章制度

你必須瞭解單位的制度，才能夠順利地工作。有很多人花了許多時間來和制度對抗，其實最好而且最聰明的辦法，就是用這些時間來學習怎麼運用這些制度。你必須適應環境，免得碰一鼻子灰。

10.多為他人著想

當你需要其他部門配合的時候，你應該先問問自己：「我應該怎樣做，才能使他們處理起來更方便呢？」如果你有問題要詢問其他部門，必須先確定他們是不是能回答你的問題，你的態度應該讓其他部門的人覺得你是在跟他們合作，而不是他在為你工作。如果能這樣做，你將會發現，當你需要同事的支援時，他們一定會支持你。

11.克制自己短處

影響你的聲譽的最快方法，就是當人家稍稍指責你的時候，你便大發雷霆，因為這會令人更不滿意。這種作風顯示你不夠成熟，且對事情缺乏較好的判斷力。其他人也沒有興趣對你的態度作心理分析，當然也就無法找到真正的問題，只會對你越來越疏遠；當你進入一家新單位時，無論你是什麼職位，你都能擁有一些籌碼。你可以運用你的判斷能力，來決定在何時把籌碼押到何處，或是獲勝或是掉過頭來玩別的牌。

12.選擇有利場合

你在單位裏有時確實需要亮相，但仍必須選適當的場合露面，無論是那一種會議，你都應該先衡量一下該不該參加，避免出現在那些無所作為的場合。

13.發揮個人特長

工作人員最能獲得別人稱讚、最易受到別人矚目的工作表現，並

不是一些他們每天的例行公事，而是一些本來並不是指派給他的工作。「工作」是一些不斷要做的事，而你在「工作」之外的表現，才會引起別人的注意。在單位裏，一般而言，有四分之三是責任分內的事，而四分之一的事情含有個人的色彩，你在四分之一的事情中能表現多少，便決定你在單位裏能否施展的地位。

14.明白上級意圖

如果你對你的工作所訂的目標、優先的次序與上級所設想的不一樣，那你經常會被他的決定搞得迷迷糊糊。或是你自以為事情再清楚不過了，他卻無法明白；或是你自認為對單位貢獻很多，你的上級卻可能從來不知道你有什麼功勞，這是許多人未能得到好評的原因之一。所以你要比較一下：你和你上級的看法，有什麼不同？他認為你在做什麼，其他人又認為你在做什麼，一旦你懂得了這個道理，面對以上情況就不會糊裏糊塗了！

15.不跟上級作對

如果你太過於計較一些小的鬥爭勝利，你可能會遭到全盤的失敗。你越在意眼前的一些小事的利害關係，長期下來你的損失將會更大。不跟上級作對是聰明人的選擇。

16.需要有事業心

應該不斷地給自己的工作賦予新的意義、不斷接受新任務，或是給自己創造新的挑戰機會。如果你在單位或個人方面達到了一項目標，這項目標就應該立刻變成你工作的一個階段，踩著它而向另一個更富有雄心的目標前進。如果你覺得厭煩，原因在於你並沒有花功夫使你的工作變得有趣，這也可能是你沒獲得升級的原因吧，惟一的妙方是經常讓自己感到「我喜歡我的工作，所以我一直能這樣賣力工作」。

第二節　要先擁有「晉升者的性格」

不要以為努力工作，上級就會提拔你，公司內像你一樣優秀的主管相當多，機會也不會從天上掉下來！

要想出人頭地，升官靠自己，你必須突出績效表現自己，引起上級注意！

1. 瞭解公司內的層級組織

現代化大生產，使得整個社會都實現了層級化。

用淺顯的比喻，社會組織就像一個梯子，一層一層。你必須從下往上一步一步爬，才可獲得發展。更好的比喻是，它像一個金字塔，每一層由上而下是越來越多的被管理和領導者，公司也不例外。

不同公司的層級之間的大小是不固定的，有大有小。如果你的公司規模很大，也許階距會相對大一些，因為層數多了，公司規模小，階距可能會小一些。但二者沒有特別明顯的差距。

你要瞭解自己的能力與每一層是否相當。這對你是否能獲得提升至關重要。一個能夠把私人財務處理得很好的人，一旦繼承了一大筆財產，可能會搞得一團糟。很多機關團體中能力不錯的成員，一旦獲得提升，立刻會變得無能。一個能幹的科學家，被任命為總經理，也會顯得無能。

幾乎每一個層次都可能使一個原來幹練的人變得無能，因為他的才華在新職位上也許並不能派上用場，而新職位所需要的才能，他卻未必具備。這意味著什麼呢？

從一層向更高一層進軍的時候，你得測量你自己是否具備這些能

力。同時,你還要注意訓練自己,使自己的能力不斷提高,不至於在
哪一層上使自己變得無能,從而失去了在公司中獲得發展的機會。

近年來,由於自動化和電腦的興起,許多職位的重要性大為減
低,有些則已完全淘汰,代之而起是一個完完全全由資料處理者所構
成的新層級組織。

如果用梯子做比喻,我們可以發現某些梯階忽上忽下,某些舊的
被除去,但是也有些新的被加上去。

這又對你意味著什麼呢?

如果你想在事業上獲得發展,就必須在思想上跟上時代的步伐,
隨著時代的脈搏而前進,學習一些新的技術,多一些新的觀念,使你
能適應層級組織的變化。

2.瞭解公司晉升制度

先瞭解公司的晉升制度,才能有明確的為之奮鬥的目標。一般來
說,公司的晉升制度有以下幾種:

⑴選舉晉升。以一小撮人選出某人的晉升,人事關係的因素較大。

⑵學歷晉升。上司深信,學歷高的部屬會為公司帶來更大的利益。

⑶交叉晉升。是指由一個部門先平調到另一個部門,之後才升級
到另一個部門。

⑷超越晉升。由於貢獻特大,從而獲得較大幅度的提升。

以上所列是帶有普遍性的大多數公司中的晉升制度。每一家公司
都有其晉升制度。如果你所在的公司是以循序漸進的方式晉升的話,
那就很不走運了。儘管你很有才幹,也得熬上多年,才能期望得到一
個較大的晉升機會。對於一個有才幹的部門經理來說,在這種晉升制
度的環境下工作,才能得到充分發揮。

3.擁有「晉升者的性格」

主管要想進一步升官,除了工作績效亮麗,還有一些前提性的準

備工作，你是否已經做好準備工作呢？此時刻是否與你的升遷計劃符合呢？

「幸運之神」只降臨在「有準備的人」身上。成功的主管都是有充分的準備，並且付諸執行。

你瞭解公司選擇晉升者的特質是什麼嗎？你必須清楚一點，個性不是問題，性格才是問題。

不同個性的人組成了公司的各個權力階層。有的大公司的總裁性格外向，喜歡拍人後背，有的大公司的頭兒則是內向、喜歡掩藏自己的喜惡。所以對於個人發展，個性並不是一個問題，而性格卻是。管理層選擇晉升人選時總會在他們身上找尋一些特定的性格特點。

這些特點都可以通過學習而掌握。現在就開始努力吧！

成功者擁有晉升的優勢，他們通常具備下列性格：

(1)堅忍不拔

公司樂於提拔那些即使遇到困難也不斷努力的人，因為他們知道這些人不會被一點小困難嚇倒，而困難是總會有的。

(2)合作性

公司就是一個小社會，擁有各種部門與單位，正如在任何社會中一樣，要完成某件事意味著要與人合作。這聽起來很簡單，但實際上很多人都沒理解。

一個「獨行俠」會使任何公司陷入危險的境地。成功主管應該協助他人而不是阻礙他人，應該啟發他人而不是把別人弄糊塗，應該做貢獻而不是貶低別人的成績。

(3)崇高的道德準則

這些性格對於你來說就是銀行裏的存款。油嘴滑舌的人，也許會取得某些成功，但對於那些說話直率並且誠實、賣力做事的人來說，成功更容易一些。

(4)冷靜

為什麼這一性格特徵如此重要？因為身為主管每天都面臨著解決問題的最後期限，他們要像消防隊員一樣撲滅不斷出現的火災。各種緊急情況從每個角落湧現出來，天似乎要塌下來了。在如此充滿壓力的環境中，只有冷靜的主管才能完成各項工作。

(5)人際關係良好

人際關係，是由人與人之間的各種緊密聯繫組成的，如果一方主動伸出友誼之後，而另一方毫無反應，就無法建立關係。有些人只選擇有影響力的人做朋友，而看不起職位卑微的人，這是晉升的大忌。

人際關係不好的人是無法得到升遷的。建立良好人際關係的秘訣有四個字：主動、熱誠。雖然你不一定要做到「愛你的敵人」，但是，最低限度也不要抨擊他。

要想往上爬，討人喜歡是最簡單的途徑之一。要輕鬆些、謙恭些，別做討人嫌的人，不時對你的同事微笑一下，在壓力之下展示你的優雅，別把和其他部門的每次接觸變成競爭。

(6)忠誠

想要你的上級對你忠誠，就得首先對他們忠誠，包括對公司、管理層、及你的上級負責的項目忠誠。

(7)堅強

公司需要堅強的主管，只有當事情變得棘手時，也毫無懼色的人才有可能在競爭激烈的市場中成功。

第三節　表現出你傑出的才華

　　上級會注意到你的存在，甚至於提拔你升級，最主要的一個原因是：「你表現出傑出的才華」。是什麼使得你與眾不同？高層管理者尋覓的是那些才能呢？

1. 活力充沛

　　毫無怨言地接受任務，尤其是那些人吸引高層管理者注意的工作，要有「我能做得到」的態度。

2. 渴望承擔責任

　　他們樂於做決定，暢所欲言，當被問及自己的觀點時毫不畏懼地侃侃而談。

3. 對身邊發生的事情要懷有真正的興趣

　　要不斷學習公司的運轉情況，敢於提問。閱讀相關的備忘錄並做出中肯的回答。要弄清楚公司是在賺錢還是虧本，要瞭解其他部門的運作，瞭解其它部門的員工。

4. 要引人注目

　　當重要事情發生時，確保你總在現場並做出你的貢獻。

5. 比其他員工更勤奮

　　這是一個最簡單、但最有效的吸引注意的方法。要比你的同事多花點時間在工作上，絕大多數公司的首席行政官每星期工作 60～70 個小時，渴望發展的員工也得這麼幹。只要有相當的投入，你的這種投入總有一天會被高級管理層承認的。

6.工作績效亮麗

工作績效亮麗自然會吸引上級的注意力，更助長升官的速度與可能性，總之，你要升官，首先要確保工作績效亮麗，但是，你要清楚，這一個條件並不保證升官成功，它是升官基礎而不是升官直達車。

7.工作的態度嚴謹認真

邊工作邊和同事聊天，會讓上級對你的印象大打折扣。即便你有足夠的能力應付眼前的工作，也要表現出一絲不苟的態度。這樣做，可以讓上級感覺到你對工作十分投入和專業。

8.具有對額外工作的熱心

一些上級喜歡讓部屬幫他代辦私人雜務，這雖然令人感到不滿，但如果上級的為人及工作能力是你佩服和欣賞的話，也不妨為他做一些事情。

這是因為，有些上級確實工作太忙，無法抽身料理私人瑣事，此時如果你幫了他的忙，他會給你一些額外的好處。例如，遇到升職加薪時，他先會考慮到你，而不是其他人。

9.懂得察言觀色

知情識趣，通達人情世故的人，無疑能討人歡心，上級尤其喜歡這種類型的部屬。例如，遇到上級那天心緒不佳時，假如不是必須急著趕做的工作，就不要去煩擾他；當上級故作風趣和幽默時，要懂得適度的微笑。

10.開朗的談話個性

這包括不埋怨、開朗的性格，以及對於任何批評別人的話都不在上級面前訴說等。如果你能做到這一點的話，那麼在直覺中，上級就會感到你是一個為大局著想的人，因而有良好的印象。

此外，你還必須在適當的時候，說出一些使上級感到順耳的話，例如，當上級處理完一件十分棘手的事情時，你就應向他表示祝賀和

欽佩。

11.延長工作時間

許多人對這個習慣不屑一顧，認為只要能在上班時間提高效率，沒有必要延長工作時間。實際上，延長工作時間的習慣，對部門主管的確非常重要，如果你想升職加薪的話，你不僅要將本職的事務性工作處理得井井有條，還要應付其他突發事件，還要去思考部門及公司的管理及發展規劃。有大量的事情不是在上班時間出現，也不是在上班時間可以解決的。

為了完成一個計劃，可以在公司處理事務；為了思路清晰，可以週末看書和思考；為了獲取信息，可以在業餘時間與朋友們聯絡。總之，你所做的這一切，可以使你在公司更加稱職，從而鞏固你的地位。

12.始終表現出你對公司的熱愛

你應該利用任何一次機會，表現你對公司及其產品的興趣和熱愛，不論是在工作時間，還是在下班後；不論是對公司員工，還是對客戶及朋友。

當你向別人傳播你對公司的興趣和熱愛時，別人也會從你身上體會到你的自信及對公司的信心，公司不願讓對公司發展無動於衷的人擔任重要工作。

13.自願承擔艱巨的任務

公司的每個部門和每個崗位都有自己的職責，但總有一些突發事件無法明確地劃分到某一部門，如果你是一名合格的主管，就應該從維護公司利益的角度出發，積極去處理這些事情，這種迎難而上的精神也會讓大家對你產生認同；承擔艱巨的任務也是鍛煉你能力的難得機會，長此以往，你的能力和經驗會迅速提升。

14.發揮各方面的才能

別老是專注於一項工作的專長。否則，上級為了怕找不到合適人

選替代你的位置，就不會考慮到有關你的升遷問題。雖然專心投入工作是獲得上級賞識的主要條件，但除了做好本身的工作外，也要讓上級知道具備各個方面的才能。

在其他同事放假時，你可以主動提出替同事處理事情，一則可以從中學到更多的東西，二則證明你對公司有歸屬感。

15.早日培訓接替自己位置的副手

主管的職責之一是培訓部屬，更何況是績效好、想升官的主管。

內心狹窄、格局小的主管，是處心積慮怕部屬超過自己，或是怕部屬能力強而頂替自己位置；能力強的主管，強將手下無弱兵，會培訓出有力的部屬，更會事先培訓好自己位置的副手人選，希望有朝一日自己升官時，原有位置仍有適當人選可加以頂替。

你要瞭解，上級在考慮是否晉升某一人選時，也會考慮他的位置要由誰來頂替，運作才會仍然有績效，你何不幫你上級的忙，解決頂替人手的問題呢！

第四節 懂得創造機會

上級絕不會無緣無故地注意到你，你應該主動去爭取機會來表現自己。身為主管，你應當在自己的工作部門中把工作做得盡善盡美，但也許你所從事的工作，與公司的主營業務並沒有太大的關係，因此，你的能力發揮會受很大的限制，在這種情況下，不要灰心，因為機會要靠你自己的努力去爭取。

1. 適度渲染

擔當瑣碎工作時，你不必把成績向任何人顯示，給人一個平實的

印象，當你有機會承擔一些比較重要的任務時，不妨把成績有意無意地顯示，增加你在公司的知名度。這非常重要，因為上級是否會注意你，往往是由於你在公司的知名度如何。掩藏小的成績，渲染較大任務的成績，可起到名利雙收的效果。

2.敢於接受新任務

當上級提出一項計劃時，你可以毛遂自薦，請他讓你試一試，當然，你須掂量掂量自己，以免被上級認為你自不量力。

3.不斷創新

讓上級瞭解你是一個對工作十分投入的人，不僅是這樣，你還要嘗試不同的方法增加工作效率，使上級對你形成深刻的印象。一個靈活的、不死板的人總是會引人注意的。

4.不要過分謙虛

上級未必喜歡謙虛的部屬，有時候，太過謙虛反而會吃虧。例如，當你帶領部屬完成一件艱巨的任務而向上級彙報時，一定要把自己的作用放在醒目的位置上，你自己不說，別人也不會提，這樣上級可能永遠不知道你做了些什麼。

5.適當的逆反

「將在外，君命有所不受。」應付庸碌的上級，你是無可選擇地要採取絕對服從的態度。但是，並不是所有的上級都喜歡這樣，特別是精明能幹的上級，會對那些略有些反叛但會為公司利益著想的部屬產生注意。

6.保持最佳狀態

別以為9個通宵趕工，一副疲憊的樣子，會博得上級的贊賞和喜悅。在他心中很可能會說「這年輕人體力不濟」，「有更嚴峻的任務能勝任嗎？」等等，對你的精神和體力表示懷疑。因此千萬不要令上級對你產生同情之心，因為只有弱者才讓人同情。如果上級同情你，已

經表明他對你的能力產生懷疑。

　　無論在什麼時候,在上級面前保持一貫的良好精神狀態,這樣他會放心,把更重要的任務給你。

))) 第五節　要進入公司核心業務

　　你應當問自己:「我是否參與了公司的核心業務?」要想得到晉升,就要加入核心業務之中。例如在石油行業中,工程師的機會最大,在零售業中,你也許應當進入制定採購決策的部門工作;在公司中,銷售人員最容易出成就。

　　美國一家大公司的老闆貝爾在談到自己的發展經驗時說,他自己職業的轉折點是他意識到自己的位置應該在那裏。當他開著車回家時,他意識到,對他個人目標來說,他想參與公司的經營,但他不屬於公司的核心。公司的核心業務在餐館,那個直接將漢堡包賣給顧客的地方。

　　他出人意料地放棄了另一次晉升,只為了一個為期一年的許可證,他開始從頭學習業務,為了能有機會參與公司核心業務。於是一年後,公司總部便將他調回去任營銷部的第一把手。不久,原主管進入另外一家公司,而貝爾則頂替了他的職位,他得到了想要的職位。

　　作為一個主管,要提醒自己是否參與公司核心業務,只要參與公司核心業務,你的工作重要性就相對提高,日後升官機率就大,為了參與核心業務,你準備好了嗎?

📢))) 第六節　學習上級的高層次思考角度

　　在職業上能夠取得成功的主管，一般都不是那種從常規角度去考慮問題的人，而是能夠站在上級的立場上，考慮各種問題。

　　部屬如果不瞭解上級的一切，他就根本無法實現自己升官的目標。嘗試上級式的思考，以上級的身份設想如何解決所面臨的問題，是非常必要的。

　　事實上，有些上級也會這樣想。他會設法保留自己喜歡的人，或明或暗的排斥異己。但如果遇到衝突的雙方都是自己的得力助手時，他也會大感頭痛。然而，上級考慮問題的出發點和處理方式，與那種狹窄視物的部屬是存在著本質的不同。

　　在你期望有機會升職前，應當把自己與上級換一個位置，先在思想上練習用上級的方式思考問題，以及處理問題。

　　上級的每一個決定，都有他自己的理由。也許有的部屬認為他的某一項決定是不明智的，但是他的決定是經過一番思考才作出的。在上級看來，希望獲得一樣東西，與放棄一項目標同樣有他的意義。

　　所處的立場不同，看問題的角度就會明顯不一樣。因此，你對於上級的決定，不能想當然地持主觀否定態度，而應儘量知道他之所以那樣決定的原因。這不僅有助予你瞭解他的性格，而且也能逐步培養你具備著上級的高層思考方式。

企業的核心競爭力，就在這里！

圖書出版目錄

　　憲業企管顧問（集團）公司為企業界提供診斷、輔導、培訓等專項工作。下列圖書是由臺灣的憲業企管顧問(集團)公司所出版，自 1993 年秉持專業立場，特別注重實務應用，50 餘位顧問師為企業界提供最專業的經營管理類圖書。

　　選購企管書，敬請認明品牌：憲 業 企 管 公 司。

1. 傳播書香社會，直接向本出版社購買，一律 9 折優惠，郵遞費用由本公司負擔。服務電話(02)27622241　(03)9310960　傳真(03)9310961
2. 付款方式：請將書款轉帳到我公司下列的銀行帳戶。
   - 銀行名稱：合作金庫銀行（敦南分行）帳號：5034-717-347447
     公司名稱：憲業企管顧問有限公司
   - 郵局劃撥號碼：18410591　郵局劃撥戶名：憲業企管顧問公司
3. 圖書出版資料每週隨時更新，請見網站 www.bookstore99.com

經營顧問叢書

編號	書名	價格
25	王永慶的經營管理	360 元
52	堅持一定成功	360 元
56	對準目標	360 元
60	寶潔品牌操作手冊	360 元
78	財務經理手冊	360 元
79	財務診斷技巧	360 元
91	汽車販賣技巧大公開	360 元
97	企業收款管理	360 元
100	幹部決定執行力	360 元
122	熱愛工作	360 元
129	邁克爾·波特的戰略智慧	360 元
130	如何制定企業經營戰略	360 元
135	成敗關鍵的談判技巧	360 元
137	生產部門、行銷部門績效考核手冊	360 元
139	行銷機能診斷	360 元
140	企業如何節流	360 元
141	責任	360 元
142	企業接棒人	360 元
144	企業的外包操作管理	360 元
146	主管階層績效考核手冊	360 元
147	六步打造績效考核體系	360 元
148	六步打造培訓體系	360 元
149	展覽會行銷技巧	360 元
150	企業流程管理技巧	360 元

152	向西點軍校學管理	360 元		235	求職面試一定成功	360 元
154	領導你的成功團隊	360 元		236	客戶管理操作實務〈增訂二版〉	360 元
163	只為成功找方法，不為失敗找藉口	360 元		237	總經理如何領導成功團隊	360 元
				238	總經理如何熟悉財務控制	360 元
167	網路商店管理手冊	360 元		239	總經理如何靈活調動資金	360 元
168	生氣不如爭氣	360 元		240	有趣的生活經濟學	360 元
170	模仿就能成功	350 元		241	業務員經營轄區市場（增訂二版）	360 元
176	每天進步一點點	350 元				
181	速度是贏利關鍵	360 元		242	搜索引擎行銷	360 元
183	如何識別人才	360 元		243	如何推動利潤中心制度（增訂二版）	360 元
184	找方法解決問題	360 元				
185	不景氣時期，如何降低成本	360 元		244	經營智慧	360 元
186	營業管理疑難雜症與對策	360 元		245	企業危機應對實戰技巧	360 元
187	廠商掌握零售賣場的竅門	360 元		246	行銷總監工作指引	360 元
188	推銷之神傳世技巧	360 元		247	行銷總監實戰案例	360 元
189	企業經營案例解析	360 元		248	企業戰略執行手冊	360 元
191	豐田汽車管理模式	360 元		249	大客戶搖錢樹	360 元
192	企業執行力（技巧篇）	360 元		252	營業管理實務（增訂二版）	360 元
193	領導魅力	360 元		253	銷售部門績效考核量化指標	360 元
198	銷售說服技巧	360 元		254	員工招聘操作手冊	360 元
199	促銷工具疑難雜症與對策	360 元		256	有效溝通技巧	360 元
200	如何推動目標管理（第三版）	390 元		258	如何處理員工離職問題	360 元
201	網路行銷技巧	360 元		259	提高工作效率	360 元
204	客戶服務部工作流程	360 元		261	員工招聘性向測試方法	360 元
206	如何鞏固客戶（增訂二版）	360 元		262	解決問題	360 元
208	經濟大崩潰	360 元		263	微利時代制勝法寶	360 元
215	行銷計劃書的撰寫與執行	360 元		264	如何拿到 VC（風險投資）的錢	360 元
216	內部控制實務與案例	360 元				
217	透視財務分析內幕	360 元		267	促銷管理實務〈增訂五版〉	360 元
219	總經理如何管理公司	360 元		268	顧客情報管理技巧	360 元
222	確保新產品銷售成功	360 元		269	如何改善企業組織績效〈增訂二版〉	360 元
223	品牌成功關鍵步驟	360 元				
224	客戶服務部門績效量化指標	360 元		270	低調才是大智慧	360 元
226	商業網站成功密碼	360 元		272	主管必備的授權技巧	360 元
228	經營分析	360 元		275	主管如何激勵部屬	360 元
229	產品經理手冊	360 元		276	輕鬆擁有幽默口才	360 元
230	診斷改善你的企業	360 元		278	面試主考官工作實務	360 元
232	電子郵件成功技巧	360 元		279	總經理重點工作（增訂二版）	360 元
234	銷售通路管理實務〈增訂二版〉	360 元		282	如何提高市場佔有率（增訂二版）	360 元

各書詳細內容資料，請見：www.bookstore99.com

284	時間管理手冊	360 元
285	人事經理操作手冊（增訂二版）	360 元
286	贏得競爭優勢的模仿戰略	360 元
287	電話推銷培訓教材（增訂三版）	360 元
288	贏在細節管理（增訂二版）	360 元
289	企業識別系統 CIS（增訂二版）	360 元
291	財務查帳技巧（增訂二版）	360 元
293	業務員疑難雜症與對策（增訂二版）	360 元
295	哈佛領導力課程	360 元
296	如何診斷企業財務狀況	360 元
297	營業部轄區管理規範工具書	360 元
298	售後服務手冊	360 元
299	業績倍增的銷售技巧	400 元
300	行政部流程規範化管理（增訂二版）	400 元
302	行銷部流程規範化管理（增訂二版）	400 元
304	生產部流程規範化管理（增訂二版）	400 元
305	績效考核手冊（增訂二版）	400 元
307	招聘作業規範手冊	420 元
308	喬‧吉拉德銷售智慧	400 元
309	商品鋪貨規範工具書	400 元
310	企業併購案例精華（增訂二版）	420 元
311	客戶抱怨手冊	400 元
314	客戶拒絕就是銷售成功的開始	400 元
315	如何選人、育人、用人、留人、辭人	400 元
316	危機管理案例精華	400 元
317	節約的都是利潤	400 元
318	企業盈利模式	400 元
319	應收帳款的管理與催收	420 元
320	總經理手冊	420 元
321	新產品銷售一定成功	420 元
322	銷售獎勵辦法	420 元

323	財務主管工作手冊	420 元
324	降低人力成本	420 元
325	企業如何制度化	420 元
326	終端零售店管理手冊	420 元
327	客戶管理應用技巧	420 元
328	如何撰寫商業計畫書（增訂二版）	420 元
329	利潤中心制度運作技巧	420 元
330	企業要注重現金流	420 元
331	經銷商管理實務	450 元
332	內部控制規範手冊（增訂二版）	420 元
333	人力資源部流程規範化管理（增訂五版）	420 元
334	各部門年度計劃工作（增訂三版）	420 元
335	人力資源部官司案件大公開	420 元
336	高效率的會議技巧	420 元
337	企業經營計劃〈增訂三版〉	420 元
338	商業簡報技巧（增訂二版）	420 元
339	企業診斷實務	450 元
340	總務部門重點工作（增訂四版）	450 元
341	從招聘到離職	450 元
342	職位說明書撰寫實務	450 元
343	財務部流程規範化管理（增訂三版）	450 元
344	營業管理手冊	450 元
345	推銷技巧實務	450 元
346	部門主管的管理技巧	450 元

《商店叢書》

18	店員推銷技巧	360 元
30	特許連鎖業經營技巧	360 元
35	商店標準操作流程	360 元
36	商店導購口才專業培訓	360 元
37	速食店操作手冊〈增訂二版〉	360 元
38	網路商店創業手冊〈增訂二版〉	360 元
40	商店診斷實務	360 元
41	店鋪商品管理手冊	360 元
42	店員操作手冊（增訂三版）	360 元

44	店長如何提升業績〈增訂二版〉	360 元
45	向肯德基學習連鎖經營〈增訂二版〉	360 元
47	賣場如何經營會員制俱樂部	360 元
48	賣場銷量神奇交叉分析	360 元
49	商場促銷法寶	360 元
53	餐飲業工作規範	360 元
54	有效的店員銷售技巧	360 元
56	開一家穩賺不賠的網路商店	360 元
58	商鋪業績提升技巧	360 元
59	店員工作規範（增訂二版）	400 元
61	架設強大的連鎖總部	400 元
62	餐飲業經營技巧	400 元
64	賣場管理督導手冊	420 元
65	連鎖店督導師手冊（增訂二版）	420 元
67	店長數據化管理技巧	420 元
69	連鎖業商品開發與物流配送	420 元
70	連鎖業加盟招商與培訓作法	420 元
71	金牌店員內部培訓手冊	420 元
72	如何撰寫連鎖業營運手冊〈增訂三版〉	420 元
73	店長操作手冊（增訂七版）	420 元
74	連鎖企業如何取得投資公司注入資金	420 元
75	特許連鎖業加盟合約（增訂二版）	420 元
76	實體商店如何提昇業績	420 元
77	連鎖店操作手冊（增訂六版）	420 元
78	快速架設連鎖加盟帝國	450 元
79	連鎖業開店複製流程（增訂二版）	450 元
80	開店創業手冊（增訂五版）	450 元
81	餐飲業如何提昇業績	450 元

《工廠叢書》

15	工廠設備維護手冊	380 元
16	品管圈活動指南	380 元
17	品管圈推動實務	380 元
20	如何推動提案制度	380 元
24	六西格瑪管理手冊	380 元

30	生產績效診斷與評估	380 元
32	如何藉助 IE 提升業績	380 元
46	降低生產成本	380 元
47	物流配送績效管理	380 元
51	透視流程改善技巧	380 元
55	企業標準化的創建與推動	380 元
56	精細化生產管理	380 元
57	品質管制手法〈增訂二版〉	380 元
58	如何改善生產績效〈增訂二版〉	380 元
68	打造一流的生產作業廠區	380 元
70	如何控制不良品〈增訂二版〉	380 元
71	全面消除生產浪費	380 元
72	現場工程改善應用手冊	380 元
77	確保新產品開發成功（增訂四版）	380 元
79	6S 管理運作技巧	380 元
84	供應商管理手冊	380 元
85	採購管理工作細則〈增訂二版〉	380 元
88	豐田現場管理技巧	380 元
89	生產現場管理實戰案例〈增訂三版〉	380 元
92	生產主管操作手冊(增訂五版)	420 元
93	機器設備維護管理工具書	420 元
94	如何解決工廠問題	420 元
96	生產訂單運作方式與變更管理	420 元
97	商品管理流程控制(增訂四版)	420 元
102	生產主管工作技巧	420 元
103	工廠管理標準作業流程〈增訂三版〉	420 元
105	生產計劃的規劃與執行(增訂二版)	420 元
107	如何推動 5S 管理（增訂六版）	420 元
108	物料管理控制實務〈增訂三版〉	420 元
111	品管部操作規範	420 元
113	企業如何實施目視管理	420 元
114	如何診斷企業生產狀況	420 元
116	如何管理倉庫〈增訂十版〉	450 元

117	部門績效考核的量化管理（增訂八版）	450 元
118	採購管理實務〈增訂九版〉	450 元
119	售後服務規範工具書	450 元
120	生產管理改善案例	450 元
121	採購談判與議價技巧〈增訂五版〉	450 元

《培訓叢書》

12	培訓師的演講技巧	360 元
15	戶外培訓活動實施技巧	360 元
21	培訓部門經理操作手冊（增訂三版）	360 元
23	培訓部門流程規範化管理	360 元
24	領導技巧培訓遊戲	360 元
26	提升服務品質培訓遊戲	360 元
27	執行能力培訓遊戲	360 元
28	企業如何培訓內部講師	360 元
31	激勵員工培訓遊戲	420 元
32	企業培訓活動的破冰遊戲（增訂二版）	420 元
33	解決問題能力培訓遊戲	420 元
34	情商管理培訓遊戲	420 元
36	銷售部門培訓遊戲綜合本	420 元
37	溝通能力培訓遊戲	420 元
38	如何建立內部培訓體系	420 元
39	團隊合作培訓遊戲(增訂四版)	420 元
40	培訓師手冊（增訂六版）	420 元
41	企業培訓遊戲大全(增訂五版)	450 元

《傳銷叢書》

4	傳銷致富	360 元
5	傳銷培訓課程	360 元
10	頂尖傳銷術	360 元
12	現在輪到你成功	350 元
13	鑽石傳銷商培訓手冊	350 元
14	傳銷皇帝的激勵技巧	360 元
15	傳銷皇帝的溝通技巧	360 元
19	傳銷分享會運作範例	360 元
20	傳銷成功技巧（增訂五版）	400 元

21	傳銷領袖（增訂二版）	400 元
22	傳銷話術	400 元
24	如何傳銷邀約（增訂二版）	450 元
25	傳銷精英	450 元

為方便讀者選購，本公司將一部分上述圖書又加以專門分類如下：

《主管叢書》

1	部門主管手冊（增訂五版）	360 元
2	總經理手冊	420 元
4	生產主管操作手冊（增訂五版）	420 元
5	店長操作手冊（增訂七版）	420 元
6	財務經理手冊	360 元
7	人事經理操作手冊	360 元
8	行銷總監工作指引	360 元
9	行銷總監實戰案例	360 元

《總經理叢書》

1	總經理如何管理公司	360 元
2	總經理如何領導成功團隊	360 元
3	總經理如何熟悉財務控制	360 元
4	總經理如何靈活調動資金	360 元
5	總經理手冊	420 元

《人事管理叢書》

1	人事經理操作手冊	360 元
2	從招聘到離職	450 元
3	員工招聘性向測試方法	360 元
5	總務部門重點工作（增訂四版）	450 元
6	如何識別人才	360 元
7	如何處理員工離職問題	360 元
8	人力資源部流程規範化管理（增訂五版）	420 元
9	面試主考官工作實務	360 元
10	主管如何激勵部屬	360 元
11	主管必備的授權技巧	360 元
12	部門主管手冊（增訂五版）	360 元

在海外出差的………
台灣上班族

愈來愈多的台灣上班族，到大陸工作（或出差），
對工作的努力與敬業，是台灣上班族的核心競爭力；一個
明顯的例子，返台休假期間，台灣上班族都會抽空再買
書，設法充實自身專業能力。

[憲業企管顧問公司]以專業立場，為企業界提供最專
業的各種經營管理類圖書。

85%的台灣上班族都曾經有過購買（或閱讀）[憲業企
管顧問公司]所出版的各種企管圖書。

尤其是在競爭激烈或經濟不景氣時，更要加強投資在
自己的專業能力，建議你：

工作之餘要多看書，加強競爭力。

台灣最大的企管圖書網站
www.bookstore99.com

建立企業圖書館

當市場競爭激烈時：

培訓員工，強化員工競爭力
是企業最佳對策

「人才」是企業最大的財富。如何提升人才，是企業永續經營、戰勝對手的核心競爭力。積極培訓公司內部員工，是經濟不景氣時期的最佳戰略，而最快速的具體作法，就是「建立企業內部圖書館，鼓勵員工多閱讀、多進修專業書籍」

建議您：請一次購足本公司所出版各種經營管理類圖書，作為貴公司內部員工培訓圖書。使用率高的（例如「贏在細節管理」），準備3本；使用率低的（例如「工廠設備維護手冊」），只買1本。

給總經理的話

　　總經理公事繁忙，還要設法擠出時間，赴外上課進修學習，努力不懈，力爭上游。

　　總經理拚命充電，但是員工呢？

　　公司的執行仍然要靠員工，為什麼不要讓員工一起進修學習呢？

　　買幾本好書，交待員工一起讀書，或是買好書送給員工當禮品。簡單、立刻可行，多好的事！

經營顧問叢書 ㉞346　　　　　售價：450 元

部門主管的管理技巧

西元二〇二三年四月　　　　　　　初版一刷

編著：黃憲仁

策劃：麥可國際出版有限公司（新加坡）

編輯：蕭玲

封面設計：宇軒設計工作室

校對：劉飛娟

發行人：黃憲仁

發行所：憲業企管顧問有限公司

電話：(02) 2762-2241　　(03) 9310960　　0930872873

電子郵件聯絡信箱：huang2838@yahoo.com.tw

銀行 ATM 轉帳：合作金庫銀行　　帳號：5034-717-347447

郵政劃撥：18410591　　憲業企管顧問有限公司

江祖平律師顧問：紙品書、數位書著作權與版權均歸本公司所有

登記證：行政業新聞局版台業字第 6380 號

本公司徵求海外版權出版代理商（0930872873）